U0151122

电子产品检验与认证

林 为 黎德华 丁 犇 编著

机械工业出版社

本书围绕电子制造或检测企业对检验工程师、技术员和产品检验员等岗位的能力要求，把质量检验知识与电子产品电磁兼容、安规检验以及产品认证等实践操作有机结合起来，介绍了电子产品开发、进料、生产、出货等环节各种检验的要求和操作规范，以及电磁兼容、安规检验和产品认证等知识和要求。本书以项目的形式展开，介绍了相关的基础知识、检验方法和过程，避免涉及过多的理论和数学公式，同时提供了大量的工程实例，浅显易懂，易于学习理解。

　　本书内容按照电子产品检验与认证的知识体系编写，包括电子产品检验基础知识、产品实现过程的检验、电磁兼容检验、安规检验技术和产品认证五个单元，每个单元又包括若干个项目，既追求知识的系统性，又注重实用性，清晰易懂，可供从事电子电器产品研发、制造、质量管理、检测与维修等工作的工程技术人员参考，也可作为企业技术人员的上岗培训教材。

图书在版编目（CIP）数据

电子产品检验与认证/林为，黎德华，丁蒋编著. —北京：
机械工业出版社，2023.6
ISBN 978-7-111-72967-9

Ⅰ.①电…　Ⅱ.①林…②黎…③丁…　Ⅲ.①电子产品–检验②电子产品–认证　Ⅳ.①TN06

中国国家版本馆 CIP 数据核字（2023）第 059532 号

机械工业出版社（北京市百万庄大街 22 号　邮政编码 100037）
策划编辑：任　鑫　　　　　　　责任编辑：任　鑫　闫洪庆
责任校对：郑　婕　王明欣　　　封面设计：马若濛
责任印制：张　博
北京建宏印刷有限公司印刷
2023 年 6 月第 1 版第 1 次印刷
184mm×260mm · 18.5 印张 · 482 千字
标准书号：ISBN 978-7-111-72967-9
定价：65.00 元

电话服务　　　　　　　　　　网络服务
客服电话：010-88361066　　　机 工 官 　网：www.cmpbook.com
　　　　　010-88379833　　　机 工 官 　博：weibo.com/cmp1952
　　　　　010-68326294　　　金 书 　　网：www.golden-book.com
封底无防伪标均为盗版　　机工教育服务网：www.cmpedu.com

前　言

电子产品检验技术是高职电子信息、应用电子等专业开设的专业核心课程，大部分院校把这类课程定位为电子产品测量与检验、电子测量技术等。在课程标准（尤其是教学内容）方面，以培养学生对电子产品常规功能和性能的测量和检验为主，注重电子测量技术和方法的锻炼和培养，如电压、电流、波形、频率与周期等参数的测量方法；关注电子测量仪器仪表的结构、原理和使用方法，如万用表、信号发生器、示波器、扫频仪、稳压电源等。有些则倾向于产品检验的知识和技能培养，关注检验知识、标准与标准化、质量管理体系、检验结果的分析与处理，体现了不同的课程设计理念和培养目标。

然而，电子产品与其他产品一样，除了常规的功能、性能和外观类检验项目之外，还需要进行安全（安规）、电磁兼容等涉及法律法规要求的检验项目，同时，在产品开发设计、制造过程中，还要针对产品的可靠性开展诸如环境试验和寿命试验之类的检验检测。

作为检验的主体，企业自建的实验室主要为满足企业自身生产过程中的质量控制需求，在来料、生产和成品出厂环节进行把关；通过对新产品进行功能性能、外观、可靠性等检测，为新产品的改进提供依据。而针对安全（安规）、电磁兼容、产品寿命以及失效分析等项目的测试，包括产品的各种认证（例如，国内的 3C 认证、欧盟的 CE 认证、美国的 FCC 认证等）所需的检验，几乎都是在有相应检测资质的第三方检测机构完成。

中国产业信息网发布的《2015—2020 年中国第三方检测市场竞争格局分析与投资战略规划分析报告》显示，随着我国经济社会的不断发展，作为国家大力发展的技术服务业，我国检验检测产业正在超速发展，规模不断壮大，技术跟国际接轨，并不断成熟。

我国从 2002 年 5 月 1 日起实行国家强制性产品认证（CCC）制度，对于列入"CCC"目录的产品实行强制性认证。国外的大部分国家和地区，也都有相应的强制性认证要求，如欧盟的 CE 认证、RoHS 认证，德国的 GS 认证，美国的 UL 认证、FCC 认证、ETL 认证，日本的 PSE 认证等。近年来，随着信息化社会和经济全球化的发展和融合，认证活动不断向广度和深度拓展，以国际标准为依据的国际认证制度在全球范围内得到迅速发展，在法律法规的支撑下，产品认证的权威地位和可信度不断提高。在这个背景下，我国检测行业的第三方检测机构（包括政府检测机构、外资和民营的第三方检测机构）迅速发展，对电子产品安规检验、电磁兼容检验领域的各类人才需求持续增长。例如，广东省作为我国的经济大省、制造业大省和产品出口大省，对检验检测和产品认证的需求更加旺盛，为此，政府大力推动国家级质检中心、省级授权质检机构、派驻实验室等多种形式的公共检测服务平台建设。

因此，高职电子类专业产品检验课程，关注电磁兼容以及安规检验等知识和技能的培养，是检验检测认证产业的客观需求，也是电子类专业学生十分重要的专业知识和技能。本书就是在这个背景下着手编写的。本书可以作为高职院校相关专业电子产品检验与认证技术的教材，也可供从事电子电器产品研发、制造、质量管理、检测与维修等工作的工程技术人员参考，或者作为企业技术人员的上岗培训教材。

根据《国务院关于印发国家职业教育改革实施方案的通知》等文件精神，为推进产教协同育人、深化课程教学改革，提升高素质技术技能人才培养质量，本书采用校企合作教材模式进行编写。以工学结合、理实一体为工作准则，融入具有典型性的企业教学案例，可以有效提升学生专业理论和实践操作能力。其中，佛山市质量计量监督检测中心翁嘉盛工程师为本书提供了电磁兼容检测的企业素材，佛山市国星光电股份有限公司黎德华工程师提供了安规检验和产品认证的企业案例。

本书第一、二、三单元由林为编写，第四单元由黎德华编写，第五单元由林为、黎德华、丁犇共同编写，全书由林为统编定稿。在编写和出版过程中，佛山职业技术学院电子信息学院对本书的编写给予了大力支持，机械工业出版社的编辑也做了大量耐心细致的工作，在此一并表示衷心的感谢。

本书力图采用最新的国际（或国家）标准进行阐述，但由于涉及的检测技术理论以及国际（或国家）标准处于不断更新和发展中，同时作者水平有限，书中难免有不当或错误之处，敬请读者批评指正。

编　者

目　　录

第一单元

电子产品检验基础知识

项目一
电子产品检验基础

1

一、电子产品的概念

电子产品的外延很广,与电子技术的发展水平有关,不同发展阶段有不同的内涵。随着电子技术、信息技术、网络技术以及物联网技术等的不断发展和融合,越来越多的新型电子产品不断涌现。

狭义的电子产品,是指采用电子技术和信息技术对各种信号进行采集、处理、转换的产品,主要是日常使用的消费类产品,如手机、计算机(台式、笔记本、平板)、摄像机、电视机、收音机、音响、音视频播放机等。

广义的电子产品,是指以电能为工作基础,由电子元器件构成,采用电子技术原理设计和制造,或者采用电子技术、信息技术、网络技术等进行控制和处理的各类元器件、零部件及成品。广义的电子产品种类繁多,但都具有两个显著特征:一是需要电源(各种电源)才能工作;二是工作载体均为模拟信息或数字信息的流转。

二、电子产品的分类

电子产品种类繁多,因此有多种分类方法。

根据应用领域来分,主要包括通信产品、广播电视产品、计算机产品、家用电器产品、电子测量仪器、数控设备、商用电子产品、医用电子产品、金融电子产品、雷达及无线导航产品、电源产品、电子元器件、电子专用产品等。

根据应用行业来分,主要包括消费类电子产品、工控类电子产品、医疗类电子产品、军事类电子产品、航空航天类电子产品、人工智能类产品等。

由于不同类型的电子产品加速融合,近年来"3C电子产品"的概念深入人心。所谓"3C电子产品"是指计算机(Computer)、通信(Communication)和消费电子(Consumer Electronic)互相融合的产品,如图1.1.1所示。3C融合是将这三类电子产品的功能互相渗透、互相融合,使其功能更加智能化、多元化,使用更加方便。手机、数字电视机、平板电脑等产品是3C融合的典型例子。

图 1.1.1　3C 电子产品示意图

三、产品检验的定义和分类

1. 检验的定义

"检验"是产品形成过程中不可缺少的环节,直接关系到产品质量的优劣。质量检验是企业质量管理体系的重要组成部分,其目的在于科学地判定产品的特性是否符合要求,为质量改进和质量管理提供依据。

国家标准(国际标准)的相关术语中,对检验(Inspection)做出了明确定义。GB/T 19000—2008(ISO 9000:2005)《质量管理体系　基础和术语》对"检验(Inspection)"的定义是,通过观察和判断,适当时结合测量、试验或估量所进行的符合性评价。GB/T 2828.1—2012《计数抽样检验程序　第1部分:按接收质量限(AQL)检索的逐批检验抽样计划》对"检验"的定义是,为确定产品或服务的各特性是否合格,测量、检查、测试或量测产品或服务的一种或多种特性,并且与规定要求进行比较的活动。

由此可见,检验是一种活动,不仅包括单纯的测量、检查,还包括把测量结果与规定要求进行比较并做出是否合格的判定,这种检验称为判定性检验。判定性检验的主要职能是把关,其预防的职能比较弱。

除了判定性检验,还有信息性检验和寻因性检验。

信息性检验是利用检验所获得的信息进行质量控制的一种现代检验方法。因为信息性检验既是检验又是质量控制,所以具有很强的预防功能。

寻因性检验是在产品的设计阶段,通过充分的预测,寻找可能产生不合格的原因(寻因),有针对性地设计和制造防差错装置,用于产品的生产制造过程,杜绝不合格品的产生。因此,寻因性检验也具有很强的预防功能。

本书主要涉及判定性检验。

2. 检验的分类

(1)按生产过程的顺序分类

1)进料检验(来料检验)。进料检验也称为来料检验,是企业对所采购的原材料、外购件、外协件、配套件、辅助材料、配套产品以及半成品等在入库之前所进行的检验,目的是防止不合格品进入仓库,防止由于使用不合格品而影响产品质量,影响企业信誉或打乱正常的生产秩序。这对于把好质量关,减少企业不必要的经济损失是至关重要的。

2)过程检验(工序检验)。过程检验也称工序检验,是在产品制造过程中对半成品或成品进行的检验,目的在于保证各工序的不合格半成品不得流入下道工序,防止对不合格半成品的继续加工和成批半成品不合格,确保正常的生产秩序。由于过程检验是按生产工艺流程和操作规程进行的,因而起到验证工艺和保证工艺规程贯彻执行的作用。

3)成品检验(最终检验)。成品检验也称为最终检验,目的在于保证不合格产品不流入客户端。成品检验是在生产结束后、产品入库前对产品进行的全面检验。成品检验合格的产品,应由检验员签发合格证后,车间才能办理入库手续。凡检验不合格的成品,应全部退回车间做返工、返修、降级或报废处理。经返工、返修后的产品必须再次进行全项目检验,检验员要做好返工、返修产品的检验记录,保证产品质量具有可追溯性。

(2)按检验地点分类

1)集中检验。集中检验是把被检验的产品送到或集中在一个固定的场所进行检验,如检验站等。一般最终检验采用集中检验的方式。

2）巡回检验（流动检验）。巡回检验是指检验人员在生产现场对制造工序进行巡回质量检验。检验人员应按照检验指导书规定的检验频次和数量进行检验，并做好记录。工序质量控制点是巡回检验的重点。检验人员应把检验结果标示在工序控制图上。当巡回检验发现工序质量出现问题时，一方面要和操作工人一起找出工序异常的原因，采取有效的纠正措施，恢复工序受控状态；另一方面必须对上次巡回检验后到本次巡回检验前所有的加工工件全部进行重检或筛选，以防不合格品流入下道工序或用户手中。

（3）按被检验样品的数量分类

1）全数检验。全数检验简称"全检"，也称为百分之百检验，是针对应检验的产品，逐件按规定的标准进行全数检验。

2）抽样检验。抽样检验简称"抽检"，是从应检验的产品批量中，按预先确定的抽样方案抽取一定的样本数，通过对样本的检验推断该批产品是否合格的检验方法。抽样检验方法至今已有多年的发展历史，由于应用领域不断拓展，现已形成许多具有不同特色的抽样方案和抽样系统。实践证明，基于数理统计知识的统计抽样技术具有较强的科学性和合理性，统计抽样检验标准也被广泛采用。

3）免检。免检又称无试验检验，主要是对经国家权威部门产品质量认证合格的产品或信得过产品在买入时执行的无试验检验，接收与否可以以供应方的合格证或检验数据为依据。执行免检时，客户往往要对供应方的生产过程进行监督。监督方式可采用派员进驻或索取生产过程的控制图等方式进行。

（4）按检验人员分类

1）自检。自检是指操作人员根据本工序作业指导书的要求，对自己所组装或加工的零部件或产品的装接质量进行检验，或由班组长、班组质量员对本班组生产的产品进行检验。自检的目的是及时发现自身加工的问题，并加以纠正，防止流到下道工序。

2）互检。互检是由同工种或上下道工序的操作者相互检验所加工的产品，目的在于通过检验及时发现不符合工艺规程规定的质量问题，以便及时采取纠正措施，从而保证加工产品的质量。

3）专职检验（专检）。专职检验简称专检，是指专职从事质量检验的人员所进行的检验。

（5）按质量特性的数据性质分类

1）计量检验。计量检验针对的是无法按个数计数的产品，例如液体（汽油）、气体（空气）等，需要测量和记录质量特性的具体数值，取得计量值数据，并根据数据值与标准对比，判断产品是否合格。

2）计数检验。计数检验针对的是能够按个数计数的产品，其所获得的质量数据为合格品数、不合格品数等计数值数据。通过确定抽样样本中不合格的个体数量，对整批的质量做出是否合格的判定。

（6）按检验性质分类

1）破坏性检验。破坏性检验是指只有将被检验的样品破坏以后才能取得检验结果（如产品的寿命试验）的检验。经破坏性检验后被检验的样品完全丧失了原有的使用价值，因此抽样的样本量小，检验的风险大。

2）非破坏性检验。非破坏性检验是指检验过程中产品不受到破坏，产品质量不发生实质性变化的检验。如产品的功能、性能、外观等大多数检验都属于非破坏性检验。现在由于无损探伤技术的发展，非破坏性检验的范围在逐渐扩大。

（7）按检验目的分类

1）生产检验。生产检验是指生产企业在产品形成的整个生产过程中的各个阶段所进行的检验，目的在于保证产品质量。生产检验执行内控标准。

2）验收检验。验收检验是客户（需方）在验收生产企业（供方）提供的产品时所进行的检验。验收检验的目的是客户为了保证验收产品的质量，保护自身的利益不受损。验收检验执行验收标准。

3）监督检验。监督检验是指经各级政府主管部门所授权的独立检验机构，按质量监督管理部门制定的计划，从市场抽取商品或直接从生产企业抽取产品进行的市场抽查监督检验。监督检验的目的是为了对投入市场的产品质量进行宏观控制。

4）验证检验。验证检验是指获得政府主管部门授权的独立检验机构，对企业申请认证所提供的产品样品或关键零部件进行检验，验证企业所生产的产品是否符合所执行的质量标准要求的检验。产品质量认证中的型式试验就属于验证检验。

5）仲裁检验。仲裁检验是指当供需双方因产品质量发生争议时，由各级政府主管部门所授权的独立检验机构抽取样品进行检验，提供给仲裁机构作为裁决的技术依据。

6）首件检验。首件检验简称首检，是指在生产开始时（或上班、下班）及工序因素调整后（换人、换料、设备调整等）对制造的第1~5件产品进行的检验，目的是为了尽早发现生产过程中影响产品质量的系统因素，防止产品成批报废。

3. 检验的职能

1）把关职能。把关职能主要体现在进料检验、过程检验和出货检验，对原材料、外协件进厂，零件加工，直至成品出厂等各个环节，进行质量鉴别，道道严格把关。

通过进料检验，把不良的原材料、半成品拒之门外，不合格的原材料不投产，避免由于使用不合格品而影响产品质量。

通过过程检验，确保生产过程中出现的不良品不流到下道工序，不合格的半成品不装配。

通过成品检验，确保不合格的成品不出厂。

2）预防职能。预防职能主要体现在新产品检验、进料检验以及过程检验。

通过新产品检验，尽早发现设计阶段存在的问题，并进行整改，确保设计无误后再进行量产，可以极大地保证生产过程顺利和产品质量。

通过进料检验，在把关的同时，还可促使供应商解决问题，不断提高原材料的质量水平。

通过过程检验，在把关的同时，还可针对不良品进行分析，制定纠正与预防措施，不断提高产品良率。

预防职能还体现在生产过程的"首件检验"，通过对每天、每班或换线后首次生产出来的前一个或几个产品进行检验，可以及时发现因操作、工装、机器、图样、工艺文件等原因造成的质量问题，及时采取措施，以防止成批报废。

应当指出，检验的预防职能与把关职能是相辅相成的，"信息性""寻因性"检验正是全面质量管理中的质量控制手段。随着生产过程的自动化和自动检测技术的广泛应用，自动生产、自动检测、自动判断及自行反馈可以在较短的时间内一气呵成。这种很高的时效性，大大简化了管理工作。

3）监督职能。质量检验是生产过程中不可缺少的技术监督，检验员长年累月在生产第一线，对种种忽视质量的行为进行监督。例如，对违反工艺和操作规程进行监督；对违反质量检验制度，零部件未经检验就调转下道工序或入库进行监督；对不执行质量标准，在质量上弄虚作假、欺骗客户的行为进行监督。发挥质量监督作用，这对生产要求高度安全的产品，尤为重要。

4）反馈职能。质量检验是企业质量信息反馈的信息源，将通过检验所掌握的质量数据和情况，进行整理、统计和分析，并做出评价，及时向企业领导和有关部门，以及生产班组、操作工人反馈，为改进产品图样设计、改进工艺、改进操作方法、加强管理、提高质量提供依据。

以上四项职能是相互关联的，只有发挥四项职能的整体效能才能取得最佳效果。各企业必须注意全面发挥质量检验的上述四项职能，并赋予检验员必要的实施权力，这样，质量检验必能在确保产品质量、降低废品、提高企业经济效益等方面发挥出更大的作用。

四、产品检验的一般流程

1. 产品检验的一般流程

产品检验的一般流程如图1.1.2所示。

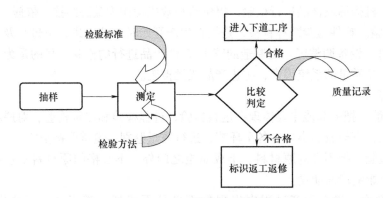

图1.1.2　产品检验的一般流程

图中各环节相应的工作内容见表1.1.1。

表1.1.1　产品检验的环节和工作内容

序号	工作环节	工作内容
1	定标	明确技术要求，制定检验标准，掌握检验方法，尽可能避免模棱两可的情况
2	抽样	依据抽样方案随机抽取样本（全检则跳过此环节）
3	测定	按照检验方案和操作规程，采用试验、测量、化验与感官检查等方法测定产品的质量特性
4	比较	将测定结果与质量要求（或检验标准）进行比较
5	判定	根据比较结果判定产品或批量产品是否合格
6	处理	对单件产品：合格品放行，不良品要标识隔离 对批量产品：做出允收、拒收、挑选、返修、特采等处理
7	记录	记录检验条件和数据，用以反馈信息，评价产品，为质量改进提供数据信息

很显然，测定（度量）、比较和判定是检验的重点环节。如果没有检验标准和规范，产品质量检验工作就失去了依据和意义。

2. 产品检验的主要影响因素

与生产过程的影响要素类似，影响检验结果的主要因素也归结为 4M1E，即人、机、料、法、环五个要素。

1）人员（Man）。检验检测人员知识掌握程度和能力的强弱，人员配备是否齐全合理，职责是否明确，能力是否不断得到提升，直接影响着检验结果或精度。检验人员应进行岗前培训，持证上岗。对培训期员工的初始能力和已上岗人员的持续能力要不断加强监督，确保实验人员不断适应和满足检测新技术和质检新工作的要求。

2）机器（Machine）。指检验所使用的设备、仪器、工具等。仪器设备是否正常运作，工具的好坏都是影响检验质量的要素。应注意，是否配备了所需的检测设备；所用仪器设备及软件是否能达到所需的准确度；对检测结果有影响的仪器设备是否有检定、校准计划。检测工作中，只是一味地使用设备而不维护、核查，将会降低仪器设备的准确度和精度，缩短其使用寿命；而缺乏相关记录或记录不全、不翔实，将无法追溯检测数据的准确性与可靠性，使管理陷入混乱。

3）材料（Material）。包括检验所需的各种辅助材料以及客户所委托检测的样品（也称供试材料）。客户所送样品是否均匀、稳定且具有代表性，样品管理员制备的样品是否符合检测项目对应的检测标准的要求，以及样品状态描述是否清晰、准确，这些都对检测结果的准确性和科学性影响较大。所用的辅助材料是否符合相关要求，也会直接影响检测准确度或结果。

4）方法（Method）。即检测方法，包括检测标准和检验方法，是检验检测工作的依据。在开始检验之前，应参考检验标准制定正确的检验方法；应制定作业指导书或实施细则对标准加以补充；进行测量不确定度评价。

5）环境（Environment）。指检测工作所要求达到的设施和环境条件，是直接影响检测结果的要素，也是保证检验工作正确实施的前提条件。此外，环境还应满足对检验人员的健康安全防护、对环境的安全保护等要求。实验室的设施条件主要指场地、能源、采光、采暖、通风等；环境条件则包括温度、湿度、洁净度（尘埃）、电磁骚扰水平、冲击振动、微生物菌种、电源波动、噪声、大气压、雷电、有害气体等。

五、电子产品检验要求

检验的目的，是判定产品对标准的符合性。任何企业都必须对自己开发和生产的电子产品进行各种检验，确认是否符合相关标准，只有符合标准，才能推出市场，赢得消费者的信赖和市场竞争力。根据标准的不同，电子产品检验的要求也是多方面的。

1. 法律法规的要求

随着经济全球化进程的不断发展和融合，不同的国家、地区或经济体为了自身的经济利益和安全考虑，设立了一系列的法律法规来规范本区域内电子产品的生产及销售，这些法律法规通常以产品认证的形式来体现和实施，形成了技术性的贸易壁垒，用于保护本土产业或限制外来产品输入。电子产品要在某个国家或地区销售，首先要符合当地相关法律法规的要求，取得相应的市场准入认证，如北美的 FCC 认证、欧盟的 CE 认证、日本的 VCCI 认证、中国的 3C 认证等。

3C 认证的全称为中国强制性产品认证，英文名称为 China Compulsory Certification，英文缩写为 CCC（即 3C）。它是中国政府为保护消费者人身安全和国家安全、加强产品质量管理、依照法律法规实施的一种产品合格评定制度。凡列入认证目录内的产品，必须经国家指定的认证机构认证合格，取得相关证书并加施认证标志后，方能出厂、进口、销售和在经营服务场所使用。

相关的法律法规还包括环保方面的要求，例如欧盟的 RoHS。RoHS 是由欧盟立法制定的一项强制性标准，它的全称是《关于限制在电子电气设备中使用某些有害成分的指令》（The Restriction of the Use of Certain Hazardous Substances in Electrical and Electronic Equipment）。该标准于 2006 年 7 月 1 日开始正式实施，主要用于规范电子电气产品的材料及工艺标准，使之更加有利于人体健康及环境保护。该标准的目的在于消除电子电气产品中的铅、汞、镉、六价铬、多溴联苯和多溴二苯醚共 6 项物质，并重点规定了铅的含量不能超过 0.1%。

2. 功能性能的要求

产品的使用价值在于能否满足客户对功能性能的要求，功能性能是产品价值的直接体现。而确认功能性能的好坏只需经过相应的功能测试。因此，电子产品功能和性能的检验，是最常见和最基础的检验内容和要求。

3. 外观的要求

良好的产品外观设计和外观状态，可以提高客户的接受程度，提高产品的附加值，提升企业和品牌的知名度。外观的瑕疵，如划伤、凹坑、污迹、损伤、裂纹、变形、色差、毛边、不平整等，将直接影响销售。因此，产品的外观也是检验的重要内容之一。

4. 可靠性或耐用性的要求

可靠性是衡量产品质量的重要因素。在产品设计和制造过程中，对产品可靠性都有相应的要求。可靠性也是产品检验的项目之一，包括产品本身以及包装的可靠性。电子产品的可靠性通常以环境试验的方式进行验证。

六、小结

检验是一种活动，包括对检验对象的测量、检查和试验，以及把实测结果与规定要求进行比较并做出是否合格的判定，这种检验称为判定性检验。除了判定性检验，检验还有信息性检验和寻因性检验。本书主要涉及判定性检验。

检验有多种分类方法。其中，按被检验样品的数量分时还可以分为全检、抽检和免检。

检验的职能包括把关、预防、监督和反馈。判定性检验的主要职能是把关，其预防职能的体现非常微弱。

检验的一般流程有定标、抽样、测定、比较、判定、处理和记录这几个环节。其中，测定、比较、判定是重点环节。

电子产品的检验要求包括法律法规、功能性能、外观、可靠性等方面的要求。

思考与练习

1. 判断题

（1）判定性检验的目的是对产品是否合格做出判定。 （　）

（2）质量检验的三个重点环节是测定、比较和判定。 （　）

（3）在生产过程中，每道工序均需检验合格才能转入下道工序。 （　）

（4）免检就是无需检验，不管该批产品的生产状态如何。 （　）

（5）首检的目的是防止批量不合格发生，起预防作用。 （　）

（6）电子产品只需检验其功能是否正常即可。 （　）

（7）在国内销售的所有电子产品都要取得 3C 认证。　　　　　　（　　）

2. 简答题

（1）什么是检验？GB/T 19000—2008 对检验是如何定义的？

（2）何谓抽样检验？试述抽样检验与全数检验的区别。

（3）检验的目的是什么？

（4）从检验的目的看，检验有哪些方式？

（5）质量检验有哪些职能和作用？

（6）电子产品检验的一般流程是什么？

项目二

抽样检验与计数抽样检验方案

一、抽样检验

1. 抽样检验的定义

抽样检验（Sampling Inspection）是介于免检与全数检验之间的一种检验方式。它是自批量产品中随机抽取一定数量作为样本，通过对每一个样本进行试验或测定，将结果与原定的检验标准相比较，利用统计方法判定该批量是否为合格的检验过程。

2. 抽样检验的适用范围

抽样检验适用于下列情况：

1）批量大，受验物品个数很多，或者由于全检而影响到交货期时（必要性）。

2）破坏性检验，例如灯泡、熔丝试验（必要性）。

3）全检费用高或检验时间长（经济性）。

4）全检的成本远高于不合格品所造成的成本（经济性）。

5）受检群体为连续性物体，如纸张、电线等物品。

3. 抽样检验的分类

（1）按单位产品的质量特征分类

1）计数抽样检验：按照一个或一组规定要求，把单位产品简单地划分为合格品或不合格品，或者只计算不合格数，然后根据样本的检验结果，按预先规定的判定准则来确定接收还是不接收一批产品。简单来说就是，针对抽样检验后不合格品的件数来判定整批产品是否合格。

2）计量抽样检验：对单位产品的质量特征，必须用某种与之对应的连续量（例如，时间、重量、长度等）实际测量，然后根据统计计算结果（例如，均值、标准差或其他统计量等）是否符合规定的接收判定值或接收准则来决定是否接收整批产品。

（2）按抽取样本的次数分类

1）一次抽样检验：只做一次抽样的检验。

2）二次抽样检验：最多两次抽样的检验。

3）多次抽样检验：最多 5 次抽样的检验。

4）序贯抽样检验：事先不规定抽样次数，每次只抽一个单位产品，即样本量为 1，检验后按某一确定规则做出批合格或不合格或继续抽样的判定。

（3）按是否调整抽样检验方案分类

1）调整型抽样方案。其特点是，有转移规则（正常、加严、放宽）；一组抽样方案（一次、二次、多次）；充分利用产品的质量历史信息来调整，可降低检验成本。

2）非调整型抽样方案。其特点是，只有一个方案，无转移规则。

（4）按抽样检验的目的分类

1）预防性抽样检验（也叫过程抽样检验）。通过对生产过程的抽样检验，提示产品的质量特征分布是否合理、生产过程是否稳定，一旦出现异常，需要立即采取纠正和预防措施。也称为统计过程控制（SPC）。

2）验收性抽样检验。客户（需方）对生产企业（供方）提供的产品所进行的检验。

3）监督抽样检验。第三方检验，政府或行业主管部门如质量技术监督局的抽查。

4. 与抽样检验相关的几个基本概念

1）批：提交进行检验的一批产品，应由同型号、同等级、同种类，且生产条件和生产时间基本相同的单位产品组成。

2）批量：检验批中单位产品的数量（通常用 N 表示）。

3）样本：从检验批中随机抽取的产品。样本的特征如下：

数量特征：即样本量大小，用小写字母 n 表示。

质量特征：对于计件抽样，用"样品的不合格品数（d）"表示；对于计点抽样，用"样品的不合格数（d）"表示。

4）不良率：d/n。

二、GB/T 2828.1—2012 简介与计数抽样检验方案

抽检不同于全检，需要根据对所抽取样本的检验结果，对整批做出是否合格（允收）的判定。因此，需要解决以下两个问题：

1）抽取多少样本进行检验？也就是样本量大小。

2）如果在样本中检出 d 个不合格品，这一批是合格还是不合格呢？也就是对批进行合格判定的规则。

目前，产业界普遍采用国家标准 GB/T 2828.1—2012《计数抽样检验程序　第 1 部分：按接收质量限（AQL）检索的逐批检验抽样计划》作为计数抽样检验的作业指引，可以解决上述两个问题。

GB/T 2828.1—2012 属于计数调整型抽样检验标准，适用于连续批的调整型计数抽样检验，它等同采用国际标准 ISO 2859-1：1999。

1. GB/T 2828.1 的历史

ISO 2859-1：1999 源于美国军方标准 MIL-STD-105E，起源于第二次世界大战时期美国国防部对武器设备的验收标准，经过半个世纪的发展已逐渐被人们用到质量检验领域，是目前国内外广泛采用的统计抽样标准。

第二次世界大战期间，在大量军火需要及时供应，检验人员又非常缺乏的情况下，为保证军火产品质量（军火是不能全检的），美国军方就想采用一种既经济又实用的检验方法，于是委托哥伦比亚大学统计学小组，起草一份对军火产品实施抽样检验验收的规则，即 MIL-STD-105，之后经过多次改版，变成国际标准 ISO 2859。1981 年我国参考 ISO 2859，发布了国家标准 GB/T 2828—1981，1987 年修正为 GB/T 2828—1987，2003 年和 2012 年两次改版，见表 1.2.1。

表 1.2.1　GB/T 2828.1 的演变历史

标准名称	说明
JAN-STD-105	全名为 Joint Army-Navy Standard 105，1949 年设计完成
MIL-STD-105A	1950 年，JAN-STD-105 被修订为 MIL-STD-105A
MIL-STD-105B	1958 年修订
MIL-STD-105C	1961 年修订
MIL-STD-105D	1963 年修订
ANSI/ASQC Z1.4 1971	1971 年推出，由美国国家标准学会（ANSI）列入美国国家标准
ISO 2859	1974 年，国际标准化组织（ISO）将 ANSI/ASQC Z1.4 稍做修正，将其编列为 ISO 2859
GB/T 2828	1981 年我国参考 ISO 2859，发布了国家标准 GB/T 2828—1981，1987 年修正为 GB/T 2828—1987，2003 年和 2012 年两次改版
MIL-STD-105E	1989 年 5 月 10 日，美国陆军军备研究与发展中心发布，与 105D 版本相类似，只有在文字部分加以修订，另行编排

2. 计数抽样检验方案

抽样检验方案是一组特定的规则，用于对批进行检验、判定。

计数抽样方案包括样本量 n 与判定数组 Ac 和 Re。

Ac 是对批做出接收判定时，样本中发现的不合格品（或不合格）数的上限值，只要样本中发现的不合格品（或不合格）数≤Ac，就可以接收该批。（Ac 是 Accepted 的缩写，意思是接收、允收或合格。）

Re 是对批做出不接收判定时，样本中发现的不合格品（或不合格）数的下限值，只要样本中发现的不合格品（或不合格）数≥Re，则可判定该批不接收。（Re 是 Rejected 的缩写，意思是不接收、拒收或不合格。）

在计数抽样检验中，根据抽样方案对批做出判定以前允许抽取样本的次数，分为一次、二次、多次和序贯等各种类型的抽样方案。GB/T 2828.1—2012 是计数的一次、二次、多次的抽样方案，不包括序贯。

（1）一次抽样方案

由一个样本量和判定数组组成，简记为 $(n|Ac, Re)$，其中 Re=Ac+1。从批中抽取 n 个单位产品的样本，若不合格（品）数≤Ac 则接收，若≥Re 则拒收，如图 1.2.1 所示。

图 1.2.1　一次抽样方案运行图

（2）二次抽样方案

由两个样本量和判定数组组成，简记为 $(n_1, n_2|Ac_1, Re_1; Ac_2, Re_2)$，其中 $Re_2=Ac_2+1$。运行方案如图 1.2.2 所示。

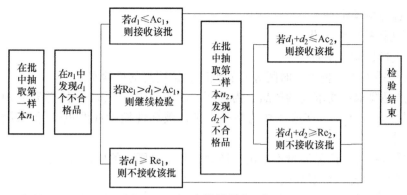

图 1.2.2　二次抽样方案运行图

3. 检验水平

在 GB/T 2828.1—2012 中，检验水平（Inspection Level，IL）规定了批量与样本量之间的关系。表 1.2.2（对应 GB/T 2828.1—2012 表 1）为样本量字码表，第一列为待检验的产品批量，右边给出了三个一般检验水平，分别是Ⅰ、Ⅱ、Ⅲ，还有四个特殊检验水平，分别是S-1、S-2、S-3、S-4。

一般检验水平Ⅱ是最常用的，也称为正常检验水平。

表 1.2.2　样本量字码表

批量	特殊检验水平				一般检验水平		
	S-1	S-2	S-3	S-4	Ⅰ	Ⅱ	Ⅲ
1~8	A	A	A	A	A	A	B
9~15	A	A	A	A	A	B	C
16~25	A	A	B	B	B	C	D
26~50	A	B	B	C	C	D	E
51~90	B	B	C	C	C	E	F
91~150	B	B	C	D	D	F	G
151~280	B	C	D	E	E	G	H
281~500	B	C	D	E	F	H	J
501~1200	C	C	E	F	G	J	K
1201~3200	C	D	E	G	H	K	L
3201~10000	C	D	F	G	J	L	M
10001~35000	C	D	F	H	K	M	N
35001~150000	D	E	G	J	L	N	P
150001~500000	D	E	G	J	M	P	Q
500001 及以上	D	E	H	K	N	Q	R

样本量随检验水平的提高或批量的增大而增大，这种关系不是按一定比例增大，是根据实际需要确定的，主要考虑的是抽样风险和检验费用。

从辨别能力来看，不同检验水平的辨别能力有以下规律：

1）Ⅰ＜Ⅱ＜Ⅲ；S-1＜S-2＜S-3＜S-4。

2）一般检验水平＞特殊检验水平。

检验水平选择的原则如下：

1）没有特别规定时，优先采用一般检验水平Ⅱ。

2）比较检验费用。若单个样品的检验费用为 a，判定批不合格时处理一个样品的费用为 b，检验水平选择应遵循：

$a>b$ 时，选择检验水平 I。

$a=b$ 时，选择检验水平 II。

$a<b$ 时，选择检验水平 III。

即检验费用（包括人力、物力、时间等）较低时，选用高的检验水平。

3）参考产品要求：要求高的产品，为保证接收质量限（AQL），使得劣于 AQL 的产品批尽可能不被误判为合格批，宜选择高的检验水平；破坏性检验或严重降低产品性能的检验，选用低的检验水平。

4）参考质量状态：产品质量不稳定，波动大时，选用高的检验水平；间断（非连续）生产的产品，检验水平选择得要高些。

5）参考历史经验：历史资料不多或缺乏的试制品，为安全起见，检验水平必须选择高些。

6）以下情况选用特殊检验水平：检验费用极高；贵重产品的破坏性检验；宁愿增加对批质量误判的危险性，也要尽可能减少样本。

4. 接收质量限

接收质量限（AQL）是当一个连续系列批被提交验收抽样时，可允许的最差过程平均质量水平。可以把 AQL 看作可接受的过程平均不合格率和可接受批之间的界限。在 GB/T 2828.1—2012 中，AQL 被作为一个检索工具。

给出 AQL 值，并不意味着供方（生产企业）有权提供已知的不合格品。无论是抽样检验中或其他场合发现的不合格品，都应该逐个剔除。

当以不合格品百分数表示质量水平时，AQL 值应不超过 10%；当以每百单位不合格数表示质量水平时，可使用的 AQL 值最高可达 1000。

AQL 表明了生产中所要求的质量。AQL 在制定时是以产品为核心，并与产品的质量特性的重要程度有关。

1）重要程度：AQL（A 类）<AQL（B 类）<AQL（C 类）。

2）检验项目：AQL（少）<AQL（多）。

3）使用场景的重要程度：AQL（军用产品）<AQL（民用产品）。

4）性能的重要程度：AQL（电气性能）<AQL（机械性能）<AQL（外观）。

5. 检验的严格性

（1）抽样方案

GB/T 2828.1—2012 属于计数调整型抽样检验程序。调整型的思路是，根据产品质量变化情况，适当地根据转移规则对抽样方案的宽严程度进行调整，为使用方和生产方提供适当的保护，把抽样检验和质量变化联系在一起形成了一个动态过程。

GB/T 2828.1—2012 规定了三种严格程度不同的抽样方案，分别是正常检验（N）、加严检验（T）和放宽检验（R）。

正常检验是防止当质量水平优于 AQL 时生产方不被接收的批的比例过高。

加严检验必须是强制性的（保护使用方）。在同一抽样计划中，加严检验抽样方案的主要特点就是它的接收标准比正常检验严格，相当于提高质量要求，降低使用方风险。

当产品质量一贯优于 AQL 规定的质量水平，而且通过检验已经得到了证明，确信能继续保持这种质量水平时，才有可能实施放宽检验，因而是非强制性的。

（2）转移规则

转移规则是从一种检验状态转移到另一种检验状态的规定。

　　1）正常到加严。由正常检验转入加严检验的规则是，当正在采用正常检验时，只要初次检验中连续 5 批或少于 5 批中有 2 批是不可接收的，则转移到加严检验。例如：

1√，2√，3√，4×，5×　　　　　　　加严
1√，2×，3√，4×　　　　　　　　　加严
1×，2√，3×　　　　　　　　　　　加严

　　2）加严到正常。当正在采用加严检验时，如果初次检验的连续 5 批接收（不能是累计 5 批，有拒收时需重新计算），应恢复正常检验。

　　3）正常到放宽。当正在采用正常检验时，如果下列各条件均满足，应转移到放宽检验：
　　① 当前的转移得分（见 GB/T 2828.1 的 9.3.3.2）至少是 30 分。
　　② 生产稳定。
　　③ 负责部门同意使用放宽检验。

　　4）放宽到正常。当正在采用放宽检验时，如果初次检验出现下列任一情况，应恢复正常检验：
　　① 一个批不接收。
　　② 生产不稳定、生产过程中断后恢复生产。
　　③ 有恢复正常检验的其他正当理由。

　　5）暂停检验。如果在初次加严检验的一系列连续批中未接收批的累计数达到 5 批，应暂时停止检验。（累计达到 5 批停止，强制要求对产品要有改进措施，当得到措施有效的证据后方可开始加严检验，恢复生产方的生产。）

三、抽样检验方案检索方法

　　GB/T 2828.1—2012 是按 AQL 检索的逐批检验抽样计划。使用 GB/T 2828.1—2012 检索抽样检验方案的方法和步骤如图 1.2.3 所示。

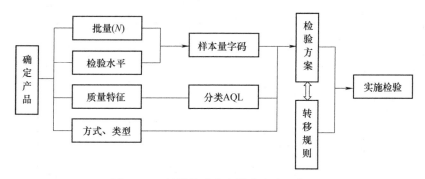

图 1.2.3　抽样检验方案检索方法示意图

　　第一步：根据批量 N 及检验水平，查表 1.2.2，获得样本量字码。
　　第二步：依据选定的检验严格程度检索相应的抽样方案主表：
　　"正常检验一次抽样方案"，见表 1.2.3；
　　"加严检验一次抽样方案"，见表 1.2.4；
　　"放宽检验一次抽样方案"，见表 1.2.5。
　　第三步：在表 1.2.3~表 1.2.5 中，根据样本量字码，在"样本量"栏查得样本量 n，再从字码所在行、AQL 所在列的交叉格中，读出［Ac，Re］。如果该交叉格中不是数字而是箭头，则进入第四步。

表1.2.3 正常检验一次抽样方案

接收质量限(AQL)（每格为 Ac Re；↓ 表示使用箭头下面第一个抽样方案，↑ 表示使用箭头上面第一个抽样方案）

样本量字码	样本量	0.010	0.015	0.025	0.040	0.065	0.10	0.15	0.25	0.40	0.65	1.0	1.5	2.5	4.0	6.5	10	15	25	40	65	100	150	250	400	650	1000
A	2	↓	↓	↓	↓	↓	↓	↓	↓	↓	↓	↓	↓	↓	↓	↓	↓	0 1	1 2	2 3	3 4	5 6	7 8	10 11	14 15	21 22	30 31
B	3	↓	↓	↓	↓	↓	↓	↓	↓	↓	↓	↓	↓	↓	↓	↓	0 1	1 2	2 3	3 4	5 6	7 8	10 11	14 15	21 22	30 31	44 45
C	5	↓	↓	↓	↓	↓	↓	↓	↓	↓	↓	↓	↓	↓	↓	0 1	1 2	2 3	3 4	5 6	7 8	10 11	14 15	21 22	30 31	44 45	↑
D	8	↓	↓	↓	↓	↓	↓	↓	↓	↓	↓	↓	↓	↓	0 1	1 2	2 3	3 4	5 6	7 8	10 11	14 15	21 22	30 31	44 45	↑	↑
E	13	↓	↓	↓	↓	↓	↓	↓	↓	↓	↓	↓	↓	0 1	1 2	2 3	3 4	5 6	7 8	10 11	14 15	21 22	30 31	44 45	↑	↑	↑
F	20	↓	↓	↓	↓	↓	↓	↓	↓	↓	↓	↓	0 1	1 2	2 3	3 4	5 6	7 8	10 11	14 15	21 22	30 31	44 45	↑	↑	↑	↑
G	32	↓	↓	↓	↓	↓	↓	↓	↓	↓	↓	0 1	1 2	2 3	3 4	5 6	7 8	10 11	14 15	21 22	30 31	44 45	↑	↑	↑	↑	↑
H	50	↓	↓	↓	↓	↓	↓	↓	↓	↓	0 1	1 2	2 3	3 4	5 6	7 8	10 11	14 15	21 22	30 31	44 45	↑	↑	↑	↑	↑	↑
J	80	↓	↓	↓	↓	↓	↓	↓	↓	0 1	1 2	2 3	3 4	5 6	7 8	10 11	14 15	21 22	30 31	44 45	↑	↑	↑	↑	↑	↑	↑
K	125	↓	↓	↓	↓	↓	↓	↓	0 1	1 2	2 3	3 4	5 6	7 8	10 11	14 15	21 22	30 31	44 45	↑	↑	↑	↑	↑	↑	↑	↑
L	200	↓	↓	↓	↓	↓	↓	0 1	1 2	2 3	3 4	5 6	7 8	10 11	14 15	21 22	30 31	44 45	↑	↑	↑	↑	↑	↑	↑	↑	↑
M	315	↓	↓	↓	↓	↓	0 1	1 2	2 3	3 4	5 6	7 8	10 11	14 15	21 22	30 31	44 45	↑	↑	↑	↑	↑	↑	↑	↑	↑	↑
N	500	↓	↓	↓	↓	0 1	1 2	2 3	3 4	5 6	7 8	10 11	14 15	21 22	30 31	44 45	↑	↑	↑	↑	↑	↑	↑	↑	↑	↑	↑
P	800	↓	↓	↓	0 1	1 2	2 3	3 4	5 6	7 8	10 11	14 15	21 22	30 31	44 45	↑	↑	↑	↑	↑	↑	↑	↑	↑	↑	↑	↑
Q	1250	↓	↓	0 1	1 2	2 3	3 4	5 6	7 8	10 11	14 15	21 22	30 31	44 45	↑	↑	↑	↑	↑	↑	↑	↑	↑	↑	↑	↑	↑
R	2000	↓	0 1	1 2	2 3	3 4	5 6	7 8	10 11	14 15	21 22	30 31	44 45	↑	↑	↑	↑	↑	↑	↑	↑	↑	↑	↑	↑	↑	↑

注：Ac—接收数；Re—拒收数。

表1.2.4　加严检验一次抽样方案

接收质量限(AQL)

注：表中每格数值为 Ac Re（Ac=接收数，Re=拒收数）；↓表示采用箭头下面第一个抽样方案；↑表示采用箭头上面第一个抽样方案。

样本量字码	样本量	0.010	0.015	0.025	0.040	0.065	0.10	0.15	0.25	0.40	0.65	1.0	1.5	2.5	4.0	6.5	10	15	25	40	65	100	150	250	400	650	1000
A	2	↓	↓	↓	↓	↓	↓	↓	↓	↓	↓	↓	↓	↓	↓	↓	0 1	1 2	2 3	3 4	5 6	8 9	12 13	18 19	27 28	41 42	↑
B	3	↓	↓	↓	↓	↓	↓	↓	↓	↓	↓	↓	↓	↓	↓	0 1	1 2	2 3	3 4	5 6	8 9	12 13	18 19	27 28	41 42	↑	↑
C	5	↓	↓	↓	↓	↓	↓	↓	↓	↓	↓	↓	↓	↓	0 1	1 2	2 3	3 4	5 6	8 9	12 13	18 19	27 28	41 42	↑	↑	↑
D	8	↓	↓	↓	↓	↓	↓	↓	↓	↓	↓	↓	↓	0 1	1 2	2 3	3 4	5 6	8 9	12 13	18 19	27 28	41 42	↑	↑	↑	↑
E	13	↓	↓	↓	↓	↓	↓	↓	↓	↓	↓	↓	0 1	1 2	2 3	3 4	5 6	8 9	12 13	18 19	27 28	41 42	↑	↑	↑	↑	↑
F	20	↓	↓	↓	↓	↓	↓	↓	↓	↓	↓	0 1	1 2	2 3	3 4	5 6	8 9	12 13	18 19	27 28	41 42	↑	↑	↑	↑	↑	↑
G	32	↓	↓	↓	↓	↓	↓	↓	↓	↓	0 1	1 2	2 3	3 4	5 6	8 9	12 13	18 19	27 28	41 42	↑	↑	↑	↑	↑	↑	↑
H	50	↓	↓	↓	↓	↓	↓	↓	↓	0 1	1 2	2 3	3 4	5 6	8 9	12 13	18 19	27 28	41 42	↑	↑	↑	↑	↑	↑	↑	↑
J	80	↓	↓	↓	↓	↓	↓	↓	0 1	1 2	2 3	3 4	5 6	8 9	12 13	18 19	27 28	41 42	↑	↑	↑	↑	↑	↑	↑	↑	↑
K	125	↓	↓	↓	↓	↓	↓	0 1	1 2	2 3	3 4	5 6	8 9	12 13	18 19	27 28	41 42	↑	↑	↑	↑	↑	↑	↑	↑	↑	↑
L	200	↓	↓	↓	↓	↓	0 1	1 2	2 3	3 4	5 6	8 9	12 13	18 19	27 28	41 42	↑	↑	↑	↑	↑	↑	↑	↑	↑	↑	↑
M	315	↓	↓	↓	↓	0 1	1 2	2 3	3 4	5 6	8 9	12 13	18 19	27 28	41 42	↑	↑	↑	↑	↑	↑	↑	↑	↑	↑	↑	↑
N	500	↓	↓	↓	0 1	1 2	2 3	3 4	5 6	8 9	12 13	18 19	27 28	41 42	↑	↑	↑	↑	↑	↑	↑	↑	↑	↑	↑	↑	↑
P	800	↓	↓	0 1	1 2	2 3	3 4	5 6	8 9	12 13	18 19	27 28	41 42	↑	↑	↑	↑	↑	↑	↑	↑	↑	↑	↑	↑	↑	↑
Q	1250	↓	0 1	1 2	2 3	3 4	5 6	8 9	12 13	18 19	27 28	41 42	↑	↑	↑	↑	↑	↑	↑	↑	↑	↑	↑	↑	↑	↑	↑
R	2000	0 1	1 2	2 3	3 4	5 6	8 9	12 13	18 19	27 28	41 42	↑	↑	↑	↑	↑	↑	↑	↑	↑	↑	↑	↑	↑	↑	↑	↑
S	3150	1 2	2 3	3 4	5 6	8 9	12 13	18 19	27 28	41 42	↑	↑	↑	↑	↑	↑	↑	↑	↑	↑	↑	↑	↑	↑	↑	↑	↑

表 1.2.5　放宽检验一次抽样方案

接收质量限(AQL)　（Ac＝接收数，Re＝拒收数；↓＝使用箭头下面第一个抽样方案，↑＝使用箭头上面第一个抽样方案）

样本量字码	样本量	0.010	0.015	0.025	0.040	0.065	0.10	0.15	0.25	0.40	0.65	1.0	1.5	2.5	4.0	6.5	10	15	25	40	65	100	150	250	400	650	1000
A	2	↓	↓	↓	↓	↓	↓	↓	↓	↓	↓	↓	↓	↓	↓	↓	↓	0 1	0 2	0 3	1 3	1 4	2 5	3 6	5 8	7 10	10 13
B	2	↓	↓	↓	↓	↓	↓	↓	↓	↓	↓	↓	↓	↓	↓	↓	0 1	0 2	0 3	1 3	1 4	2 5	3 6	5 8	7 10	10 13	14 17
C	2	↓	↓	↓	↓	↓	↓	↓	↓	↓	↓	↓	↓	↓	↓	0 1	0 2	0 3	1 3	1 4	2 5	3 6	5 8	7 10	10 13	14 17	21 24
D	3	↓	↓	↓	↓	↓	↓	↓	↓	↓	↓	↓	↓	↓	0 1	0 2	0 3	1 3	1 4	2 5	3 6	5 8	7 10	10 13	14 17	21 24	30 31
E	5	↓	↓	↓	↓	↓	↓	↓	↓	↓	↓	↓	↓	0 1	0 2	0 3	1 3	1 4	2 5	3 6	5 8	7 10	10 13	14 17	21 24	30 31	↑
F	8	↓	↓	↓	↓	↓	↓	↓	↓	↓	↓	↓	0 1	0 2	0 3	1 3	1 4	2 5	3 6	5 8	7 10	10 13	14 17	21 24	30 31	↑	↑
G	13	↓	↓	↓	↓	↓	↓	↓	↓	↓	↓	0 1	0 2	0 3	1 3	1 4	2 5	3 6	5 8	7 10	10 13	14 17	21 24	30 31	↑	↑	↑
H	20	↓	↓	↓	↓	↓	↓	↓	↓	↓	0 1	0 2	0 3	1 3	1 4	2 5	3 6	5 8	7 10	10 13	14 17	21 24	30 31	↑	↑	↑	↑
J	32	↓	↓	↓	↓	↓	↓	↓	↓	0 1	0 2	0 3	1 3	1 4	2 5	3 6	5 8	7 10	10 13	14 17	21 24	30 31	↑	↑	↑	↑	↑
K	50	↓	↓	↓	↓	↓	↓	↓	0 1	0 2	0 3	1 3	1 4	2 5	3 6	5 8	7 10	10 13	14 17	21 24	30 31	↑	↑	↑	↑	↑	↑
L	80	↓	↓	↓	↓	↓	↓	0 1	0 2	0 3	1 3	1 4	2 5	3 6	5 8	7 10	10 13	14 17	21 24	30 31	↑	↑	↑	↑	↑	↑	↑
M	125	↓	↓	↓	↓	↓	0 1	0 2	0 3	1 3	1 4	2 5	3 6	5 8	7 10	10 13	14 17	21 24	30 31	↑	↑	↑	↑	↑	↑	↑	↑
N	200	↓	↓	↓	↓	0 1	0 2	0 3	1 3	1 4	2 5	3 6	5 8	7 10	10 13	14 17	21 24	30 31	↑	↑	↑	↑	↑	↑	↑	↑	↑
P	315	↓	↓	↓	0 1	0 2	0 3	1 3	1 4	2 5	3 6	5 8	7 10	10 13	14 17	21 24	30 31	↑	↑	↑	↑	↑	↑	↑	↑	↑	↑
Q	500	↓	↓	0 1	0 2	0 3	1 3	1 4	2 5	3 6	5 8	7 10	10 13	14 17	21 24	30 31	↑	↑	↑	↑	↑	↑	↑	↑	↑	↑	↑
R	800	↓	0 1	0 2	0 3	1 3	1 4	2 5	3 6	5 8	7 10	10 13	14 17	21 24	30 31	↑	↑	↑	↑	↑	↑	↑	↑	↑	↑	↑	↑

第四步：沿着箭头方向，读出箭头所指第一个 [Ac，Re]，然后由此 [Ac，Re] 所在行，在"样本量"栏读出相应样本量 n，这时第三步所得的样本量作废。

也就是说，在检索抽样方案过程中，如果在表中字码和样本量所在行与 AQL 所在列对应的位置，只有箭头而没有判定数组，就应该采用箭头指向的第一个判定数组和与之同行的字码所规定的样本量，不能再用原来的字码规定的样本量。口诀是，**跟着箭头走，见数就停留，同行是方案，千万别回头。**

【例 1】 对某种产品实施抽样检验，AQL 为 1.5，检验水平 Ⅱ，批量为 400，求它的一次抽样方案。

答：根据批量和检验水平，由表 1.2.2 查出字码为 H。

根据字码 H 和 AQL 1.5，检索表 1.2.3，得到一次正常检验抽样方案为 $(50 | 2，3)$。

检索表 1.2.4，得到一次加严检验抽样方案为 $(50 | 1，2)$。

检索表 1.2.5，得到一次放宽检验抽样方案为 $(20 | 1，2)$。

【例 2】 对某种产品实施抽样检验，AQL 为 0.40，检验水平 Ⅰ，批量为 250，求它的一次抽样方案。

答：根据批量和检验水平，由表 1.2.2 查出字码为 E。

检索表 1.2.3，发现字码 E（样本量 $n=13$）与 AQL 为 0.4 对应的那一栏没有判定数组，只有箭头，它指向的第一个判定数组为 $(0，1)$，与它同行的字码为 G，样本量为 32；于是它的一次正常检验抽样方案为 $(32 | 0，1)$。

检索表 1.2.4，得到一次加严检验抽样方案为 $(50 | 0，1)$。

检索表 1.2.5，得到一次放宽检验抽样方案为 $(13 | 0，1)$。

对于二次正常、加严和放宽检验抽样方案，可检索 GB/T 2828.1—2012 中的表 3-A、3-B、3-C；对于多次正常、加严和放宽检验抽样方案，可检索表 4-A、4-B、4-C。

【例 3】 已知批量为 2000，AQL 为 1.5，检验水平 Ⅱ，求二次抽样方案。

答：根据批量和检验水平，查表 1.2.2 得字码为 K。

根据字码 K 和 AQL1.5，分别检索 GB/T 2828.1—2012 的表 3-A、3-B、3-C，得到二次抽样方案：

正常检验：$(80，80 | 2，5；6，7)$；

加严检验：$(80，80 | 1，3；4，5)$；

放宽检验：$(32，32 | 1，3；4，5)$。

检索抽样检验方案时，如果检索得到的样本量超出了批量，这时应以整批作为样本，接收数 Ac 为 0，即应对整批全数检验，一旦发现有不合格品，应判定批不接收。

【例 4】 已知批量为 50，检验水平 Ⅱ，AQL 为 0.10，求其正常检验一次抽样方案。

答：根据批量和检验水平，查表 1.2.2 得字码为 D。

查表 1.2.3 得 $n=125$，Ac=0，Re=1。

由于 125 超出批量 50，故 n 取为 50，相当于全检。

通常，一种电子产品定义了多种类型的不合格，它们的重要性或受关注的程度不同，例如重缺点（或致命缺点，A 缺点）、一般缺点（B 缺点）、轻缺点（C 缺点）等。此时，应根据批量、检验水平以及不同类型的不合格标准，分别规定 AQL 值，在相应的表中检索各自的抽样方案。

四、抽检特性（OC）曲线与抽样风险

前面提到的抽样检验属于统计抽样检验，抽样方案中的 n、Ac、Re 的确定，采用了数理统计的方法。因为抽样检验是按照一定的抽样方案从批中抽取样本进行检验，根据检验结果及接收准则来判断该批是否接收。由于样本的随机性，同时它仅是批的一部分（通常还是很少的一部分），所以有可能做出错误的判断，即本来质量好的产品批可能被判定为不接收，本来质量差的产品批可能被判定为接收。同时，接收的批产品中可能包括不合格品，拒收的批产品中可能包括合格品。

1. OC 曲线的概念

当用一个确定的抽检方案对产品批进行检验时，产品批被接收的概率是随批不合格品率 p 变化而变化的。例如，对批量为 N 的产品，采用抽样方案（$n \mid$ Ac, Re）进行抽样检验，抽检的产品不合格品率为 p，则

当 $p = 0$ 时，肯定接收；

当 $p = 1$ 时，肯定不接收（即拒收）；

当 $0 < p < 1$ 时，可能接收也可能不接收。

用 $P_a(p)$ 表示当批不合格率为 p 时抽样方案的接收概率，x 表示抽取 n 件产品可能发现的不合格品数，得

$$P_a(p) = \sum_{d=0}^{\text{Ac}} p(x=d)$$

$P_a(p)$ 即表示接收可能性的大小，称为抽样方案（$n \mid$ Ac, Re）的 OC 函数。对应的曲线称为抽样方案的 OC 曲线，也称接收概率曲线，如图 1.2.4 所示。

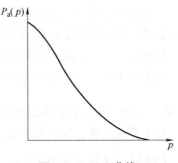

图 1.2.4　OC 曲线

对于计件型抽样，已知 $N = 1000$，$n = 50$，Ac = 1，可根据二项式分布计算：

$$P_a(p) = p(x \leqslant \text{Ac}) = p(x=0) + p(x=1) = C_{50}^5 p^0 (1-p)^{50} + C_{50}^1 p^1 (1-p)^{49}$$

式中，x 是抽取 50 件发现的不合格品数。根据表 1.2.6 即可描绘出 OC 曲线。

表 1.2.6　p 与 $P_a(p)$ 的对应关系

p	0.00	0.005	0.01	0.02	0.04	0.05	0.1	0.2	1
$P_a(p)$	1	0.9739	0.9106	0.7358	0.4005	0.2794	0.0338	0.0002	0

每个抽样方案都有特定的 OC 曲线，形象地表示一个抽样方案对一个产品批质量的判别能力。OC 曲线具有以下性质：

1）$0 \leqslant p \leqslant 1$，$0 \leqslant P_a(p) \leqslant 1$。

2）曲线总是单调下降。

3）OC 曲线是一条通过（0，1）和（1，0）两点的连续曲线。

4）抽样方案越严格（固定 n，Ac 越小；或者固定 Ac，n 越大），曲线越往下移。

5）OC 曲线和抽样方案是一一对应关系，也就是说，有一个抽样方案就有对应的一条 OC

曲线；相反，有一条 OC 曲线，就有与之对应的一个抽检方案。

2. 抽样方案的辨别力与抽样风险

抽样方案的辨别力是指对于高质量产品以低概率拒收（以保护生产方）和对于低质量产品以高概率拒收（以保护使用方）的综合能力。某个抽样方案的辨别力常用辨别率 OR 定量地衡量，即

$$OR = \frac{P_{0.10}}{P_{0.95}}$$

式中，$P_{0.10}$ 为接收概率为 0.1 时所对应的质量水平，$P_{0.95}$ 为接收概率为 0.95 时所对应的质量水平。例如，A 抽样方案 OR_A，B 抽样方案 OR_B，假定 $OR_A < OR_B$，则 A 方案的辨别力高于 B 方案的辨别力。

合格的产品可能被判定为不合格的产品（弃真错误），造成生产方 α 风险（损失）；不合格的产品也可能被判定合格而放进来（存伪错误），造成使用方 β 风险（损失）。

例如，$N=1000$，$n=50$，$Ac=1$ 时对应 OC 曲线如图 1.2.5 所示。从图中可以看到第一类错误 α 和第二类错误 β 的定义。任何抽样检验都存在 α 和 β 两类错误，制定抽样方案时要兼顾双方的利益。

从 OC 曲线上还可以看出，降低 α 风险必然会增加 β 风险，反之亦然。这两个风险需要在双方能接受的情况下取得平衡。

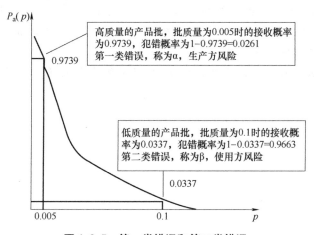

图 1.2.5　第一类错误和第二类错误

五、小结

抽检是在批量产品中随机抽取一定数量的样本实施检验，根据检验结果利用统计方法对该批产品做出判定的过程。常用于进料检验、出货检验以及客户验货等环节。

抽样检验方案是一组特定的规则，包括样本量 n 和判定数组 Ac 和 Re，用于对批进行检验和判定。依据 GB/T 2828.1—2012 检索抽样方案的步骤是，根据批量 N 及检验水平，查"样本量字码表"获得样本量字码，再按选定的检验严格程度检索相应的抽样方案表，即可获得抽样检验方案。

抽样检验存在弃真错误和存伪错误两种风险。每个抽样方案都有特定的 OC 曲线，形象地表示了一个抽样方案对一个产品批质量的判别能力。

思考与练习

1. 判断题

(1) 同时生产的不同型号的产品可以作为同一批进行抽检。　　　　　（　　）

(2) 批量为 2000 台的某产品，抽检 80 台发现不合格品 2 台，不合格率是 0.1%。（　　）

(3) 越重要的质量特征，对应的 AQL 越小。　　　　　　　　　　　（　　）

(4) 一般检验水平 II 是最常用的，也称为正常检验水平。　　　　　　（　　）

2. 简答题

(1) 什么是检验批？什么是批量？

(2) 什么是计数抽样检验？计数抽样检验有哪些优点？

(3) 什么是检验水平？检验水平有什么作用？

(4) 什么是接收质量限？接收质量限有什么作用？

(5) 什么是一次抽样方案？由哪几个数值组成？

(6) 什么是计数抽样检验方案的 OC 曲线？

(7) OC 曲线（函数）有哪些性质？

(8) 什么是生产方风险和使用方风险？

3. 某电子产品有多种对产品性能影响程度不同的质量特征，并已划分为 A、B、C 三种级别的不良，AQL 分别规定为 1.5、4.0、10。批量为 200，检验水平为 II。

1) 请检索其一次正常抽样方案。

2) 如果检验完成后发现 A 级不良数为 0，B 级不良数为 3，C 级不良数为 8，请问这批产品是否合格？

第二单元

产品实现过程的检验

　　电子产品从无到有，并非是一蹴而就的，必须经过产品策划、设计、试样、试产以及量产等过程。检验作为质量管理和质量保证的重要手段，始终贯穿产品的实现过程，乃至产品的生命周期，这也是全面质量管理的理念和含义之一。

项目一
产品开发过程的检验

1

一、产品开发及检验过程简介

电子产品的实现过程大致可以分为产品构思（策划）、产品设计、试样和试产、量产、出货（销售）等阶段，如图 2.1.1 所示。其中，正式量产前的各个阶段都属于产品开发阶段。

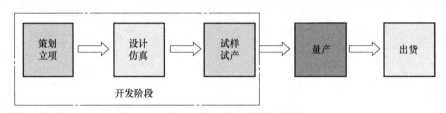

图 2.1.1 产品实现过程

伴随产品的开发设计，存在一系列的检验过程。ISO 9001：2015《质量管理体系 要求》中指出，设计和开发需要实施评审、验证和确认活动。"评审"主要是对设计和开发的结果进行评价；"验证"主要是利用对比计算、设计比较等方法，确保输出满足输入的要求。评审、验证针对的都是设计开发的"每一个阶段"，而"确认"则是针对设计开发的"最终结果"，主要是通过模拟试验、仿真试验等方式，从使用性能的角度，为确保产品满足规定的使用要求而进行的工作。不管是哪种形式，都离不开检验环境，尤其是"验证"和"确认"，通常都需要对输出和输入进行对比和比较，往往是要量化的，例如性能参数等。

一个典型的设计开发检验过程如图 2.1.2 所示。设计完成后进行设计输出评审；如果评审合格（OK）则进入样机试做，如果不合格（NG）则返回修改设计，再次进行评审；然后

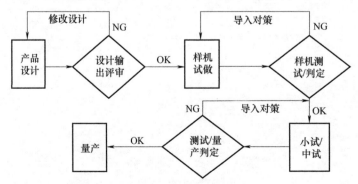

图 2.1.2 一个典型的设计开发检验过程

对样机进行测试、验证，对结果进行判定；如果判定合格则进入批量试产（小试/中试），如果不合格则针对不合格问题导入对策后重新制作样机；接下来对试产品进行测试，对试产结果进行判定（即量产判定），如果判定合格则产品定型，进入量产阶段。

对应 ISO 9001 的相关要求，国内外很多企业将设计开发新产品的检验（验证）分为三个阶段，分别是 EVT、DVT 和 PVT。

1. EVT（Engineering Validation Test）**阶段**

该阶段也称为"工程验证测试阶段"，是针对工程原型机的验证，对象很可能是一大块开发板。这一阶段的重点是考察设计的完整度，尽可能多地发现设计问题，以便及早修正；或者说是设计可行性的验证，同时检查是否有规格被遗漏，包括功能和安规，一般是研发人员对样机进行全面测试验证。

2. DVT（Design Verification Test）**阶段**

该阶段也称为"设计验证测试阶段"。这一阶段所有设计都已完成，考察的是产品的雏形，电路板已经达到目标尺寸，或者至少是可以放进产品的壳体。这一阶段主要验证整机功能的完整性和设计的正确性，确保设计符合规格。此时产品基本定型，因为转入生产意味着更大的投入，故这个阶段将是最后的查错机会，需要把设计和制造的问题全部考虑清楚。这一阶段的另一个目标是产品拿到该拿的测试报告，如电磁兼容、安规等。该阶段由研发部门（RD）和品保部门（QA）的 DQA（Design Quality Assurance，设计品保）共同来完成，检验研发交出的成果。DQA 在有些公司也称为 QE（Quality Engineering，质量工程）。

3. PVT（Production Verification Test）**阶段**

该阶段也称为"生产验证测试阶段"或"试产阶段"。通过试产，验证产量的可量产性。这一阶段将严格按照该产品生产时的标准过程来进行，包括仪器、测试工具、生产工具等都需要到位。测试得出的结论，是大规模生产的重要基础，包括工序是否太复杂、工具是否足够等，确定工厂有办法生产出当初设计的产品，并且良率和效率符合既定目标。该阶段通常由工程部门（PE）主导，研发部门（RD）、生产部门（MFG）以及品保部门（QA）共同完成。

结束这三个阶段后，产品进行 MP（Mass Production），即量产阶段。

二、产品开发过程检验的目的

1. 开发过程检验的目的

开发过程检验的目的是发现新产品在功能、性能、外观、可靠性以及法律法规（安全、电磁兼容等）方面存在的问题，然后加以分析解决，使产品满足定型或量产条件，以便进入批量生产。具体来说有以下几点。

1）通过检验，确保产品的功能、性能、结构和外观满足相关要求。这些要求是产品设计要完成的最基础的任务。

2）电子产品工作时，存在各种可能引发用户安全或者环境安全的问题，例如触电、严重发热或者引起火灾、电磁辐射影响周围环境的人或其他设备的工作、释放有毒有害物质等，为此，很多类型的电子产品都有相应的国家强制性标准的要求，例如安规标准、电磁兼容标准等，这些都属于法律法规层面的要求。通过检验，确保产品（包括关键零部件）满足法律法规的相关要求。

3）通过检验，确认产品满足相关可靠性要求。任何商品化的电子产品都需要具备相应的可靠性，包括产品及其包装在运输、贮存以及使用过程中可能遭受的各种环境应力（如高温、低温、高湿、振动、跌落、碰撞等）的适应性。对产品进行可靠性评价，是开发过程检验的任务之一。

4）通过检验，形成合适、合理的检验方法及相应的检验标准，为后续产品的试产以及量产的质量检验做好准备。

2. 开发过程检验的重要性

通过产品质量问题的根源分析，发现过半的质量问题源自研发阶段。成功的设计，将确保批量生产时工序稳定、效率高且产品性能稳定，给企业创造更多的利润。

在开发阶段进行设计更改，比在批量生产（量产）后再进行设计更改所花费的成本要少得多。在生产阶段更改要面对许多问题，例如：

1）已购原材料需要处理。进入量产后，为了生产过程不停产，必然要大量买入和贮存原材料，一旦发生设计变更，不再使用的原材料只能变成库存呆料或折价卖掉。

2）已生产的半成品和成品，因为存在质量问题需要返工，造成人力、物力的浪费。

3）新物料延误。因设计变更（例如修模），变更后的零件供应商无法及时交货，造成停产的损失；也许还要承担修模的费用（损失）。

4）延误出货的损失。因返工、停产等原因造成出货延误，甚至面临客户的索赔。

由此可见，对开发阶段进行有效的检验，可以显著降低成本。越早发现产品存在的问题，付出的代价越低。

三、开发阶段检验过程的建立与检验项目

开发阶段对产品的检验，通常是从 EVT 阶段开始的。该阶段主要针对设计原理进行验证，重点要检验功能与性能，包括安规等。检验项目有电气功能与性能、机械特性、软件功能性/兼容性/安全性等。

进入 DVT 阶段后，因为要组装接近产品雏形的样机，需要购买相关的原材料，因此就有了进料检验的需求。

所有物料备齐后，便开始组装产品样机。样机完成后，针对样机进行检验。这个阶段主要验证产品功能的完整性和设计的正确性，并且要取得相关的认证证书，因此，检验项目除了 EVT 阶段的电气功能与性能、机械特性、软件功能性/兼容性/安全性以外，还包括电磁兼容、安规、可靠性（信赖性/寿命）评价等，同时要对产品的原材料（部品）进行最终确认（承认），作为原材料采购和进料检验的依据。

进入 PVT 阶段后，重点要对产品的内部构造/组装性进行验证，需要确认的项目有组装方法、工具设备、工艺条件、环境要求以及生产良率等，以验证生产厂是否有能力生产符合产品标准规定的产品。检验项目除了产品的功能性能和外观之外，还应包括环境试验、可靠性试验、安全性试验以及电磁兼容试验等。试验时可在试产品中按抽样方案进行抽样，或对全部试产品进行试验。试验目的主要是考核试产品是否已达到产品标准（技术条件）的全部内容。

四、开发过程检验的依据及检验所需文件

1. 检验依据

电子产品开发阶段检验的依据，来自于以下几个方面：

1）产品的功能、性能、外观、结构要求。这些要求来自于设计文件，或者客户明示的要求。

2）强制性认证要求。产品必须符合销售地（国家或地区）相应的强制性认证要求，取得相应的认证证书。常见的有产品的安规认证、电磁兼容认证、RoHS 认证等。为此，开发阶段也要依据这些强制性认证要求进行检验检测，确保产品符合相应要求；一旦存在不符合项，检验结果也可作为整改的依据。

3）产品的可靠性要求。来源于企业标准或相应的设计文件、检验文件。

4）客户的特殊要求，包括包装、运输、贮存、维护、经济性等，主要来源于交易合同、会议纪要、客诉等文件。

以上检验依据来源不同，但通常都会被整合，形成相应的检验标准书或检验作业书，作为检验作业的依据。

2. 检验所需的相关文件

1）产品设计文件：总图、电路图、PCB 图、材料清单（BOM）、包装图、使用说明书、产品标准等。

2）样品组装与确认文件：作业标准书（组装图、接线图）、检验文件等。

3）工艺文件：工艺流程、检测方法、工装夹具清单、作业标准书等。

五、产品开发过程的检验方法

产品开发阶段的检验，涉及设计原理的验证、设计本身的验证以及法律法规、客户要求等的符合性确认，专业性极强，通常都是研发部门（RD）主导，品保或质量保证部门（QA）配合，完成相关的检验工作。

实施检验的人员有研发工程师、配合研发人员的 DQA（有些企业也称为 QE）。有些企业把 DQA 的岗位直接配置在研发部门，负责新产品的检验工作。

产品开发过程的检验方法有寻因性检验、可靠性验证和气候环境检验、电磁兼容检验、安规检验等。

1. 寻因性检验

寻因性检验是在产品的设计开发阶段，通过充分的预测，寻找可能产生不合格的原因（寻因），然后有针对性地进行设计整改，降低产品失效率以及制造过程的不良率。

FMEA（Failure Mode and Effects Analysis，失效模式与影响分析）是一种预防潜在问题发生的方法。FMEA 又分为 DFMEA（Design FMEA）和 PFMEA（Process FMEA）。DFMEA 是指设计阶段的潜在失效模式与影响分析，是从设计阶段把握产品质量预防的一种手段，是在设计开发阶段保证产品在正式生产以及交付客户过程中满足产品质量的一种控制工具。

DFMEA 对设计开发阶段各种可能的风险进行评价和分析，并通过分析原因、制定和实施预防措施，消除这些风险或者将这些风险降低到可接受的水平。

DFMEA 的实施过程是一组系列化的活动，包括分析产品功能及质量、分析故障模式、分析故障原因、确定改进项目、制定纠正措施以及持续改进等阶段。

1）列出产品在设计过程或试样过程潜在的问题或发生不良率偏高的问题。

2）对列出的潜在故障模式进行风险的量化评估，计算 PRN（风险优先系数）。

3）列出每个故障的起因或发生故障的机理。

4）列出相应的预防或改进措施。

5）实施预防或改进措施，重复以上过程，直到故障的风险降低到可接受为止。

DFMEA的实施应当由一个以设计工程师为主导的跨职能小组来进行，这个小组的成员不仅包括可能对设计产生影响的各个部门的代表，还要包括外部客户或内部客户。

PFMEA是指制造过程（制程）的FMEA，即制程的预防和失效分析，关注的是制造或装配过程，此处不做赘述。

2. 可靠性验证（含环境试验）

对于电子产品质量而言，可靠性与产品的功能性能同等重要。广义的可靠性验证，包括环境试验、寿命试验等。

环境试验是为了保证产品在规定的寿命期间，在预期的使用、运输或贮存的所有环境下，保持功能可靠性而进行的活动。将产品暴露在自然的或人工的环境条件下经受其作用，以评价产品在实际使用、运输和贮存的环境条件下的性能，并分析研究环境因素的影响程度及其作用机理。

环境试验可分为

1）气候环境因素：温度、湿度、压力、日光辐射、沙尘、雪等。如高低温试验、温度循环试验、热冲击试验、低气压试验、耐湿试验、盐雾试验、辐照试验、沙尘试验、淋雨试验等。

2）生物及化学因素：霉菌、二氧化硫、硫化氢等。

3）机械环境因素：振动（含正弦、随机）试验、碰撞试验、跌落试验、摇摆试验、冲击试验等。

4）综合环境因素：温度与湿度，温度与压力，温度、湿度与振动等。

环境试验与狭义的可靠性试验既有联系又有区别，主要体现在以下几点：

1）从试验目的看，环境试验考察的是产品对环境的适应性，确定产品的环境适应性设计是否符合合同要求，为接收、拒收提供决策依据。而可靠性试验是定量评估产品的可靠性，即产品在规定环境条件下，规定时间内完成规定功能的概率。从环境应力量值选用准则看，环境试验基本采用极值条件，用严酷代替温和，即采用产品在寿命周期内可能遇到的最极端的环境条件作为试验条件；许多环境试验带有一定的破坏性且试验过程中一般不需模拟产品的工作状态。而可靠性试验采用实效试验，即真实地模拟贮存、运输、使用过程中遇到的主要环境条件及其动态变化过程。可靠性试验一般不会对产品造成破坏，它需要模拟产品的工作状态，所用的试验条件大部分模拟工作中常遇到的较温和的应力环境，取值较环境试验低得多。

2）从试验时间看，环境试验中每一项试验的时间基本取决于选用的试验及具体的试验程序，只是由于各阶段进行性能检测所需时间不同而会存在一些差别，试验时间比可靠性试验短得多。可靠性试验时间取决于需验证的可靠性指标值和选用的统计试验方案以及产品本身的质量。其时间无法确定，以受试产品的总台时数达到规定值或可以做出接收、拒收判定为止。

3）从试验终止判据看，环境试验不允许出现故障，产品一旦出现故障，就认为未通过试验，试验即宣告停止并进行故障分析，采取纠正措施，改进设计。这是环境试验的试验—分析—改进（TAAF）过程。而可靠性试验是以一定的统计概率表示结果的试验，根据合同要求的可靠性定量指标和所选统计方案确定允许出现的故障数。可靠性试验要一直进行到达规定的总台时数才能停止。整个试验过程中应建立故障报告、分析和纠正措施系统（FRACAS）。

寿命试验是研究产品寿命特征的方法，将产品放在特定的试验条件下考察其失效（损坏）随时间变化规律，通常在实验室模拟各种使用条件来进行。寿命试验是可靠性试验中最重要最基本的项目之一，其目的是验证产品的寿命是否满足规定的要求，通常以平均故障间隔时间（Mean Time Between Failure，MTBF）表示。实验室常用的"全寿命试验"中，所有样品都在试验中最终失效，只需要采用简单的算术平均值就可以计算出MTBF。

3. 电磁兼容检验

电磁兼容是电子电气产品特有的检验项目。在同一电磁环境中，一个产品能够不因其他产品的电磁骚扰影响正常工作，同时也不对其他产品产生足以影响工作的骚扰，这样的状态叫作电磁兼容。达到这样状态的产品被认为是电磁兼容的。

电磁兼容的三个基本要素分别是电磁骚扰源、耦合途径（或传播通道）、敏感设备。因此，要实现产品的电磁兼容必须从三个方面入手，即抑制/消除电磁骚扰源、切断电磁骚扰耦合途径、提高电磁敏感设备的抗干扰能力。

电磁兼容标准要求的主要检测项目包括：电源端子干扰电压、其他端子干扰电压或干扰电流、辐射干扰场强及干扰功率、静电放电抗扰度、射频电磁场抗扰度、电快速瞬变脉冲群抗扰度、冲击抗扰度、由射频场感应的传导干扰抗扰度、磁场抗扰度、电源电压跌落或瞬时中断或电压变化抗扰度、谐波电流发射、电压闪烁和波动等。

本书第三单元将详细阐述电磁兼容的定义、检验项目和检验方法要求。

4. 安规检验

安规是产品认证中对产品安全的要求，是指产品从设计到使用的整个生命周期，相对于销售地的法律、法规及标准产品安全符合性。

安规检验通过模拟产品可能的使用方法，考核产品在正常或非正常使用的情况下可能出现的电击、能量冲击、火灾、机械伤害、热伤害、辐射伤害、化学伤害等危害，在产品出厂前通过相应的设计，予以预防；并通过产品认证检验的方式，证明产品对相应安规标准的符合性。

本书第四单元将详细阐述电磁兼容的定义、检验项目和检验方法要求。

六、小结

产品开发过程检验的目的是确保和确认产品符合法律法规、功能性能外观、可靠性等相关要求，并形成检验规范为后续生产检验做好准备。有效的检验，可以及时发现新产品存在的各种问题，减少量产后的质量风险。

产品开发过程检验分为EVT阶段、DVT阶段和PVT阶段，每个阶段的检验重点和任务以及主导部门有所不同。

产品开发过程检验的方法包括寻因性检验、可靠性验证、电磁兼容检验以及安规检验等。

✎ 思考与练习

1. 判断题

（1）确认产品符合法规的要求不是开发过程检验的目的。　　　　　　　　　　（　　）

（2）可靠性是产品开发过程检验的要求之一。　　　　　　　　（　　）

（3）电子产品开发过程中，所有的原材料都需要符合 RoHS 指令。　（　　）

（4）DFMEA 可提高产品质量及生产效率，降低出错风险。　　　　（　　）

（5）电子产品安规检验包括发生高温或火灾的危险。　　　　　　（　　）

2. 简答题

（1）产品开发过程检验的目的有哪些？

（2）产品开发过程检验的重要性体现在哪些方面？

项目二

进料检验

一、进料检验概述

任何制造业企业，所需的原材料都不可能100%是自产的。就算是同一家企业生产的原材料或半成品，也有上下游之分，可能来自不同的分厂、车间或不同的生产线。这些来自上游的原材料或零部件，有的材料本身就不合格，有的在包装、贮存、运输过程中可能会损坏或变质。因此，这些材料在进厂入库前应按产品技术条件、技术协议或采购合同进行检验，合格后方可入库。这便形成了进料检验的需求。

进料检验也称为来料检验，习惯称为IQC（Incoming Quality Control）。IQC既是企业的一道工序，也是进料检验的岗位名称。

对于外购的原材料，IQC是必需的，是企业质量控制的第一道防线（防止使用不合格的物料），也保证了企业的采购质量和经济利益。对于企业内部上下游的供料关系，则视企业内部的管理机制来决定是否设立IQC。

由于进料检验要面对的原材料（物料）品种多、数量大，通常以抽检的方式进行检验，对批物料进行合格判定。抽样检验方案参照第一单元项目二"三、抽样检验方案检索方法"进行检索获得。

进料检验的目的，一是防止不符合要求的物料进入公司；二是作为供应商管理的手段和依据，不断提高供应商的质量控制水平。

在现代生产方式下，质量事故造成的损失越来越大，做好预防工作显得尤为重要。由于供应链"共生共荣"的客观要求，从趋势上看，进料检验的"把关功能"将逐步弱化，"预防"和"报告"功能将逐步加强。进料检验不仅是拦下不良品，而且要通过检验信息进一步查明原因，及时采取措施，制止不良后果的蔓延。

二、进料检验的基本流程

进料检验的基本流程如图2.2.1所示。供方（供应商）交货到企业的待检区域，IQC对批物料进行抽样（属于免检的物料直接标识入库），然后进行检验作业，最后对批物料做出是否合格的判定。如果合格，做好标识后入库供生产线领用，财务部门依照采购合同支付货款给供应商。

如果判定为不合格（NG），通常做退货处置，退回供应商处理。但一旦退货，企业常会面临无料可用而又赶着生产出货的情况，此时需要一个工作小组来协调该批物料的处置方式。MRB（Material Review Board，物料审查会议）是一种处理进料异常的组织和机制，成员来自

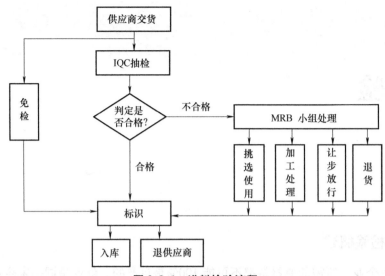

图 2.2.1　进料检验流程

生产、质量管理、生产计划以及工程技术等部门，针对进料检验所发现的不良状况，决定后续的处置方式，例如挑选使用、通过加工处理后使用或者让步放行等。这些处置方式都属于特采，需要相应的文件以及权属主管签署才能生效。

三、进料检验的依据

进料检验也需要"检验标准书"或"检验规范"。这些文件，通常由研发工程师根据在研发阶段确认的物料规格、标准和要求，结合质量管理部门的工作要求来制定，作为来料检验的依据。有些企业的"检验规范"则是由质量管理部门主导编制的。

四、进料检验结果的处理

进料检验完成后，通常有三种结果或处理方式：合格、退货和特采。

1. 合格

进料检验"合格"，则入库（做好标记），正常领料使用，公司按采购合同向供应商支付货款。

2. 退货

检验"不合格"时，根据进料检验结果及采购合同，当判定为不合格或不良率高达一定比例时，做退货处理。

3. 特采

当进料检验判定为不合格，但检验发现的不合格品属于轻缺点（例如外观瑕疵），经相关人员评估，不会对产品的功能（性能）带来潜在风险（或者影响甚微），且又急需该批材料上线时，可采取特采方式。

对原材料进行特采，应由需求部门提出书面申请，评估相关风险，经权属主管签署后方可执行。执行过程中，应做好标记便于日后品质追踪。

采用特采方式后，通常有以下几种具体的处置方法：

（1）挑选使用

当进料检验判定为不合格，不良率相对较低（例如<5%），且造成不良的问题点可以通过

挑选方式进行有效筛选时，可以考虑挑选使用的方式。挑选需要耗费人力（工时）、物力，因此应该与供应商协调具体的实施方式，通常有以下三种：

1）供应商派人上门挑选，所有的挑选费用由供应商自行承担。

2）企业（客户）安排专门人员挑选，完成后再使用挑选出来的合格品上线生产，所有的挑选费用由供应商承担。这种方式效率较低。

3）企业（客户）安排物料上线，边挑选边使用，所有的挑选费用由供应商承担。这种方式效率较高，但存在的质量风险较大。

（2）加工（返工）使用

当造成不良的问题可以通过额外的加工进行纠正时，可以考虑加工使用的方法。加工使用也有额外的费用（成本）发生，具体操作与挑选使用类似。

（3）让步放行

让步放行是企业在基本质量保证的状况下，对产品的部分缺陷有限度有评审的接收，即降级使用。ISO 9000 族标准允许对不合格品进行让步处理，但让步放行是有代价的，向供应商索赔的费用通常在采购合同或质量协议中规定。

五、进料检验指导书实例

进料检验涉及企业产生所需的各种原材料，不同种类的材料形态千差万别，必须根据材料本身的特点和技术要求，根据研发工程师确认的规格进行逐一确认。为此，企业必须参照各种技术文件，制定相应的检验指导书、检验作业书或检验规范，从更好地指导检验人员的作业。

以下是某公司制定的部分材料的检验指导书，详细描述了各种材料的检验项目、检验方法与流程、检验所需的仪器设备工具等。

一、电阻类的检验项目与流程

1. 包装要求项目

1.1　卷装塑胶带密封防潮包装，每卷数量。

1.2　包装外应清楚标示型号、规格、数量。

2. 重点规格注记

2.1　RoHS 标记（所有电阻类材料均需通过 RoHS 认证）。

2.2　电阻型式、规格。

3. 目视检查项目：

3.1　包装不可有破损、受潮、标示不清楚的现象。

3.2　零件的封装方式、阻值、功率是否与承认样品一样，并符合零件承认书的规格。

3.3　对色环电阻，检查色环是否与样品一样，阻值与误差是否符合承认书的规范。

3.4　如为表面安装（SMD）电阻，检查本体上印刷文字是否与样品一样，对应的阻值与误差是否符合承认书的规范。

3.5　焊接脚或焊接点不可有氧化、吃锡不良的现象。

3.6　电阻本体不可有破裂、压伤、变形、锈蚀、受潮等不良现象。

4. 电气测试

使用电表量测零件的电阻值，确认其是否与承认样品一致，并符合承认书规范。

5. 破坏性测试

5.1 将引脚折 90°后再整平，此动作重复 3 次，检视是否有断裂情形。

5.2 焊锡性测试：锡炉温度 260℃（5s）检查各焊接脚是否吃锡良好、本体有无异状，再测试电气功能应为正常。

5.3 传统引脚电阻绝缘电阻测试：在电阻本体中间部分以适当宽度的金属箔绕之，并使电阻两端焊接脚短路，使用绝缘电阻测试仪切换至 DC 500V 档位，测试焊接脚与金属箔的绝缘阻抗须大于 100MΩ 以上。

5.4 过载电压测试：使用过载电压为 2.5 倍的额定电压，测试时间 5s 后除去负载电压，静置 30min 后使用仪器测试其电阻值，该电阻值变化须在±0.5% 以内。

6. 尺寸量测项目

6.1 电阻本体各部外观尺寸：检测工具为游标卡尺。

6.2 焊接脚线径：检测工具为游标卡尺。

二、电容类的检验项目与流程

1. 包装要求项目

1.1 卷装塑胶带密封防潮包装，每卷数量。

1.2 包装外应清楚标示型号、规格、数量。

2. 重点规格注记

2.1 RoHS 标记。

2.2 电容的规格型式、耐电压、耐温度。

3. 目视检查项目

3.1 外包装不可有受潮、撞坏、破损的现象。

3.2 零件的封装方式、规格是否与承认样品一样，并符合承认书的规格。

3.3 如为带引脚的手插件，目视本体上的印刷规格文字是否与样品一样，并符合承认书的规格，焊接脚的长脚与外观标示的负极位置是否相同。

3.4 如为 SMD 料件时检视本体上的印刷文字是否与样品一样，电容值是否符合零件承认书的规范。

3.5 焊接脚或焊接点不可有氧化、吃锡不良的现象。

3.6 零件本体不可有破裂、膨胀、压伤、变形、锈蚀、受潮等不良现象。

4. 电气测试

使用仪器量测该零件的电容值，确认其符合零件承认书规范。

5. 破坏性测试

5.1 将焊接脚折 90°后再整平，此动作重复 3 次，检视是否有断裂情形。

5.2 电解电容防爆测试：仅防爆电容须测试，测试过程中电容器不得爆炸、闪光、燃烧及弹开。

5.3 焊接脚强度测试：将本体固定，再焊接脚上使用 0.5kgf 的拉力测试 10s 后，检视电容器无任何破坏现象。

5.4 焊锡性测试：锡炉温度 260℃（5s）检查各焊接脚是否吃锡良好、IC 本体有无异状，再测试电气功能是否正常。

6. 外观尺寸量测项目

6.1 零件本体各部外观尺寸：检测工具为游标卡尺或投影机。

6.2 焊接脚线径、脚距、脚长：检测工具为游标卡尺或投影机。

三、二极管类的检验项目与流程

1. 包装要求项目

1.1 卷装塑胶带密封防潮包装，每卷数量。

1.2 包装外应清楚标示型号、规格、数量。

2. 重点规格注记

2.1 RoHS 标记。

2.2 零件的规格型式。

3. 目视检查项目

3.1 外包装不可有受潮、撞坏、破损的现象。

3.2 零件的封装方式、形状、规格是否与承认样品一样，并符合承认书的规格。

3.3 料件的正、负极性、引脚形状是否与样品一致，并符合承认书的规格。

3.4 零件本体不可有破裂、破裂、裂痕、严重磨伤、锈蚀、受潮等不良的现象。

3.5 焊接脚或焊接点不可有氧化、吃锡不良的现象。

3.6 确认包装数量与标示相符。

4. 电气特性检验

4.1 正向电压值测量：依照承认书所述电流负载，其正向电压不得高于其规格。

4.2 反向电压值测量：依照承认书所述电流负载，其反向电压不得低于其规格。

5. 破坏性测试

5.1 将焊接脚折 90°后再整平，此动作重复 3 次，检视是否有断裂情形。

5.2 拉力强度测试：在两侧焊接脚处施予 1.0kgf 的拉力，持续 30s，不得产生任何破坏的情形。

5.3 焊锡性测试：锡炉温度 260℃（5s）检查各焊接脚是否吃锡良好、IC 本体有无异状，再测试电气功能为正常。

6. 料件外观尺寸检验

6.1 零件本体各部外观尺寸：检测工具为游标卡尺或投影机。

6.2 焊接脚线径、脚长：检测工具为游标卡尺或投影机。

四、封装 IC 类的检验项目与流程

1. 包装要求项目

1.1 应采用防静电、防潮、防氧化的真空密封包装。

1.2 包装外应清楚标示型号、规格、数量。

2. 重点规格注记

2.1 RoHS 标记。

2.2 制造商、IC 型号、封装方式、引脚数。

3. 目视检查项目

3.1 包装不可有破损、受潮、标示不清楚的现象。

3.2 零件的封装方式是否与承认样品一样，并符合承认书的规格。

3.3 IC 外观的印刷文字、图样、型式、规格是否与承认样品一样，并符合承认书的规格。

3.4 IC 的焊接脚有无歪曲变形、氧化、吃锡不良的现象。

4. 破坏性测试

4.1 将 IC 引脚折 90°后再整平，此动作重复 3 次，检视是否有断裂情形。

4.2 焊锡性测试：锡炉温度 260℃（5s）检查各焊接脚是否吃锡良好、IC 本体有无异状，再测试电气功能为正常。

5. 尺寸量测项目：

5.1 零件本体各部外观尺寸：检测工具为游标卡尺。

5.2 导线架的脚距、脚长、脚宽：检测工具为游标卡尺或工具显微镜。

五、线材类的检验项目与流程

1. 包装要求项目

1.1 外箱内应套袋，作为基础的防潮包装。

1.2 每 10 条线扎成 1 捆。

2. 重点规格要求

2.1 应为通过 RoHS 的料件。

2.2 应为符合 UL 安规的线材。

3. 外观目视检查

3.1 线材的规格、颜色应与承认样品一致，并符合承认书的规范。

3.2 露出的五金件部分是否有生锈、氧化的现象。

3.3 线头接点部位确认镀金应完好、无裸铜、氧化的现象。

3.4 线材的捆扎方式是否与承认样品一致，并符合承认书的规范。

3.5 裸线镀锡的部分是否有氧化、生锈、吃锡不良的现象。

3.6 线身外印刷文字是否与承认样品一致。

4. 电气检查

4.1 使用电表或测试工具测试每一条电线，确认每一条电线均能导通，扰动线头部分不会产生接触不良的现象。

4.2 抽测线材的电阻值，必须符合承认书的规范。

5. 破坏性、寿命测试检验

5.1 以夹具固定线材一端，并使用拉力计（也可使用砝码）测试单条线材的可承受拉力，至少须大于 3.0kgf。

5.2 将线身一端固定，另一端施予 200.0gf 的拉力左右各摆动 60℃，往复 2000 次，后测试电气导通性能，必须满足电气传导功能。

6. 尺寸检验项目

6.1 用游标卡尺检测线径。

6.2 用卷尺检测线材长度，公差范围设定为±20.0mm。

六、PCB 类的检验项目与流程

1. 包装要求项目

1.1 包装需使用防潮密封包装。

1.2 检查包装是有否受潮、撞坏、破损的现象。

1.3 是否应附供应商出货检验报告。

2. 重点规格描述：

2.1 PCB 使用材质

2.2　铜箔厚度

2.3　表面处理

2.4　应为通过 RoHS 的料件。

3. 目视检查项目

3.1　包装不可有否受潮、撞坏、破损的现象。

3.2　料件防焊、文字印刷、图样、颜色等应与承认样品一致，不可有印刷偏位、防焊层剥落、严重刮伤、印刷气泡、异色等，并符合承认书的规范。

3.3　料件使用材质应与承认样品一致，并符合承认书的规范。

3.4　铜箔面不可有铜箔翘皮、氧化、破损裸铜等不良现象。

3.5　PCB 不可有板弯、板翘、扭曲的现象。

3.6　PCB 不可有撞伤、压伤、折伤、短路、断路、受潮等不良现象。

3.7　PCB 的每一冲孔、钻孔、通孔是否与承认样品一致。

4. 实配检查

4.1　需与上盖、下盖及其他配合件做实配检查。

4.2　与重点零件（连接器、变压器、开关等异型零件）实配检查。

5. 电性检查

5.1　使用电表检验是否有短路、断路、通孔正反面是否导通。

6. 焊锡性测试

锡炉温度 260℃（5s）检查各锡点是否吃锡良好、PCB 是否变形翘起、铜箔是否产生翘皮；空板过锡炉试验后，使用 3M 600 型胶带做防焊漆附着力测试，不可产生防焊漆剥落的现象。

7. 尺寸检验项目

7.1　重点外围尺寸：检测工具为游标卡尺。

7.2　配合部位的孔径：检测工具为塞规或游标卡尺。

七、塑胶类的检验项目与流程

1. 包装外观检查项目

1.1　应附上供应商出货报告。

1.2　每一个产品需使用 PE 袋或气泡袋单独包装或公模面对公模面成双包装。

1.3　外观面如果有抛光面时应指定使用保护膜贴附，贴附位置应于附图中详细标示。

1.4　应为通过 RoHS 的料件。

2. 重点规格描述

2.1　外观射出件颜色、喷漆颜色、喷漆种类。

2.2　如为喷漆件应明确说明需通过的测试项目，如耐酒精、耐摩擦、硬度等测试种类。

3. 目视检查项目

3.1　零件外观颜色比对样品，必要时色差值采用色差机与承认样品比对，一般射出件要求色差值 $\Delta E \leqslant 1.0$ 以内；喷漆件 $\Delta E \leqslant 1.2$ 以内。

3.2　外围分模线高度不可大于 0.1mm、毛边清除的部位应美观。

3.3　外观面的刮伤、污点、变形、缩水、拉伤、麻面、缺料等现象，依照公司提供的允收标准或签样标准。

3.4 外观分模线部位毛边是否有清除，毛边清除的部位是否美观。

3.5 检查内构是否有裂伤、歪斜、缺胶等现象，生产日期是否与外箱标示相同。

4. 实配检查项目

4.1 所检查的塑胶零件应与各部分配合零件进行实配检查确认。

5. 尺寸检验项目的设定

5.1 标准零件的外围宽度与纵深，公差值的设定如下：

a. 长度小于 25.0mm，公差值设定为±0.10mm；

b. 长度为 25.0~50.0mm，公差值设定为±0.15mm；

c. 长度为 50.0~150.0mm，公差值设定为±0.20mm；

d. 长度为 150.0~300.0mm，公差值设定为±0.25mm；

e. 长度为 300.0~550.0mm，公差值设定为±0.30mm；

f. 长度为 550.0~1000.0mm，公差值设定为±0.50mm。

5.2 键孔 X、Y 轴向尺寸量测，公差值设定为−0.02~+0.05mm

6. 破坏性测试

6.1 外观喷漆件需做耐酒精性测试：酒精浓度 95%使用约 500gf 力来回擦拭 20 次。

6.2 外观喷漆件需做耐摩擦测试：工具为耐摩擦试验机。

六、小结

进料检验（IQC）是企业质量控制的第一道防线，既可以防止不符合要求的物料进入生产线，也可以作为供应商管理的手段和依据。

IQC 检验人员依据检验规范，对进入待检区的物料进行检验。检验结果"合格"，物料入库；检验"不合格"，通常做退货处理。当生产急需时，经相关人员（MRB 小组）协调和评估风险，可采用特采方式进行使用，具体的处置方法有挑选使用、加工使用、让步放行等。特采需要提交相应的文件，评估相关风险，经权属主管签署方能生效。

进料检验的方法，依照相应的检验指导书或检验规范执行。

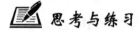 思考与练习

1. 判断题

（1）如果进料检验不合格，挑选合格品使用时，可以向供应商索赔检验费用。 （   ）

（2）特采就是让步放行，是应对生产急需材料时的一种处理方式。 （   ）

（3）进料检验方法以外观为优先。 （   ）

（4）进料检验不合格时的处理方式包括"延期使用"。 （   ）

2. 简答题

（1）什么是进料检验？为什么要进行进料检验？

（2）进料检验的目的是什么？

（3）进料检验的流程包括哪几个主要环节？

（4）什么情况可采用特采方式处理进料检验的不合格品？

项目三

生产过程的检验

产品定型，进入量产阶段之后，检验的目的与开发过程有所不同。开发过程的检验重点在于发现问题，确认产品是否符合设计要求（包括法律法规、功能性能、可靠性等），尽可能把开发阶段存在的问题找出来，进行设计整改，以便满足设计的要求和批量生产的要求。越早发现问题，后续修改的成本就越低，产品质量也就越好。到了生产阶段，检验的目的更偏重于把关（即不让不良品进入下一道工序）以及质量控制的功能。

一、质量控制与质量管理

电子产品制造企业质量管理主要有两方面内容：一是产品检验和试验，二是质量管理工作。产品检验是企业实施质量管理的基础。

产品检验的主要目的是把关，即"不允许不合格品进入下一道工序"。同时，通过检验可以了解产品的质量现状，以便及时采取纠正和预防措施来改进质量满足客户需求。

在生产过程进行质量控制和现场管理，是企业质量管理的常见工作。质量控制则是通过收集和整理数据，找出波动的规律，把正常波动控制在最低限度，消除系统性原因引起的异常波动。而生产过程的检验，是收集产品质量数据的基本手段。

质量控制的基本原理如图 2.3.1 所示。首先确定控制对象，即产品型号及其需要监测的质量特性（参数）；确定规格标准，选定适用的仪器设备，确定检验方法；进行实际测试、试验或度量，做好数据记录；将检验结果与规格标准进行比较，做出是否符合（合格）的判定。如果符合（合格），产品流到下道工序；如果不符合，对不符合的原因进行分析，对不合格品采取纠正措施（即维修或处理），同时制定相应的预防措施，返回生产过程，预防同样的问题

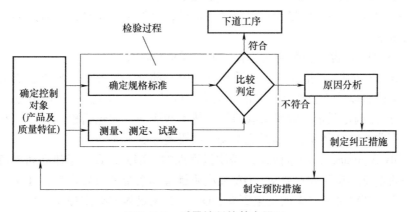

图 2.3.1 质量控制的基本原理

（不合格原因）再次发生，从而不断提高产品的质量水平，实现产品质量的持续改善。这个过程就是质量控制的基本原理。图2.3.1中，点划线框内的流程就是检验过程。因此可见，检验是质量管理的核心内容。

二、生产过程检验

1. 生产过程检验的目的和作用

检验合格的原材料、零部件等在组装过程中，可能因操作人员的技能水平、质量意识及装配工艺、设备、工装等因素，使组装后的部件、整机有时不能完全符合质量要求。因此，生产过程中的各道工序都应进行检验。

生产过程检验的目的是防止不良品进入下道工序（即把关功能），同时可以实施质量控制。通过首件检查等手段，生产过程检验还能有效预防产生大批的不合格品。

对检查出的不合格品进行原因分析，并制定相应的纠正和预防措施，可以实现质量控制，不断提高产品的质量水平。同时，在有产品标识和可追溯性要求的场合，通过过程检验，可实现生产过程中对每个或每批产品的标识和追踪。

2. 生产过程检验的要求

生产过程检验的基本原则是，未经检验的产品或检验不合格的产品不得进入下道工序。同时，为了保证过程检验的有效实施，应按照既定的质量计划和文件要求进行检验；应合理设置质量控制点进行过程检验。

3. 生产过程检验的岗位

履行生产过程检验的岗位有以下几种：

QC：Quality Control，生产线上的质检员，负责对某段或某几个工序进行集中检验。

FQC：Final QC，通常是生产流程最后的检验员，负责对最终产品进行检验。

IPQC：In-process QC，生产过程检验员（也叫制程检验员）。IPQC是一种流动性检验岗位，其检验范围包括：

1）人员：是否符合纪律要求。

2）方法：是否按作业标准书规定的要求。

3）设备：设备运行状态，负荷程度。

4）材料：是否用错料，或者使用不合格品。

5）环境：环境是否适宜产品生产需要。

OQC：Outgoing Quality Control，成品最终出货检查。

QA：Quality Assurance，质量管理部门的质检员，通常是按质量计划对产品进行抽检，验证产品的质量水平。

注意，QC和QA在含义和职能上的有一定的区别和联系。

QC（Quality Control，质量控制）是质量管理的一部分，致力于满足质量要求。通常是指负责产品的质量检验以及不合格品控制的相关人员的总称。一般包括IQC、IPQC、FQC、OQC等。QC是为使产品满足质量要求所采取的作业技术和活动，它包括检验、纠正和反馈，所关注的是产品，而非系统（体系），这是它与QA主要差异。

QA（Quality Assurance，质量保证）是质量管理的一部分，致力于建立和维持质量管理体系来确保产品质量持续满足客户要求。QA关注质量管理系统的有效运作，注重质量保证类活动，以预防为主，期望降低错误的发生概率。QA是为满足客户要求提供信任，因此需从市场调查开始及以后的评审客户要求、产品开发、接单及物料采购、进料检验、生产过程控制及出货、售后服务等各阶段留下证据，证实工厂每一步活动都是按客户要求进行的。

QC 和 QA 的主要区别是，QC 是保证产品质量符合规定，QA 是建立体系并确保体系按要求运作，以提供内外部的信任。QC 关注的是产品，QA 关注的是系统（体系）。同时 QC 和 QA 又有相同点，即 QC 和 QA 都要进行验证，如 QC 按标准检测产品就是验证产品是否符合规定要求，QA 进行内审就是验证体系运作是否符合标准要求，又如 QA 进行出货稽核和可靠性检测，就是验证产品是否已按规定进行各项活动，是否能满足规定要求，以确保工厂交付的产品都是合格和符合相关规定的。

4. 生产过程检验的方法

（1）首件检验

指在生产开始时（或上班、下班）及工序因素调整后（换人、换料、设备调整等）对制造的第 1~5 件产品进行的检验。首件检验可以尽早发现生产过程中影响产品质量的系统因素，防止产品成批报废。

（2）自检与互检

自检是指生产线员工按照作业指导书的要求，对自己完成的工作或产品进行自我检查，把不合格品主动挑出来，防止进入下道工序。互检是指每个员工对上道工序流下来的产品或工作进行检查，一旦发现不良，把不良品挑出并反馈上道工序处理。

通常，流水线上的员工，拿到上道工序流下来的产品或组件，先进行互检，然后实施自身负责的工作（组装），最后进行自检，自检合格后流给下道工序。

自检与互检是每道工序都要进行的检验方法，体现了全面质量管理"人人参与"的原则。

（3）专职 QC 检验与流动 IPQC 检验相结合

为了及时发现问题，通常在若干个组装工序后设置一个 QC 岗位，对这几个工序的组装（加工）质量进行集中检验；在生产线的末道工序对完成后的产品进行检验（即 FQC）。QC 和 FQC 都属于专职检验，而且一般采用全检方式。

IPQC 属于巡检，保证合适的巡检时间和频率，严格按检验标准或作业指导书检验，包括对产品质量、工艺规程、机器运行参数、物料摆放标识、环境等检验，作业重点如下：

1）依据巡检表上的检查项目及检验频率进行核查。

2）在巡检中发现有不符合规定的情况时，应立即与该工作站的主管协调，进行改善，并将异常状况记录在巡检表中。如遇重大品质异常，应立即反映给品保主管及相关部门，以便共同处理。

3）巡检时，除检验各工作站的工作内容外，还应检查静电防护、设备点检、标签标记、首件检查等工作的落实情况。

三、出货检验

出货检验属于生产过程的最终检验，是完工后的产品在入库前或发货给客户前进行的检验，有些企业也叫交收试验，通常采用抽检方式。为保证产品的质量和企业的市场竞争能力，质量管理部门应主导出货检验或对出货检验进行监督检查，客户可派代表参加检验或监督。检验结果将作为确定产品能否出厂的依据。

1. 出货检验的目的

出货检验的目的是防止不合格品流出企业，保证产品质量和企业信誉。

出货检验是企业内部质量控制的最后一道关卡，对外可以保证产品质量，对内可以确认产品的质量水平，为质量反馈和控制提供数据支撑。

2. 出货检验的要求

1）依据质量计划进行出货检验。

2）依据检验作业指导书、检验标准或检验规范进行检验。检验合格则办理入库或出货手续；检验不合格，则按不合格处理流程进行返工、复检，然后再进行出货检验。

3. 出货检验的方法

1）对产品的功能、性能和外观进行抽检。依据检验规范制定抽样计划，或者按照 GB/T 2828.1—2012 的要求进行抽样检验，对产品批做出合格与否的判定。若客户有特殊要求，依照客户要求进行检验。

2）型式试验。根据产品技术标准或试验大纲要求，对产品的可靠性（或环境试验）、电磁兼容和安规等进行型式试验。由于型式试验对产品存在一定的破坏性，在出货检验中可以根据客户的要求进行选择性试验，甚至不做型式试验。

四、检验记录与异常的反馈

任何的检验作业都应保留检验记录，为质量控制和质量管理提供客观的证据。检验记录应做到完整、准确、及时、字迹清晰并加盖检验印章或签名，还应及时整理和归档，按质量管理体系对文件的要求进行保管。

在检验过程中，检验人员碰到品质异常或判定不合格时，应通知员工或生产线立即处理，不良品交技术人员进行分析维修。碰到自身无法直接判定的问题，应立即向直接主管报告，必要时持不良品交主管确认，再通知责任生产线进行处理；对不良品应做好明确的标识，并监督相关部门进行隔离存放；应如实将异常情况进行记录；对纠正或改善措施进行确认，并追踪处理效果。

五、小结

生产过程检验的目的在于把关，防止不良品进入下道工序，同时可以实施质量控制。

在企业中，负责生产过程检验的岗位包括 QC、IPQC、FQC、QA 等，检验方法包括首件检验、自检与互检、专职检验与巡检相结合等。IPQC 巡检对于及时发现生产过程的隐患，有特别重要的意义。

出货检验的目的是防止不合格品出厂和流入到用户手中，通常采用抽检方式。

思考与练习

1. 单项选择题

（1）质量控制的对象是（　　　）。

A. 产品　　　　　　　B. 人员　　　　　　C. 组织　　　　　　D. 过程

（2）（　　　）情况下不需做首件检查。

A. 换班　　　　　　　　　　　　　　　B. 设备维修

C. 更换不同型号生产　　　　　　　　　D. 换同批号物料

（3）不属于互检的情形是（　　　）。

A. 下道工序检查上道工序的工作　　　　B. 夜班检查白班的工作

C. QC 的专职检查　　　　　　　　　　　D. 下一班检查上一班的工作

(4) 生产过程检验的依据是 (　　)。

A. 检验指导书　　　　　　　　　B. 检验规范

C. 生产工厂图样　　　　　　　　D. 以上都需要

2. 判断题

(1) IPQC 和 IQC 的职责是一样的。　　　　　　　　　　　　　　　(　　)

(2) 出货检验很重要, 应由质量部门主导或监督。　　　　　　　　　(　　)

(3) 生产过程检验是生产部门的责任, 与质量管理部门无关。　　　　(　　)

(4) 生产过程检验需要自检与互检相结合、专检与巡检相结合。　　　(　　)

(5) 全检后的产品就是 100%合格品。　　　　　　　　　　　　　　(　　)

(6) 出货检验只需检验产品功能。　　　　　　　　　　　　　　　　(　　)

3. 简答题

(1) 生产过程检验的目的是什么?

(2) 生产过程检验的基本原则是什么?

第三单元

电磁兼容检验

项目一

电磁兼容基础知识

一、电磁兼容的定义和基本概念

1. 电磁兼容问题的由来

电器产品工作时，会不断产生变化的电压和电流。根据电磁感应理论，变化的电流产生变化的磁场，变化的磁场引起变化的电场，变化的电场和变化的磁场构成交变电磁场，在空间传播形成电磁波。1864 年，英国科学家麦克斯韦在总结前人研究电磁现象的基础上，建立了完整的电磁波理论，断定电磁波的存在，推导出电磁波与光具有同样的传播速度。1887 年德国物理学家赫兹通过实验证实了电磁波的存在。之后，人们又进行了许多实验，不仅证明光是一种电磁波，而且发现了更多形式的电磁波，它们的本质完全相同，只是波长和频率有很大的差别。按照波长或频率的顺序把这些电磁波排列起来，就是电磁波谱。频率由低至高依次排列，分别是工频电磁波、无线电波、微波、红外线、可见光、紫外线、X 射线及 γ 射线。

电磁兼容是电器产品特有的现象，尤其是工作在高频条件下的产品。这类产品在工作时，一方面会往外输出电磁场或辐射电磁波，影响周围其他产品的正常工作；另一方面，会接收周围其他产品发出的电磁干扰，可能导致功能失常、性能降低甚至损坏。

日常生活和工作中，人们常常遇见电器产品受到干扰的现象，例如，打开 LED 照明灯会使周围的收音机出现杂音；使用电吹风机时造成电视机图像产生条纹；静电放电损坏电子元器件等。

2. 电磁兼容的定义

国家标准 GB/T 4365—2003《电工术语　电磁兼容》对电磁兼容的定义为"设备或系统在其电磁环境中能正常工作且不对该环境中任何事物构成不能承受的电磁骚扰的能力"。

通俗地说，在同一电磁环境中，一个设备（或产品）能够不因其他设备（或产品）的骚扰影响正常工作，同时也不对其他设备（或产品）产生影响工作的骚扰，这样的状态叫作电磁兼容（Electromagnetic Compatibility，EMC）。达到这样的状态的设备（或产品）被认为是电磁兼容的。

由上述定义可以看到，电磁兼容包括两个方面的要求：一方面是指设备在正常运行过程中对所在环境产生的电磁骚扰不能超过一定的限值，即电磁骚扰（Electromagnetic Interference，EMI）要足够小，不得影响同一电磁环境下的其他设备的正常工作；另一方面是指设备对所在环境中存在的电磁骚扰具有一定程度的抗扰度，即电磁敏感性（Electromagnetic Susceptibility，EMS），也叫作抗扰度（Immunity）。

从上述定义还可看出，电磁兼容要求既包括同一电磁环境中设备与设备、系统与系统之间的兼容性，也包括一台设备内部各电路模块之间的兼容性。也就是，在共同的电磁环境中，任何设备、系统、分系统都应该不因受干扰而影响正常工作，同时不影响其他设备、系统、分系统的正常工作。

因此，电磁兼容可以形象表示为

$$EMC = EMI + EMS$$

电磁兼容是一门新兴的综合性学科，主要研究电磁干扰（骚扰）和抗干扰的问题，即怎样使在同一电磁环境下工作的各种电子电气设备、器件或系统，都能正常工作，互不干扰，达到兼容状态。它以电磁场和无线电技术的基本理论为基础，涉及许多新的技术领域，如微波技术、微电子技术、计算机技术、通信和网络技术以及新材料等。电磁兼容技术研究的范围很广，几乎涉及所有现代化工业领域。

3. 电磁骚扰及其耦合机制

影响电磁兼容的原因涉及三个要素，分别是电磁骚扰源、骚扰耦合路径和敏感设备，这三个要素缺少任何一个，都不存在电磁兼容的问题，换句话说，电磁兼容是合格的。

这三个要素的相互关系，如图 3.1.1 所示。

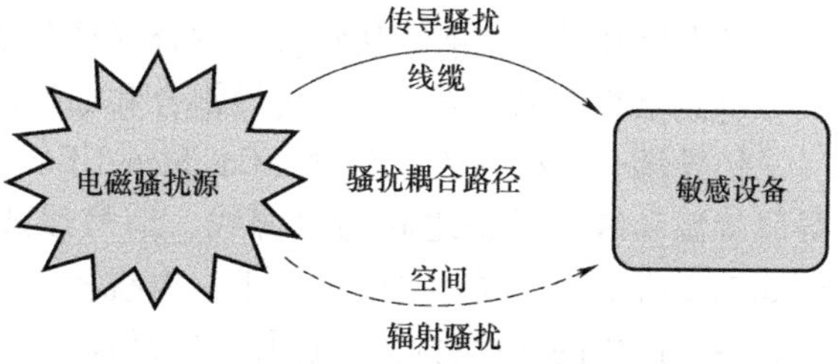

图 3.1.1　电磁兼容三要素

（1）电磁骚扰源

电磁骚扰源指产生电磁骚扰的源头，包括组件、器件、设备、分系统、系统或自然现象。

在信息社会高速发展的今天，电磁骚扰无处不在，电磁骚扰源种类繁多，按产生骚扰的主观意图看，可分为自然骚扰源和人为骚扰源。

人为骚扰源指的是电子电气设备和其他人工装置产生的电磁骚扰，包括无意识（非预期）的骚扰以及为了达到某种目的而有意发出的电磁波。例如：

1）无线电发射设备：包括移动通信、广播电视、雷达、导航及无线电接力通信系统，如微波接力、卫星通信等。因发射的功率大，其基波信号可产生功能性骚扰；谐波及乱真发射构成非功能性的无用信号骚扰。

2）工科医（ISM）设备：如感应加热设备、高频电焊机、X 光机、高频理疗设备等，强大的输出功率除通过空间辐射引起骚扰外，还通过工频电力网骚扰远方的设备。

3）电力及电动设备：包括伺服电机、电钻、继电器、电梯等设备工作时产生的电流剧变及伴随的电火花成为骚扰源；电力系统中的非线性负载（如电弧炉等）、开关电源等电力变换设备产生大量谐波涌入电网成为骚扰源。

4）汽车、内燃机点火系统：汽车点火系统工作时产生宽带骚扰，从几百 kHz 到几百 MHz，骚扰强度几乎不变。

5）电网或电力线：市电（50Hz 或 60Hz）电网强大的电磁场和大地漏电流产生骚扰，以及高压输电线的电晕和绝缘断裂等接触不良产生微弧和受污染导体表面的电火花。

6）高速数字电子设备：包括微处理器、微控制器等系统，时钟电路是最大的宽带噪声发生器，且这个噪声被扩散到了整个频谱。随着高速及大功率半导体器件的发展，其信号上升沿和下降沿跳变很快，将产生高达 300MHz 的谐波骚扰。

自然骚扰源主要有大气骚扰和宇宙骚扰两大类，包括：

1）雷电骚扰：属于大气骚扰，其产生的火花放电属于脉冲宽带骚扰，频率覆盖数 Hz 到

100MHz 以上范围，传播距离相当远。

2）太阳噪声骚扰：指太阳黑子和太阳耀斑的辐射噪声。在太阳黑子活动期间，黑子爆发可产生比平稳期高数千倍的强烈噪声，可致使通信中断等故障。

3）宇宙噪声：指来自宇宙天体的噪声。由电离层和各种宇宙射线组成，在 20～50MHz 范围内，宇宙噪声的影响相当大，可导致航天器通信中断，或者产生一些随机失效或其他异常现象。

4）静电放电：静电放电是常见的自然现象，在秋冬季天气干燥时，人体、设备上所积累的静电电压可高达几万到几十万伏，一旦有泄放途径，即可引发静电放电。静电放电产生强大的瞬间电流和电磁脉冲，会导致静电敏感器件及设备损坏。静电放电属于脉冲宽带骚扰，频谱成分从直流一直连续到中频频段。

（2）骚扰的耦合路径（耦合机制）

耦合路径是指把能量从骚扰源耦合（或传输）到敏感设备，并使该设备产生响应的媒介。电磁骚扰的耦合路径分为传导耦合和辐射耦合两种。

传导耦合也称为传导发射（Conducted Emission，CE）或传导骚扰，是指电磁骚扰通过传导骚扰源和敏感设备之间的电源线、信号线或控制线、公共阻抗等连接导体进行传输，如图 3.1.2 所示。在同一电磁环境下，电视机、计算机和电磁炉通过市电电网连接各自的电源线，各自产生的骚扰将通过电源线进行传输，从而引起传导耦合，产生互相骚扰的效果。

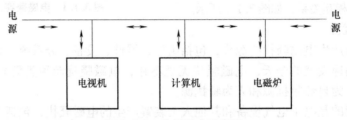

图 3.1.2　传导耦合示意图

辐射耦合也称为辐射发射（Radiated Emission，RE）或辐射骚扰，是电磁骚扰通过空间辐射传输的方式。电磁骚扰的频率越高，辐射耦合的成分就越大。

因此，电磁骚扰按其耦合路径分，可以分为传导骚扰和辐射骚扰两大类。

在实际工程中，不同电子设备之间骚扰的耦合渠道，既有传导骚扰，也有辐射骚扰，如图 3.1.3 所示。正因为多种途径的耦合同时存在，反复交叉耦合，共同产生骚扰，才使电磁骚扰变得难以控制。

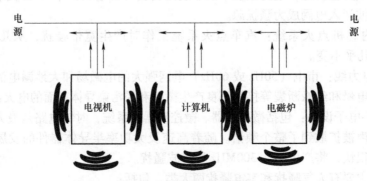

图 3.1.3　传导和辐射共存

4. 敏感设备及抗扰度

敏感设备是对骚扰对象的统称，可以是一个组件（模组或者一个子系统），也可以是一个独立完整的电子设备（产品），甚至可以是一个大型系统。

根据电磁兼容的定义，一个设备（或产品）能够不因其他设备（或产品）的骚扰而影响其正常工作，代表这个设备具有较强的抗骚扰能力（即抗扰度）。

应当指出，任何电子电气设备既可能是骚扰源，也可能是敏感设备。设备越敏感（Susceptibility），抗扰度（Immunity）越差。

与电磁骚扰相对应，抗扰度也可以分为对传导型骚扰的传导抗扰度（CS）和对辐射型骚扰的辐射抗扰度（RS）。

因此，电磁兼容涉及的领域，可用图 3.1.4 的框图表示。

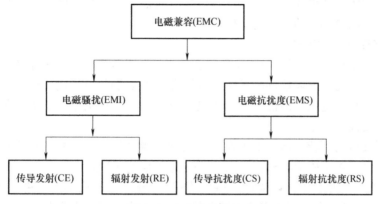

图 3.1.4　电磁兼容领域

二、电磁兼容检验的意义

1. 电磁骚扰及其危害

从日常生活到工业、医疗、科研和军事设施等，经常可以看到或感受到电磁骚扰造成的危害，例如：

1）当吹风筒、搅拌机、真空吸尘器或者其他带直流电动机的家用电器工作时，会干扰电视机的收看或收音机的收听。

2）秋冬季人手接触电梯按钮或水龙头，有瞬间麻木感觉（静电放电现象）。

3）数字系统工作过程中数据突然丢失。

4）无线电发射机射频辐射令汽车突然熄火。

5）汽车点火时火花塞放电引起的高频电磁噪声影响周围电视机收看。

6）强电磁场造成医疗设备（如监护仪、心脏起搏器等）工作失常。

除此之外，电磁辐射已成为一种新的污染源，成为当今危害人类健康的致病源之一。过量的电磁辐射会造成人体神经衰弱、食欲下降、心悸胸闷、头晕目眩等症状，甚至会引发头部肿瘤。

由此可见，电磁环境的恶化会导致多方面的后果。开展电磁兼容研究，加强电磁兼容管理，降低电磁骚扰，避免电磁干扰，是当务之急。

2. 电磁兼容环境不断恶化

在电子信息技术迅猛发展的今天，电磁骚扰普遍存在。卫星或广播电视发射塔、通信基站以及无线路由器等发射的无线电波几乎无处不在，各类电子产品和设备不断涌现，它们和存量设备工作时产生的高频电磁波、输电线路传导性骚扰和辐射骚扰等越来越多的干扰源进入电磁环境，工作环境的背景辐射越来越高。

近年来，电子产品向高频化发展的趋势十分明显。如计算机系统的时钟频率已从 30MHz 提高到 100MHz 以上；移动通信从单频道（900MHz）发展成双频道（900MHz、2000MHz）。信号频率越高，越容易产生辐射和耦合，而且越难以抑制和屏蔽，致使电磁骚扰加剧。当今在空间传播的电磁波呈现宽频谱、广空域、高能量以及密频点等特征，大大恶化了电磁环境。

同时，数字技术发展非常迅猛，数字电路是常见的电磁骚扰源，近年来数字电路向高速发展，数字逻辑电路的频率达到 50MHz 以上；脉冲信号的上升/下降时间不超过信号周期的5%，包含了更丰富和更高次谐波分量，更容易产生电磁骚扰。

为了增大作用距离和提高性能，雷达、广播、通信等发射机、电视差转台、基站的发射功率与日俱增，对电磁环境的污染越来越严重。

3. 产品技术变迁引发需求

许多消费类电子产品，特别是便携式电子产品，为了节省电源、缩小体积，工作电压不断降低，而产品使用的半导体器件的工作电压可能更低（有些 CPU 内核使用 1.8V 电压）。电压降低后，它们对瞬变电压、浪涌电压、静电放电等电磁骚扰的抵抗能力明显下降，因而对电磁环境提出了更高的要求。

随着微电子技术的不断进步，电子设备的灵敏度越来越高，干扰和抗干扰成为一个日益突出的问题。因此，对电磁兼容进行检测、整改就显得格外重要。

产品内部稳定工作的需要。随着电子科技的发展，电子产品内部的电路、模块和结构变得愈加精密与复杂，多个模块或其电路板安装在狭小的空间内，不同的模块之间极易产生耦合，引发电磁兼容问题。例如，便携式数码相机体积很小，内部既有使用低电压的 DSP 芯片，又有使用高压的氙气闪光灯（触发闪光时瞬间电压可达 5kV），闪光灯工作时极易发生高压跳电，造成 DSP 芯片死机或损坏。因此，产品设计上必须考虑产品内部各单板间能否和谐地工作。

4. 市场准入的需要

随着电磁环境的不断恶化，电子产品的电磁兼容问题受到各国政府的高度重视。电子设备（产品）电磁兼容检测的达标认证已经发展成国际性的认可标准，并成为发达国家限制进口产品的技术壁垒。全球各地区基本都设置了相应的市场准入认证用以保护本地区的电磁环境和本土产品的竞争优势。例如，北美的 FCC 认证、欧盟的 CE 认证、日本的 VCCI 认证、中国的 3C 认证等都是进入这些市场的"通行证"。要获得这些认证就必须让产品通过相应的电磁兼容测试。

5. 保护人身和特殊设备安全

电磁干扰如果与电爆装置发生感应耦合，形成的干扰电流可能引爆电爆装置，从而发生误爆炸。同样，在存放易燃易爆物品的场合，静电放电可能引起爆炸、火灾等事故。因此，对有关设备（产品）进行电磁兼容性能检测，做到防患于未然，是非常有必要。

6. 现在与未来战争的需要

利用类似核爆炸产生的电磁脉冲而制成的电磁脉冲弹武器，可以对敌方的电子设备构成致命威胁。同样，己方的各类电子设备、电子控制的各类武器，如果缺乏对电磁干扰的抵抗能力，在敌方人为发射的电磁干扰，或者武器（尤其是核武器）爆炸产生的电磁脉冲的作用下，可能会失灵、损坏甚至系统瘫痪，导致战争失利或者失败。因此，军事电子设备的电磁兼容测试需求同样迫切。

三、电磁兼容检验常用单位

1. 分贝的基础知识

分贝是我国法定计量单位中的级差单位，也是国际上常用的单位，用符号 dB 表示。

分贝的英文全称为 decibel，其前缀 deci 意思是"十分之一"，decibel 就是十分之一贝尔。"贝尔"是业界为纪念电话发明家贝尔（Bell）而采用的，英文为"B"。但是 B 的值很大，使用上不方便，故改为分贝（dB）。

在电学中，功率的分贝定义为"两个单位功率量之比的常用对数乘以 10"。如果要将测量得到的功率值 P_1 换算为分贝值（以分贝表示的功率值），用数学公式表示为

$$N_{dB} = 10\lg\frac{P_1}{P_0}$$

式中，P_0 为基准值。这一方法称为对数表示法。之所以采用对数表示法，是因为实验和理论表明，人类能够感觉到的声音的响度（或光的亮度）的变化是与声音强度（或光强度）的比值的对数 $\lg(W_1/W_0)$ 成正比的。其中 W_0 为初始声强值（或初始光强值），W_1 为变化后的声强值（或变化后的光强值）。也就是说，人类的听觉器官（耳）和感觉器官（眼）对于声音强度（或光的强度）的响应都是符合对数规律的。这一特点在电子和通信领域同样存在。对于电压来说，由于电压和功率存在二次方关系，测量得到的电压值 U_1 换算为分贝值的公式为

$$N_{dB} = 20\lg\frac{U_1}{U_0}$$

式中，U_0 为电压基准值。

2. 电磁兼容测试常用单位

在电磁兼容测试中，骚扰电压的单位是微伏（μV），因此选择 1μV 为基准，此时测量值 x 要换算为单位 μV，其分贝值 y 的单位叫分贝微伏（dBμV），用数学式表达为

$$y = 20\lg\frac{x(\mu V)}{1(\mu V)} \quad (dB\mu V)$$

【例1】 测量值为 1V，分贝值为

$$20\lg\frac{1V}{1\mu V} = 20\lg\frac{10^6\mu V}{1\mu V} = 120dB\mu V$$

【例2】 测量值为 1mV，分贝值为

$$20\lg\frac{1mV}{1\mu V} = 20\lg\frac{10^3\mu V}{1\mu V} = 60dB\mu V$$

【例3】 测量值为 10μV，分贝值为

$$20\lg\frac{10\mu V}{1\mu V} = 20dB\mu V$$

【例4】 传导测试的结果为 40dBμV，测量值相当于多少 μV？

设测量值为 x μV，则

$$20\lg\frac{x}{1\mu V} = 40dB\mu V \quad x = 100\mu V$$

同理，如果选择 1mV 为基准，此时测量值 x 要换算为单位 mV，其分贝值 y 的单位叫分贝毫伏（dBmV），用数学式表达为

$$y = 20\lg\frac{x(\text{mV})}{1(\text{mV})} \quad (\text{dBmV})$$

显而易见，1mV 相当于 0dBmV，也相当于 60dBμV。

四、电磁兼容检测常用术语

根据国家标准 GB/T 4365—2003《电工术语　电磁兼容》，列举部分电磁兼容测试常用的术语，如下所述。

电磁骚扰：任何可能引起装置、设备或系统性能降低或者对生物或非生物产生不良影响的电磁现象。电磁骚扰可能是电磁噪声、无用信号或传播媒介自身的变化。

电磁干扰：电磁骚扰引起的设备、传输信道或系统性能的下降。

从上面的定义可知，"电磁骚扰"仅仅是电磁现象，即客观存在的一种物理现象，它可能引起降级或损害，但不一定已经形成后果。而"电磁干扰"则是电磁骚扰引起的后果。电磁骚扰只有在影响敏感设备正常工作时，才构成电磁干扰。也就是说，"电磁骚扰"和"电磁干扰"分别表示"起因"和"后果"。本书中为了描述的连贯性，在没有特别强调的场合，"电磁骚扰"和"电磁干扰"不加以区分。

抗扰度：装置、设备或系统面临电磁骚扰不降低运行性能的能力。

敏感度：在有电磁骚扰的情况下，装置、设备或系统不能避免性能降低的能力。敏感度越高，抗扰度越低。

静电放电：具有不同静电电位的物体相互靠近或直接接触引起的电荷转移。

发射体：产生的电压、电流或电磁场相当于电磁骚扰的那些装置、设备或系统。

敏感装置：受电磁骚扰的影响，性能可能降低的装置、设备或系统。

电源骚扰：经由供电电源线传输到装置上的电磁骚扰。

电源抗扰度：对电源骚扰的抗扰度。

骚扰限值：对应于规定测量方法的最大许可电磁骚扰电平。

传导骚扰：通过一个或多个导体传递能量的电磁骚扰。

辐射骚扰：以电磁波的形式通过空间传播能量的电磁骚扰。术语"辐射骚扰"有时也将感应现象包括在内。

骚扰电平：在给定场所由所有骚扰源共同作用产生的电磁骚扰的电平。

骚扰电压：在规定条件下测得的两分离导体上两点间由电磁骚扰引起的电压。

骚扰场强：在规定条件下测得的给定位置上由电磁骚扰产生的场强。

骚扰功率：在规定条件下测得的电磁骚扰功率。

参考阻抗：用来计算或测量设备所产生的电磁骚扰的、具有规定量值的阻抗。

人工电源网络：串联在受试设备电源进线处的网络。它在给定频率范围内，为骚扰电压的测量提供规定的负载阻抗，并使受试设备与电源相互隔离。人工电源网络又称线路阻抗稳定网络（LISN）。

准峰值检波器：具有规定的电气时间常数的检波器。当施加规定的重复等幅脉冲时，其输出电压是脉冲峰值的分数，并且此分数随脉冲重复率增加趋向于 1。

峰值检波器：输出电压为所施加信号峰值的检波器。

均方根值检波器：输出电压为所施加信号均方根值的检波器。

平均值检波器：输出电压为所施加信号包络平均值的检波器。平均值必须在规定的时间间隔内求取。

模拟手：模拟常规工作条件下，手持电器与地之间的人体阻抗的电网络。

测试场地：在规定条件下能满足对受试装置发射的电磁场进行正确测量的场地。

吸收钳：能沿着设备或类似装置的电源线移动的测量装置，用来获取设备或装置的无线电频率的最大辐射功率。

接地（参考）平面：一块导电平面，其电位用作公共参考电位。

对称控制（单相）：由设计成在交流电压或电流的正负半周按同样方式工作的装置所进行的控制。以输入源的正负半周相同为基础：如果正负半周的电流波形相同，广义相位控制即为对称控制；如果在每个导通周期内正负半周数相等，多周控制即为对称控制。

不对称控制（单相）：由设计成在交流电压或电流的正负半周按不同方式工作的装置所进行的控制。

受试设备（Equipment Under Test，EUT）：测试中或即将测试的样品或样机。本书有时也称为样品、产品、受试样品或试品，皆表示同样的含义。

试验（Test）：采用测试手段来获取或验证某一结果的行为，即依据已有的标准（国际标准或国家标准）去验证产品是否达标的过程。一般来说，测试是试验的一部分。本书中，为了描述的一致性，在没有特别强调的场合，试验与测试、检测的含义一样，不加以区分。

五、了解电磁骚扰测试软件

不同的电磁骚扰测试系统，可能配置不同厂商开发的测试软件，它们的功能和操作界面并不相同，但通常都包括以下基本功能：

1）根据标准的要求，对测量仪器（频谱分析仪或电磁骚扰接收机、放大器、衰减器和天线塔转台控制器等）进行参数（包括测量参数、限值和天线修正因子等）设置和存储。

2）扫描数据采集和自动数据缩减显示、进行峰值搜索、选择最差情况进行终测。

3）报告生成和测试数据存储等。具备完善的测试报告打印功能，报告打印内容灵活多变。

下面介绍一种业界应用较广的电磁骚扰测试软件——法拉科技 EZ-EMC 及其用法。

1. 软件的系统特性及安装要求

该软件具有以下特性：

1）能进行传导测试（Conduction test）、辐射测试（Radiation test）、功率吸收钳测试（Clamp test）和三环天线测试等。

2）可读入符合格式的 Excel Factor 档。

3）可对两条轨迹数据做加减运算（处理 Cable loss），转换成 Factor。

4）可对每一点单一点选频率标注记（20 字）。

5）可执行多种设定的 Auto Test 功能。

6）实时输出频谱的轨迹数据，达到在 PC 屏幕上动态显示数据功能。

7）提供宏指令，用户可依需求改变测试参数，并自动测试。

8）单点数据可记录 100 点。

计算机操作系统要求 Windows 2000 以上，CPU 要求 P4/1.2GHz 以上，内存 256MB 及以上。

2. 功能键说明

该软件主操作画面如图 3.1.5 所示，相关功能键说明如下：

右列菜单的功能如下：

File：打开或建立测试数据文件。

Configure：设定频谱仪参数及测试参数。

Trace：读取频谱仪轨迹数据至 PC。

Discrete：读取单一笔数据至 PC。

Key in：手动输入单点数。

Macro：执行用户自行定义的宏文。

Mark：点选读入轨迹数据的读值。

Report：轨迹数据的检视/打印/修改等功能。

Panel：在 PC 上操作频谱仪的工作面板。

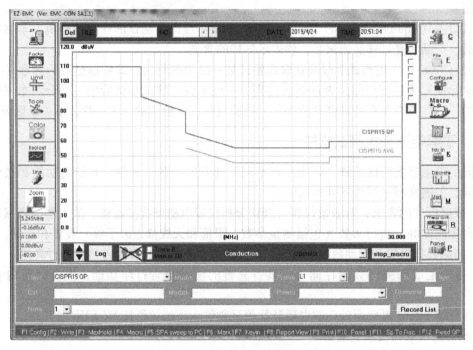

图 3.1.5　软件的主操作画面

左列菜单的功能如下：

IP：设定装置 GPIB 地址。

Factor：设定天线/LISN/放大器/钳位器/电缆的修正参数。

Limit：设定或修改各国标准的限制值。

Tools：内建 Site/Modify/NewTrace/Recover/dBm 功能。

Color：设定轨迹/格点/规格线的颜色。

Real Out：频谱仪上的轨迹与 PC 屏幕同步显示。

Panel：在 PC 上操作频谱仪的工作面板。

Line：显示 margin 线及规格线。

Zoom：放大扫图数据及频率设定。

3. 操作指引

步骤 1：建立测试数据文件

单击 File 菜单，出现图 3.1.6 所示的子窗口，单击 New 按钮，输入新文件名（可用产品型号或操作人员工号等进行命名），选择保存目录，单击"保存"按钮即可。单击 Open 按钮即可进入 Open File 的对话框，选择先前存储的档，开启\file\ * .db 档。

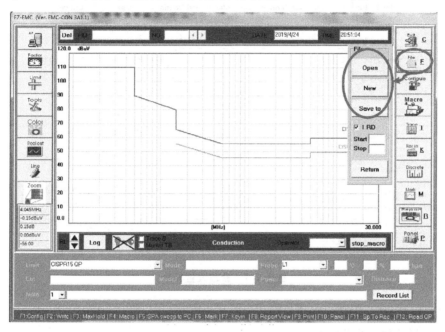

图 3.1.6 建立测试数据文件

步骤 2：设定频谱仪参数及测试参数

单击 Configure 菜单，弹出参数设置界面，如图 3.1.7 所示。

1）在图示区域 1 设置接收机的相关参数：

Start：设定起始频率，按标准要求设置。

Stop：设定截止频率，按标准要求设置。

RBW：设定解析带宽，按接收机带宽设置。

VBW：设定视频频宽，按接收机带宽设置。

ATT：设定频谱仪的衰减系数。

Level：设定接收机阶准，按标准的限制设置。

Sweep：设定接收机扫描频率。

Probe：设定测试天线极性。

RANGE：设定测试值的显示范围。

0.009—30MHz：设定接收机 0.009～30MHz 测试范围（显示单位会自动调整为 dBμV）。

30—300MHz：设定接收机 30～300MHz 测试范围。

300—1000MHz：设定接收机 300～1000MHz 测试范围。

Rd Config：读取频谱仪设定。

2）在图示区域 2 快速设置三种测试模式：

Clamp：选择骚扰功率（Clamp）测试模式。此时系统会设定 Start：30MHz；Stop：300MHz；

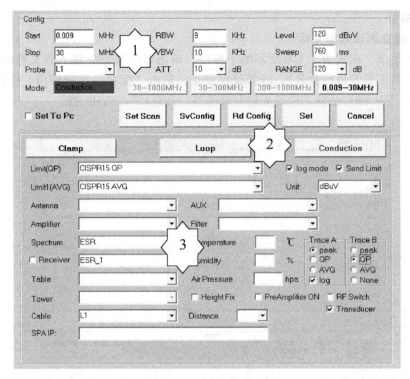

图 3.1.7　参数设置界面

RBW：120kHz；VBW：1MHz；Probe/Amplifier 自动清除，margin=−10dB。

Loop：选择三环天线测试模式。

Conduction：选择传导骚扰（CE）测试模式。此时系统会设定 start：0.15MHz；stop：30MHz；RBW：9kHz；VBW：0.1MHz；Probe/Amplifier 自动清除，margin=−10dB。

3）在图示区域 3 根据样品的类型，选择相应的产品标准和限值，设置其他参数。Trace A 和 Trace B 代表两条扫描轨迹，可分别设置为 peak（峰值）、QP（准峰值）和 AVG（平均值）。

设定好参数后，单击 Set 按钮传送到接收机上。

步骤 3：读取频谱仪轨迹数据到计算机

单击 Trace 菜单，当单击 read trace 按钮时，接收机上 trace 的数据会被读取，此时画面如图 3.1.8 所示。

单击 Post 按钮：存储扫描轨迹资料。

单击 Append 按钮：与上一笔资料做整合（取较大的值来保存）。

单击 Cancel 按钮：取消本次读取轨迹数据的动作。

读取 trace 前，应注意是否已经开启存储档案，若未开启请先开启。执行整合时，start 频率与 stop 频率应与上一笔数据相同。

步骤 4：读取单一笔数据到计算机

单击 Discrete 按钮，出现图 3.1.9 所示的画面。单击此按钮后，会显示 Peak/QP/AVG 三个小按钮，此时根据接收机目前是以何种模式读取 mark 点（标记点）的数据，按下相对应的点，读取的点资料将会根据选取的读取方式显示在数据上。

步骤 5：标注峰值点

选择轨迹资料，单击 Mark→Manual，按住鼠标右键不放选择资料范围，之后单击鼠标左

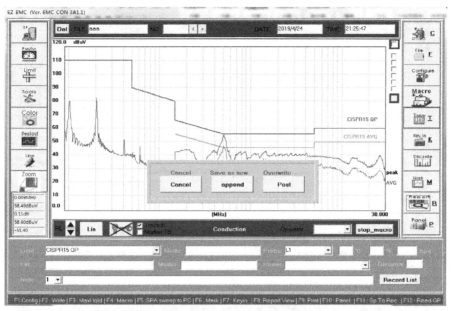

图 3.1.8　扫描并读取频谱仪轨迹数据

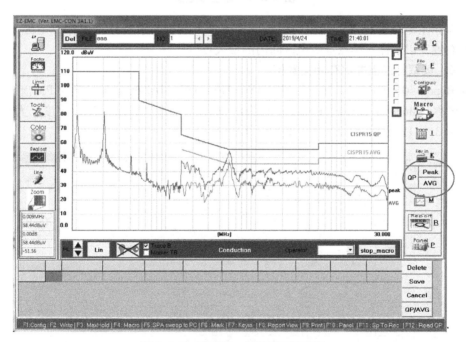

图 3.1.9　读取单一笔数据到计算机

键进行峰值点标注并保存，如图 3.1.10 所示。

　　注意，需要标注 6 个峰值点，选择峰值点时，要同时考虑 Peak 扫描轨迹和 AV 扫描轨迹距离对应限值的距离。

　　Maximum：可设定点数，自动选取最大值。

　　Margin：列出轨迹上所有高于或低于某分贝值的频率点及读值。输入数值后按 Enter 键或单击 Margin 按钮，小窗口会自动关闭，并标记出设定的各点。也可手工操作：直接于轨迹画

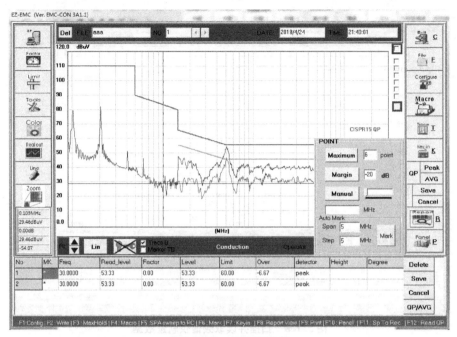

图 3.1.10　标注峰值点

面上按下鼠标左键点选扫描区间内的最大点；或按下右键不放，移动鼠标设定区间大小后，松开鼠标右键，以鼠标左键点选所设区间内的最大点。

步骤 6：读取标注点并保存相关数据

单击 Report→Rd QP/AVG（读取 QP/AVG 值）→OK→Del dt peak（删除 PK 值）→Save→输入 Eut 名称、Model（型号）、Power（电源）、Note（备注）以及温度、湿度、大气压强等信息，如图 3.1.11 所示。

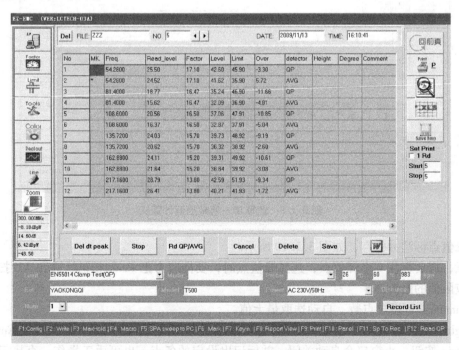

图 3.1.11　读取标注点并保存相关数据

步骤 7：输出报告，进行合格评定

在"Set Print"处选择起止页，单击 Print 按钮，输出测试报告。

根据测试所依据标准的限值来判定测试样品是否合格。

六、小结

电磁兼容是指电子产品发出的电磁骚扰足够小，不会影响周围其他产品的正常工作，同时不因其他产品的骚扰影响其正常工作的状态。电磁兼容包含电磁骚扰和电磁抗扰度两个方面的要求。

电磁骚扰的耦合途径有沿着电源线、信号线或控制线传播的传导骚扰和通过空间辐射传播的辐射骚扰两种。

在电磁骚扰日益严重以及产品认证和市场准入普遍存在的背景下，电磁兼容检测具有重要的现实意义。

电磁骚扰测试需要借助相应的测试软件来完成，不同的电磁骚扰测试系统，可能配置不同厂商开发的测试软件，它们的功能和操作界面通常也不一样，读者应通过实操熟练掌握所用的测试软件。

思考与练习

1. 判断题

（1）电磁骚扰值越大，电磁抗扰度值越小，电子设备的电磁兼容性越好。　（　　）

（2）电磁骚扰按传播途径可以分为传导和辐射两类。　（　　）

（3）电磁兼容的三要素是骚扰源、耦合路径和敏感设备。　（　　）

2. 简答题

（1）什么是电磁兼容？EMI 和 EMS 分别代表什么？

（2）传导骚扰测试中，B 级信息技术设备在 5~30MHz 的限值为 60dBμV，此限值换算为电压的幅值是多少 μV？

（3）简述电磁兼容检测的意义。

项目二

电磁兼容标准

一、电磁兼容检测项目

电磁兼容包括电磁骚扰和电磁抗扰度两个方面。因此，电磁兼容的检测项目，也分为电磁骚扰和电磁抗扰度两大类。

1. 电磁骚扰主要测试项目

电磁骚扰测试，是检测电器产品发出的各种电磁骚扰的大小。主要测试项目有：

1）传导骚扰电压（包括电源端子、通信端子、天线端子等）。

2）辐射骚扰场强。

3）骚扰功率。

4）谐波电流。

5）电压波动和闪烁。

6）喀呖声。

2. 电磁抗扰度主要测试项目

电磁抗扰度测试，是模拟各种类型的干扰并施加到检测对象（受试设备），根据检测对象的反应来判断检测结果是否合格的过程。主要测试项目有：

1）静电放电抗扰度。

2）射频电磁场辐射抗干扰度试验。

3）电快速瞬变脉冲群抗扰度试验。

4）雷击（浪涌）抗扰度试验。

5）射频场感应的传导骚扰抗扰度。

6）电压暂降、短时中断和电压变化的抗扰度试验。

不同的产品或设备，标准对测试项目有不同的要求。以 LED 照明产品为例，表 3.2.1 列出了 LED 照明产品常见的电磁兼容测试项目。

表 3.2.1　LED 照明产品的电磁兼容测试项目

电磁兼容测试项目	类别	主要测试内容	主要测试设备	测试环境
传导骚扰	电磁骚扰	9kHz~30MHz，QP/AV	接收机、人工电源网络	屏蔽室
低频辐射骚扰	电磁骚扰	9kHz~30MHz，QP	接收机、三环天线	屏蔽室
辐射骚扰（电场）	电磁骚扰	30~300MHz，QP	接收机、接收天线	电波暗室

（续）

电磁兼容测试项目	类别	主要测试内容	主要测试设备	测试环境
静电放电抗扰度	电磁抗扰度	接触放电±4kV 空气放电±kV	静电放电发生器、放电枪	无特殊 要求
电快速瞬变脉冲群抗扰度	电磁抗扰度	重复频率 5kHz 最高测试电平±1kV	脉冲群发生器	无特殊 要求
雷击（浪涌）抗扰度	电磁抗扰度	1.2/50μs 最高测试电平±2kV	雷击（浪涌）发生器	无特殊 要求
电压暂降短时中断 和电压变化抗扰度	电磁抗扰度	0%U_T，持续 0.5 周期 70%U_T，持续 10 周期	电压跌落发生器	无特殊 要求
振铃波抗扰度	电磁抗扰度	开路电压波前沿 0.5μs 短路电流波前沿≤1μs 振荡频率 100kHz±10%	振铃波发生器	无特殊 要求

二、电磁兼容相关标准

由于电子电气设备的发展及广泛应用，电磁环境持续恶化。这使得电磁兼容技术得以迅速发展，各国政府和国际组织对电磁兼容问题日益重视。为了规范电子电气设备的电磁兼容性，同时，由于电磁骚扰在频域与时域特性的复杂性，为了不同国家不同地区不同实验室测量结果之间的可比性，必须对测量仪器的各方面指标、测量方法、测量环境等做出详细规范。这便是电磁兼容标准的来源。

电磁兼容标准是使产品在实际电磁环境中能够正常工作的基本要求。

制定电磁兼容标准的国际组织，主要有 CISPR/A 和 IEC TC77，两者同属 IEC（国际电工委员会），是制定电磁兼容标准的两大组织。

CISPR 为法语"国际无线电干扰特别委员会"的缩写，英文全称为 International Special Committee on Radio Interference，成员包括 IEC 的各国委员会、欧洲广播联盟、国际广播电视联盟等。

CISPR 主要针对各种电子电气设备所产生的骚扰制定相关的测试方法和限值（即电磁兼容发射部分标准）。CISPR 各分会及其分工如下：

CISPR/A：无线电干扰测量和统计方法（负责测量原理、试验方法、不确定度研究、对测量仪器的参数要求等基础性研究）。

CISPR/B：工科医（ISM）射频设备、重工业设备、架空电力线、高压设备和电力牵引系统的无线电干扰。

CISPR/D：机动车（船）的电子电气设备、内燃机驱动装置的无线电干扰。

CISPR/F：家用电器、电动工具、照明设备及类似设备的干扰。

CISPR/H：对无线电业务进行保护的发射限值（负责限值研究）。

CISPR/I：信息技术设备、多媒体设备和接收机的电磁兼容。

总结来说，六个分会中，B、D、F、I 分会分管不同的领域，分别引用 A 分会的基本测量原理（试验方法）和 H 分会的限值，结合分管领域的产品特点，制定各自领域的产品类标准。

IEC 成立于 1906 年，是世界上最早的国际性电工标准化机构，总部在日内瓦。1947 年

ISO 成立后，曾合并入 ISO，根据 1976 年 ISO 与 IEC 的新协议，两个组织各自独立，IEC 负责有关电工、电子领域的国际标准化工作，其他领域则由 ISO 负责。

IEC 下属的 TC 77（Technical Committee 77）专门制定电磁抗扰度部分标准及谐波电流、电压波动与闪烁项目标准。

注意，谐波电流、电压波动与闪烁虽属于电磁骚扰（发射）的标准，但骚扰的频率相对较低，而 CISPR/A 制定的发射标准，骚扰的最低频率为 9kHz（因为 CISPR/A 负责的是射频骚扰，相对频率较高）。

TC 77 目前有 1 个工作组和 1 个维护组，分别是 WG 13 负责通用电磁兼容标准，MT 15 负责维护 IEC 61000-1-2 出版物。

TC 77 还有三个分技术委员会（Subcommittee）：

SC 77A：负责低频现象（不大于 9kHz）。目前有 5 个工作组和 1 个项目组，分别是 WG 1：谐波及其他低频骚扰，WG 2：电压波动及其他低频骚扰，WG 6：低频抗扰度试验，WG 8：与网络频率有关的电磁干扰（例如工频磁场抗扰度测试），WG 9：电力质量的测量方法。

SC 77B：负责高频现象（不小于 9kHz）。目前有 2 个工作组、1 个维护组和 3 个联合工作组，分别是 WG 10：负责辐射电磁场和由其感应的传导骚扰的抗扰性，WG 11：负责传导骚扰的抗扰性，但不涉及由于辐射场感应的传导骚扰（WG11 已完成任务，被取消），MT 12：暂态现象抗扰度试验，维护 IEC 61000-4-2、IEC 61000-4-4 等出版物（包括静电放电、累计浪涌、电快速瞬变脉冲群等抗扰度），JWG TEM：CISPR/A 和 SC 77B 联合关于横向电磁波导的工作，JWG REV：CISPR/A 和 SC 77B 联合关于混响室的工作，JWG FAR：CISPR/A 和 SC 77B 联合关于全电波暗室的工作。

SC 77C：负责大功率脉冲现象。目前有 3 个项目组，分别是 PT 61000-4-35：大功率电磁模拟器总揽，PT 61000-5-8：分布的民用设施的高空电磁脉冲保护方法，PT 61000-5-9：高空电磁脉冲和大功率电磁的系统级敏感度评估。

TC 77 的工作组与 CISPR 的不同，当某项工作任务完成之后，该工作组即自行撤销，所以上面的工作组编号是不连续的。

由 CISPR/A、IEC TC77 或其他（区域）标准化组织制定的电磁兼容标准，一般采用 IEC 的标准分类方法，把相关标准分为 3 类，即基础标准、通用标准、产品类标准（包括专用产品标准）。每类标准又分为发射和抗扰度两个方面。这三类标准构成了电磁兼容标准体系，如图 3.2.1 所示。

1. 基础标准

基础标准是制定其他电磁兼容标准的基础，一般不涉及具体的产品。基础标准规定了现象、环境特征、试验和测量方法、试验仪器和基本试验装置，也规定不同的试验等级及相应的试验电平。

电磁兼容基础标准分为两大系列，分别是关于电磁骚扰（发射）的 CISPR 16 系列以及关于电磁抗扰度的 IEC 61000-4 系列，每个系列分别有多个标准，分别对应电磁兼容的具体要求，包括测量仪器、测试方法、限值等要求。例如：CISPR 16-1 无线电骚扰和抗扰度测量设备规范和测量方法　第 1 部分：骚扰和抗扰度测量设备；CISPR 16-2 无线电骚扰和抗扰度测量设备规范和测量方法　第 2 部分：骚扰和抗扰度测量方法；IEC 61000-4-1 抗扰度试验综述；IEC 61000-4-2 静电放电抗扰度试验；IEC 61000-4-3 辐射（射频）电磁场抗扰度试验。

这些都属于电磁兼容基础标准。

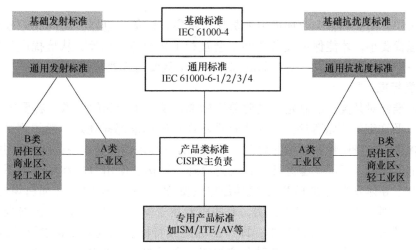

图 3.2.1 电磁兼容标准体系

2. 通用标准

通用标准规定了一系列的标准化试验方法与要求（限值），并指出这些方法和要求所适用的环境。通用标准是对给定环境中所有产品的最低要求。如果某种产品没有产品类标准，则可以使用通用标准。

通用标准按电磁环境来分类。电磁兼容是考察产品与周围环境的电磁兼容性，不同的产品用在不同的环境，就有不同的电磁兼容要求。一个产品如果尚无对应的产品类标准，就根据其所使用的环境进行电磁兼容方面的考察。通用标准根据产品所在的环境来引用基础标准。根据所在环境不同，限值和抗扰度也不同。

通用标准将环境分为两类：

A. 居住、商业和轻工业环境

① 居住环境：如住宅、公寓等居住场所。

② 商业环境：如商店、超市等零售网点；办公楼、写字楼、银行等商务楼宇；电影院、酒吧、餐厅、舞厅等公共娱乐场所；加油站、停车场、游乐园等室外场所。

③ 轻工业环境：如工场、实验室、维修中心等轻工业场所。

凡是通过公共电网直接获得低压供电的场所均属于居住、商业和轻工业环境。

B. 工业环境

① 工科医（ISM）设备的工作场所。

② 大的感性负载或容性负载频繁开关的场所。

③ 大电流并伴有强磁场的场所。

工业环境包括工业场所的室内和室外环境。

对应两类电磁环境，通用标准共有四个，见表 3.2.2。

表 3.2.2　通用标准

编号	名称	对应国家标准
IEC 61000-6-3	居住、商业和轻工业环境中的发射试验	GB 17799.3
IEC 61000-6-4	工业环境中的发射试验	GB 17799.4
IEC 61000-6-1	居住、商业和轻工业环境中的抗扰度试验	GB/T 17799.1
IEC 61000-6-2	工业环境中的抗扰度试验	GB/T 17799.2

显然，居住、商业和轻工业环境中人员比较密集，设备（电器）之间相距较近，故要求产品产生的骚扰要小，才能保证设备之间不会互相干扰影响。相反，从抗扰度的角度看，工业环境中设备产生的骚扰很大，对产品的抗扰度要求就要比 A 类环境要高。

3. 产品类标准

产品类标准针对某类产品制定的电磁兼容标准，规定了特殊的电磁兼容要求（发射或抗扰度限值）以及详细的测量程序。产品类标准不像基础标准那样规定一般的测试方法，它比通用标准包含更多的特殊性和详细的规范，其测量方法和限值须与通用标准相互协调。

以照明电器为例，不同类型灯具，其发光原理、结构、使用目的和场合都不一样，例如发光原理就有半导体发光（如 LED）、气体放电（如 HID 灯）、热辐射（如白炽灯）等多种，灯具结构千差万别，有些用于室内照明，有些则专用于室外（如路灯）。在安全与性能测试中，每一种灯具都有自身特殊的标准，即产品标准或特标。但电磁兼容检测就没分那么细，所有灯具都归结为照明电器，只有发射和抗扰度两个标准，分别引用相应的电磁兼容基础标准（试验项目、原理、方法等）。产品类标准根据产品自身的特点选择适用的限值；抗扰度标准则是根据自身所在的环境，选择基础标准中适用的试验等级以及性能要求。

产品类标准把产品类别分成若干大类，如家用电器和电动工具、照明灯具、信息技术设备、工科医射频设备、声音和广播电视接收设备等，是根据特定产品类别而制定的电磁兼容性能的测试标准，包含产品的电磁骚扰发射和抗扰度要求两方面的内容。产品族标准中所规定的试验内容及限值应与通用标准相一致，但与通用标准相比较，产品族标准根据产品的特殊性，在试验内容的选择、限值及性能的判据等方面有一定特殊性（如增加试验的项目和提高试验的限值）。

产品族标准是电磁兼容性标准中占据份额最多的一类标准。表 3.2.3 是常用的产品类标准。

表 3.2.3　常用的产品类标准

编号	名称	类别	制定者
CISPR 11	工科医射频设备电磁骚扰特性限值和测量方法	产品类	CIS/B
CISPR 12	车辆、船和内燃机无线电骚扰特性场外接收机保护用测量方法和限值	产品类	CIS/D
CISPR 13	收音机和电视接收机及有关设备的无线电骚扰特性的测量方法和限值	产品类	CIS/I
CISPR 14-1	家用电器、电动工具和类似器具的电磁兼容要求　第 1 部分：发射	产品类	CIS/F
CISPR 14-2	家用电器、电动工具和类似器具的电磁兼容要求　第 2 部分：抗扰度	产品类	CIS/F
CISPR 15	荧光灯和照明装置无线电骚扰特性的测量方法和限值	产品类	CIS/F
CISPR 17	无源无线电滤波器及抑制组件抑制特性的测量方法	产品类	CIS/A
CISPR 18-1	架空电力线路和高压设备的无线电骚扰特性　第 1 部分：现象描述	产品类	CIS/B
CISPR 18-2	架空电力线路和高压设备的无线电骚扰特性　第 2 部分：确定限值的测量方法和程序	产品类	CIS/B

（续）

编号	名称	类别	制定者
CISPR 18-3	架空电力线路和高压设备的无线电骚扰特性 第3部分：减少由架空电力线路和高压设备产生的无线电噪声的措施指南	产品类	CIS/B
CISPR 19	采用替代法测量微波炉在1GHz以上频率所产生辐射的导则	产品类	CIS/B
CISPR 20	声音和电视广播接收机及有关设备抗扰度的测量方法和限值	产品类	CIS/I
CISPR 22	信息技术设备的无线电骚扰的测量方法和限值	产品类	CIS/I
CISPR 23	工科医设备骚扰限值的确定	产品类	CIS/I
CISPR 24	信息技术设备的抗扰度测量方法和限值	产品类	CIS/I
CISPR 25	为保护车辆、船舶和内燃机上安装的接收机而制定的无线电特性的骚扰限值和测量方法	产品类	CIS/D

应当指出，电磁兼容标准也是不断更新的。举例来说，电视接收机要求遵循 CISPR 13 的限值和测量方法，而计算机对应的是 CISPR 22（信息技术设备）的限值和测量方法。这两个标准彼此独立，并提供不同的测量限值和方法，以及被测设备的不同配置。当开发数字电视接收机时，在同一个盒子中同时具有广播接收机和计算机，因此，CISPR 13 和 CISPR 22 都适用于该产品。由于两种标准之间的限制和测试方法不同，每种标准都必须单独处理，这增加了产品认证过程的时间和成本。

由于技术和产品的融合，解决数字电视接收机的电磁排放标准，问题变得复杂。因为 CISPR 13 保存在 CISPR 小组委员会 E（广播接收机）中，CISPR 22 保存在 CISPR 小组委员会 G（信息技术设备）中。如果需要找到一种方法来协调两个标准，或者编写一个新标准，那么拥有两个独立的小组委员会并不是有效的方法。于是，CISPR/E 和 CISPR/G 于 2001 年合并，组成了新的 CISPR 小组委员会 CISPR/I（信息技术设备、多媒体设备和接收机的电磁兼容性）。

CISPR/I 的工作组 WG2 负责制定新的多媒体设备发射标准 CISPR 32，WG4 负责制定新的多媒体设备抗扰度标准 CISPR 35。

CISPR 32 是多媒体设备（包括数字电视接收机）制造商的重要标准，并提供统一的方法来展示对这些产品的发射水平进行合理控制。已经符合 CISPR 22 要求的产品应该看到由于在不久的将来切换到 CISPR 32 而对其设计没有影响。

经过多年的标准创建，2012 年 CISPR 发布了 CISPR 32，该标准取代了 CISPR 13（广播接收机的排放）和 CISPR 22（信息技术设备的排放）。在欧盟，此新标准发布为 EN 55032。2015 年，发布了 CISPR 32/EN 55032 的第 2 版。自 2017 年 3 月 2 日起，在欧盟出售的任何产品（CE 标志）并事先经过 EN 55013、EN 55022 或 EN 55103-1 的测试，都必须满足 CISPR 32/EN 55032 的要求。

三、世界主要国家和地区电磁兼容标准及实施情况

鉴于电磁兼容问题的日益重要，几乎所有的发达国家和大部分发展中国家都制定了电磁兼容标准。

经济发达国家和地区常采取立法手段和产品认证程序来管理相关产品的电磁兼容性能，对不符合相关法规的产品或企业采取非常严厉的处罚措施。影响范围较广的有欧盟的 CE-EMC 指令和美国的 FCC 法规。

世界各国和地区对于电磁兼容的管理，一般可分为两种型式：

1）部分国家和地区只管制产品的电磁骚扰，对抗扰度没有要求，如美国。

2）部分国家和地区包括电磁骚扰和电磁抗扰度的管制，如欧盟。

1. 欧盟——CE 指令和 CE 标志

欧盟 89/336/EEC 电磁兼容指令要求从 1996 年开始，凡欲进入欧共体市场的电子、电器和相关产品一定要符合有关电磁兼容标准要求，并在产品上粘贴符合性标志"CE"。（注：使用"CE"标志，除满足电磁兼容指令外，还应符合相应的低电压指令"LVD"等所有相关指令的要求）。

欧盟对有关产品的电磁兼容性要求一般包括电磁骚扰和电磁抗扰度两个方面的内容。

CE 指令由欧盟总部所制定，该指令落实到各成员国，由成员国立法成为国内法令之后，就具有强制性。

CE 标志是采取自我宣告（EC Declaration of Conformity，DoC）方式。如果产品满足了电磁兼容要求，检测单位会将产品的型式试验（Type Test）报告等给厂商。厂商建立产品技术档案，自我宣告产品已符合相关指令，按规定制作 CE 标志，贴于适当位置。

2. 美国——FCC 法规和 FCC 标志

（1）FCC 法规

美国联邦通信委员会（Federal Communications Commission，FCC）在 1979 年特别制定各种产品的电磁辐射干扰法规，法规编号从 Part0 到 Part100，涵盖了各项电机、电子产品。

FCC 目前对有关产品的要求主要是电磁骚扰特性。FCC Part15、Part18、Part68 分别是关于射频设备（含广播接收机、数字设备等）、工科医射频设备和通信设备的电磁骚扰特性的限制要求。

以国内厂家最关心的 FCC Part15 为例，此部分是管制产品电磁辐射部分，主要分为非有意辐射产品与有意辐射产品两大类。

随着产品的日新月异，FCC 制定电磁辐射干扰法规已逐渐朝着 CISPR 的标准编定方式在修订。

（2）FCC 标志

自 1996 年 8 月起，部分产品采用通过制造商自我宣告（DoC）的模式。只要厂商的产品在 FCC 法规分类中属于 DoC 类，产品满足了电磁兼容要求后，便可以依照检验单位提供的产品型式试验报告等证明文件，实行自我宣告。

若厂商的产品在 FCC 法规分类中属于认证（Certification）类产品，则厂商必须先加入 FCC。

产品满足了电磁兼容要求后，便可以依照检验单位提供的型式试验报告等证明文件向 FCC 认可的 TCB（Telecommunications Certification Body，电信认证机构）申请 FCC ID。

按规定做成 FCC 标志，贴于产品适当位置。

3. 日本——VCCI 法规和 VCCI 标志

日本自 1985 年起，由机械、电子等四个产业公会联合起来，成立一个类似财团法人团体 VCCI（Voluntary Control Council for Interference，日本电磁干扰控制委员会），制定出一个自愿性认证法。其中 VCCI 法规的 V-2 便是电磁辐射干扰规定。

1995 年起，厂商只要加入 VCCI，并每年缴交年费，便可依照检验单位提供的产品型式试验报告等证明文件，向日本 VCCI 报备登录。按规定制作 VCCI 标志，贴于产品适当位置。

4. 新西兰与澳大利亚的电磁兼容管理

新西兰与澳大利亚的电磁兼容管理主要是依据 1992 年公告的无线电波法（Radio Communication Act）。该法规于 1996 年 1 月 1 日生效，1997 年 1 月 1 日起强制实施。

信息技术设备产品需符合 AS/NZS 3548 电磁辐射干扰规定。

澳大利亚所管制的电磁兼容架构与欧盟 CE-Marking 的电磁兼容大致雷同，均采用自我认证的方式。依产品标准执行且通过测试后，签署自我宣告书即可。

所不同的是宣告书必须由澳大利亚境内的进口商、供货商或制造商签署宣告。

另外，澳大利亚政府还要求每一澳大利亚本地的供货商或进口商必须向其执行单位 ACA（Australian Communications Authority，澳大利亚通信管理局）登录。按规定制作 C-Tick 标志，贴于产品适当位置。

5. 国内电磁兼容的发展与 3C 认证的电磁兼容要求

为了减少电磁干扰所造成的危害，提高产品的电磁兼容性能，保护人身健康、设备安全和电磁环境，保护用户和消费者的利益，自 20 世纪 80 年代以来，国家质量技术监督局开始系统地组织制定有关电磁兼容的国家标准，到目前已制定了近百个国家标准。这些标准的实施，为提高产品和系统的电磁兼容性能起到了极大的促进作用。

从 20 世纪 90 年代开始，我国逐步开始对电子、电器及其他相关产品的电磁兼容性能进行相应的管理。对国内生产销售的产品主要通过国家或地方、行业质量管理部门组织的产品质量市场监督抽查，工业产品生产许可证制度，电磁兼容认证等方式进行管理。

对进口产品，则通过进口商品安全质量许可证制度和电磁兼容强制检验来进行管理。自 2000 年开始对六类进口商品（个人计算机、显示器、打印机、开关电源、电视机和音响设备）实施电磁兼容强制检验。

到 21 世纪初，随着我国经济的进一步发展和对外开放的持续深入，我国在进口产品质量安全许可和强制性产品认证工作上存在内外不一致的问题日益突出。为此，国务院领导做出了对进口产品质量安全许可制度和国产品强制性认证制度实行"四个统一"的批示，即统一标准、技术法规和合格评定程序；统一目录；统一标志；统一收费。

为此，国家质量监督检验检疫总局和国家认证认可监督管理委员会共同制定了《强制性产品认证管理规定》，自 2002 年 5 月 1 日起施行，过渡期为一年。

强制性产品认证的主管单位为国家认证认可监督管理委员会。认证标志的名称为"中国强制性产品认证"（英文名称为 China Compulsory Certification，缩写为 CCC），简称为 3C 标志，这便是 CCC 认证或 3C 认证的来源。

2001 年 12 月 3 日发布《第一批实施强制性产品认证的产品目录》（以下简称为《目录》），目录共有 19 类 132 种产品。按《强制性产品认证管理规定》要求，凡列入强制性产品认证目录的产品，必须经国家指定的认证机构认证合格、取得指定认证机构颁发的认证证书、并加施认证标志后，方可出厂销售、进口和在经营性活动中使用。

对列入目录内的产品，从 2002 年 5 月 1 日起受理申请，自 2003 年 5 月 1 日起，未获得强制性产品认证证书和未加施中国强制性产品认证标志的产品不得出厂、进口、销售。后来国家认证认可监督管理委员会发布 2003 年第 38 号公告，将强制实施日期推迟到 2003 年 8 月 1 日。

与此前的管理方式不同的是，3C 认证首次在国内将电磁兼容的管理纳入强制性认证的范畴（此前只是对六类进口商品实施电磁兼容强制检验）。凡是列入 3C 目录的产品，按相应的强制性认证实施规则，若包含电磁兼容检测项目，则对其电磁兼容强制检验作为 3C 认证一部分内容来管理。

3C 认证是我国为保护消费者人身安全、保护动植物生命安全，保护环境、保护国家安全，依照有关法律法规实施的一种强制性产品认证制度。现阶段，我国相应的质量管理部门主要以下几种方法来展开对电磁兼容的质量管理：对列入 3C 目录的产品，通过 3C 认证的方式进行管理；对未列入 3C 目录的产品，则通过自愿认证的方式进行管理。另外，无论产品是否列入 3C 目录，只要在国内生产或销售，都需要接受国家或地方的行业或质量管理部门组织的产品质量市场监督抽查和行业监督抽查。对抽查产品的电磁兼容检测按国家相应的强制实施标准进行。

四、小结

电磁兼容标准是为了规范电子电器产品的电磁兼容性，同时为了保证测量结果之间的可比性而制定的一系列电磁兼容测量标准，对测量仪器的各方面指标、测量方法、测量环境等做出详细规范。

制定电磁兼容标准的国际组织，主要有 CISPR/A 和 IEC TC77，两者同属 IEC，是制定电磁兼容标准的两大组织。我国的电磁兼容标准绝大多数采纳这类国际标准。

电磁兼容标准分为基础标准、通用标准和产品类标准三大类，每类又可分为发射和抗扰度两个方面。

几乎所有的发达国家和大部分发展中国家都制定了电磁兼容标准，影响范围较广的有欧盟的"CE-EMC"指令和美国的 FCC 法规。我国的 CCC 认证从 2003 年开始实施，将 EMC 纳入强制性认证的范畴。

思考与练习

1. 单选题

（1）IEC 61000-6-1 是什么级别的标准？（   ）

A. 基础标准   B. 通用标准   C. 产品标准   D. 系统标准

（2）IEC 61000-4-2 是什么级别的标准？（   ）

A. 基础标准   B. 通用标准   C. 产品标准   D. 系统标准

（3）通用标准将环境分为（   ）类。

A. 两   B. 三   C. 四   D. 五

2. 简答题

（1）电磁骚扰检测项目主要有哪些？

（2）电磁兼容标准体系包括哪几大类标准？

（3）CISPR/A 标准中，哪个系列属于基础标准？

（4）列举五个我国的产品类标准的编号与名称。

项目三

电磁骚扰测试概述

3

一、电磁骚扰测试及测试项目

电磁骚扰测试考察的是样品（EUT）对外界产生的骚扰大小。

不同项目有不同测试标的、测试方法和限值要求。测试完成后，用实测值与限值做比较，不超过限值就可以认定测试合格。

电磁骚扰主要测试项目有：

1）端子骚扰电压（传导）（9kHz~30MHz）。

2）骚扰功率（30~300MHz）。

3）辐射（30MHz~1GHz 或更高频率）。

4）辐射（9kHz~30MHz）（低频，用三环天线或杆天线测量）。

5）断续骚扰（0.15MHz，0.5MHz，1.4MHz，30MHz）。

6）谐波电流（100Hz~2kHz）。

7）电压波动与闪烁。

二、测试项目简介

每个项目简介如下：

（1）端子骚扰电压（传导骚扰（CE））

端子骚扰电压测试又叫传导发射测试或传导骚扰测试，考察的是 EUT 在导线上产生的骚扰电压的大小，骚扰源可以是电源端子（通过电源线传播到电网的骚扰）、负载端子、控制端子或信号端子。

大部分产品考察的频率范围是 0.15~30MHz，照明设备（灯具）和感应类炊具（如电磁炉）需要从 9kHz 开始。

不同的产品类标准给出相应的骚扰电压限值，单位是 dBμV。

（2）骚扰功率

对于仅连接一根电源线（或其他类型引线）的小型 EUT，例如家用电器和电动工具，标准认为：引线上由共模电流引起的辐射发射，远远大于 EUT 表面向外的辐射。骚扰功率测试考察 EUT 产生的通过导线传播时从导线辐射到周围空间的那部分高频骚扰，即考察产品的外部连接线通过空间辐射的骚扰是否满足标准的要求。测试方法是，在导线表面套一个功率吸收钳，吸收钳的铁氧体材料吸收导线辐射出来的骚扰，转化为电压信号，通过同轴电缆输入到电磁骚扰接收机，测量骚扰功率的大小。

骚扰功率测试的频率范围是 30~300MHz（音视频设备要求测量的频率范围为 30MHz~1GHz），刚好与传导骚扰衔接，考察的是比较高频的骚扰。

不同的产品类标准给出相应的骚扰功率限值，单位是 dBpW。

（3）辐射骚扰（RE）

辐射骚扰测试考察 EUT 中产生的并且通过空间辐射传播的骚扰，通常在电波暗室内测量。在距离 EUT 3m 或 10m 处放置天线接收，以场强的大小来衡量，单位是 dBμV/m。绝大部分产品要求的测试频率范围是 30MHz~1GHz，对于某些工作频率较高的产品，其频率上限更高，例如某些信息技术产品最高考察到 6GHz，而微波炉类需要考察 1~18GHz。

辐射骚扰和骚扰功率测试的都是 30MHz 以上的辐射骚扰，它们的区别和联系说明如下：

辐射骚扰不仅考察 EUT 从线缆辐射的骚扰，同时也考察 EUT 从外壳辐射的骚扰。骚扰功率是一个简单的替代方法，只考察通过线缆辐射的骚扰。因为电波暗室造价较高，对于家电或音视频产品，由于工作频率不高，为了便于产品研发（不用投入成本建立电波暗室），电磁兼容专业人士便设计了"骚扰功率"这个替代项目，在屏蔽室内使用功率吸收钳，通过衡量线缆周围辐射的大小去衡量产品辐射的大小。严格来说，骚扰功率只是辐射骚扰的简单替代方法，不能完全反映产品对外界的辐射情况，只能算是间接的考察方法，优点是缩短了测试时间和节省了场地费用（可以在屏蔽室内进行而无需半电波暗室）。

（4）低频辐射

低频辐射考察的频率是 9kHz~30MHz，与传导骚扰的频率重合。频率较低的骚扰，大部分能量从导线的中心导体传播，但还是有少部分能量会以辐射形式传播，对于某些产品需要考察其辐射大小，例如照明产品和感应式炊具（如电磁炉），均要使用三环天线进行低频辐射测试。

汽车电子也要做低频辐射，在电波暗室中用杆天线测量。

（5）断续骚扰

以上说的四类骚扰都属于连续骚扰，考察的是 EUT 在稳定运行状态下产生的骚扰。EUT 在负载切换或开关的瞬间也会产生骚扰，称为断续骚扰。因为运行状态切换的持续时间不长（例如，空调的压缩机由停到开，或者由开到停的时间很短，之后就是稳定的状态），断续骚扰只考察在导线中传播的骚扰，与传导骚扰类似，只是考察的状态不一样。传导骚扰考察的是整个频段的骚扰情况，断续骚扰只考察四个频点（0.15MHz、0.5MHz、1.4MHz 和 30MHz）下的骚扰，分别间接考察每一段频率的断续骚扰的情况。

（6）谐波电流

谐波电流属于低频骚扰，考察的是 2~40 次谐波电流的大小。我国的基波频率是 50Hz，2~40 次谐波的频率范围是 100Hz~2kHz。谐波电流产生的原因是电路中存在非线性元器件，引起电流畸变。畸变后的电流用傅里叶级数展开即可得到各次谐波的幅值。

（7）电压波动与闪烁

EUT 工作时，其负载在开或关的瞬间会造成电压的波动，对于接在同一电网下某些对电压变化敏感的设备造成骚扰。为了控制产品在负载切换或开停瞬间对电网造成的波动，需要检测这个项目。

三、电磁骚扰测试项目分类

综上所述，对电磁骚扰测试项目进行梳理，分类如下。

按传播途径分类，可以分为

1）骚扰通过电源线传播到电网，在电线的中心导体内传播。包括：端子骚扰电压（传导）（9kHz~30MHz），断续骚扰（0.15MHz，0.5MHz，1.4MHz，30MHz），谐波电流（100Hz~2kHz）。

这三个项目，骚扰的形成原因比较接近。电压波动与闪烁也在导线传播，但形成原因不同。

2）骚扰通过电磁波辐射的形式，在空间里传播。包括：辐射（30MHz~1GHz或更高频率），辐射（9kHz~30MHz），骚扰功率（30~300MHz）。

按考察的样品运行状态分类，可以分为

1）主要考察样品稳定运行状态下产生的骚扰。包括：端子骚扰电压（传导）（9kHz~30MHz），谐波电流（100Hz~2kHz），辐射（30MHz~1GHz或更高频率），辐射（9kHz~30MHz），骚扰功率（30~300MHz）。

2）主要考察样品负载起动或停止瞬间产生的骚扰。包括：断续骚扰（0.15MHz，0.5MHz，1.4MHz，30MHz），电压波动与闪烁。

下面将陆续介绍这些骚扰的来源特点、测试原理或测试方法、检测标准、所用的测试仪器（设备）等。

四、小结

电磁骚扰测试考察的是样品（EUT）对外界产生的骚扰大小。不同项目有不同测试标的、测试方法和限值要求。测试完成后，用实测值与限值作比较，不超过限值就可以认定测试合格。

常见的电磁骚扰测试项目有7个。按传播途径分，可以分为传导骚扰（通过导体传播）以及辐射骚扰（通过空间辐射传播）；按样品运行状态分，可以分为样品稳定运行状态下产生的骚扰以及样品负载起动或停止瞬间产生的骚扰。

思考与练习

1. 判断题

（1）注入电流不属于电磁骚扰范围内的测试项目。　　　　　　　（　　）

（2）谐波电流属于辐射骚扰。　　　　　　　　　　　　　　　　（　　）

（3）对照明灯具而言，端子骚扰电压的测试频率范围是150kHz~30MHz。（　　）

（4）在我国，谐波电流的考察频率范围为100Hz~2kHz。　　　　（　　）

2. 简答题

（1）电磁骚扰测试项目中，哪些属于传导骚扰，哪些属于辐射骚扰？

（2）辐射骚扰和骚扰功率测试有何区别？

项目四

传导骚扰测试

4

一、传导骚扰测试基础知识

1. 传导骚扰概述

受试设备（EUT）在工作时，会产生各种频率的骚扰。根据电磁理论，电信号的辐射能力与信号频率或频谱有关。当频率较低时，信号主要是沿电线电缆进行传播，即以"路"的方式进行传输；频率越高，向空间以辐射传播的能力越强，高频骚扰主要以"场"的方式进行传播。

EUT 在工作状态下产生并通过电源线、信号线或控制线传播的骚扰，称为传导骚扰，也叫作传导发射（Conducted Emission，CE），如图 3.4.1 所示。

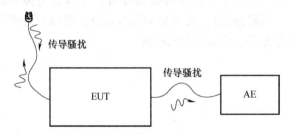

图 3.4.1　传导骚扰示意图

EUT 通过电源线发出的骚扰过大，就会影响整个电网的供电质量，从而干扰到同一电网内其他设备的正常运行。因此，有电源线的电子电器产品通常都需要做传导骚扰测试（很多需要直流供电的产品也涉及）。另外，部分标准中对有信号/控制线的产品也有传导发射测试要求。

2. 传导骚扰测试的目的

检测 EUT 向电源线或信号线/控制线传播的骚扰大小，判断 EUT 是否符合相应标准的要求。

3. 传导骚扰测试标准

传导骚扰测试的基础标准为 GB/T 6113.201—2018（等同采用 CISPR 16-2-1：2014），2018 年 12 月 28 日发布，2019 年 7 月 1 日开始实施。

需要进行传导骚扰测试的产品范围包括信息技术产品、音视频产品、照明灯具、家电、多媒体设备、工科医产品等，相应的产品类标准见表 3.4.1。

表 3.4.1　传导骚扰测试产品类标准

EUT 类型	标准编号	标准名称	频率范围
信息技术设备	GB/T 9254.1 CISPR 32	信息技术设备、多媒体设备和接收机　电磁兼容　第1部分：发射要求	
家电和电动工具	GB 4343.1 CISPR 14-1	家用电器、电动工具和类似器具的电磁兼容要求　第1部分：发射	
音视频设备	GB/T 9254.1 CISPR 32	信息技术设备、多媒体设备和接收机　电磁兼容　第1部分：发射要求	150kHz～30MHz
工科医设备	GB 4824 CISPR 11	工业、科学和医疗设备　射频骚扰特性　限值和测量方法	
多媒体设备	GB/T 9254.1 CISPR 32	信息技术设备、多媒体设备和接收机　电磁兼容　第1部分：发射要求	
照明灯具	GB/T 17743 CISPR 15	电气照明和类似设备的无线电骚扰特性的限值和测量方法	9kHz～30MHz

其他产品及产品类标准都是引用以上标准的测试方法，以引用 CISPR 22 居多。

对传导骚扰而言，产品类标准引用了基础标准中的测量方法。试验时，首先参考产品类标准的相关要求，如果有疑问或产品类标准说得不够具体，就要看最新版本的基础标准。

传导测试的频率范围为一般是 150kHz～30MHz，照明灯具对 9～150kHz 也有要求，因此测试频率范围为 9kHz～30MHz。

传导骚扰测试的限值通常用骚扰电压表示，单位是 dBμV。

下面以标准 GB/T 9254.1—2021《信息技术设备、多媒体设备和接收机　电磁兼容　第1部分：发射要求》为例，对标准的要求进行说明。

GB/T 9254.1—2021 为推荐性国家标准，等同采用国际标准 CISPRA 32：2015。在电磁兼容标准体系中，属于产品类标准。

该标准适用于信息技术设备（ITE），规定了测量 ITE 所产生的电磁骚扰电平的程序。规定的 A 级和 B 级设备骚扰限值适用于 9kHz～400GHz。对于尚未规定限值的频段，不必测量。

（1）相关定义和术语

① 信息技术设备（ITE）

● 其主要功能为能对数据和电信消息进行录入、存储、显示、检索、传递、处理、交换或控制（或几种功能的组合），该设备可以配置一个或多个通常用于信息传递的终端端口。

● 额定电压不超过 600V。

ITE 包括数据处理设备、办公设备、电子商用设备、电信设备等。

按照《国际联盟（ITU）无线电规则》，那些主要功能是发射和（或）接收的任何设备（或 ITE 的一部分）及那些在有关国家标准中对该频段内的所有骚扰要求有明确规定的设备，不包括在该标准的范围内。

② 受试设备（EUT）

有代表性的一个 ITE 或功能上有交互作用的一组 ITE（即系统），它包含一个或多个宿主单元，并被用来对 ITE 进行评定。

③ 电信/网络端口（Telecommunication/Network port）

连接声音、数据和信号传递的端口，旨在通过直接连接多用户电信网（如公共交换电信网（PSTN）、综合业务数字网（ISDN）、x 型数字用户线（xDSU）等）、局域网（如以太网、令牌环网等）以及类似网络，使分散的系统相互连接。

（2）测试项目（传导骚扰部分）

- 电源端子传导骚扰电压：150kHz~30MHz。
- 电信端口传导共模骚扰：150kHz~30MHz。

电源端子传导骚扰电压和电信端口传导共模骚扰的差异见表 3.4.2。

表 3.4.2　电源端子传导骚扰电压和电信端口传导共模骚扰

对象	电源端子传导骚扰电压	电信端口传导共模骚扰
被测端口	电源端子	电信端口
检波方式	准峰值（QP）、平均值（AV）	准峰值（QP）、平均值（AV）
设备	人工电源网络（AMN）	阻抗稳定网络（ISN）
限值	骚扰电压	骚扰电压、骚扰电流
电压类型	非对称电压（V 端子电压）	不对称电压（共模电压）

（3）ITE 分级

ITE 分为 A 级和 B 级两大类。

B 级 ITE 是指满足 B 级骚扰限值的那类设备，主要用于生活环境中，包括：

—不在固定场所使用的设备，例如由内置电池供电的便携式设备；

—通过电信网络供电的电信终端设备；

—个人计算机及相连的辅助设备。

注：所谓生活环境，是指那种有可能在离相关设备 10m 远的范围内使用广播和电视接收机的环境。

A 级 ITE 是指满足 A 级限值但不满足 B 级限值要求的那类设备。

（4）限值及其含义

电源端子传导骚扰电压限值见表 3.4.3。

表 3.4.3　电源端子传导骚扰电压限值

频率范围/MHz	B 级 ITE		A 级 ITE	
	准峰值/dBμV	平均值/dBμV	准峰值/dBμV	平均值/dBμV
0.15~0.50	66~56	56~46	79	66
0.50~5	56	46	73	60
5~30	60	50	73	60

注：1. 在过渡频率 0.50MHz 和 5MHz 处应采用较低的限值。

　　2. B 级 ITE 在 0.15~0.5MHz 范围内，限值随频率的对数呈线性减小。

　　3. 准峰值和平均值限值应同时满足。

大部分产品只考察准峰值和平均值。在 0.15~30MHz 频率范围内，分为三个频段，分别定义了准峰值（QP）和平均值（AV）的限值。以 B 级 ITE 为例，对限值要求说明如下：

在 0.50~5MHz 频率范围内，准峰值的限值为 56dBμV，平均值的限值为 46dBμV。

在 5~30MHz 频率范围内，准峰值的限值为 60dBμV，平均值的限值为 50dBμV。但注意表 3.4.3 中注 1 的说明，在过渡频率处应采用较低的限值，因此 5MHz 频率点准峰值的限值是 56dBμV 而不是 60dBμV，平均值的限值是 46dBμV 而不是 50dBμV。

在 0.15~0.5MHz 频率范围内，限值随频率的对数呈线性减小，据此可以计算该频率范围内任何一个频点的限值。

【例】 已知 QP 限值在 0.15MHz 处为 66dBμV，在 0.5MHz 为 56dBμV，求 0.15412MHz 处的 QP 限值。

设所求的 QP 限值为 y，依题意可得

$$\frac{66-y}{\lg 0.15 - \lg 0.15412} = \frac{y-56}{\lg 0.15412 - \lg 0.5}$$

因此，0.15412MHz 处的 QP 限值 $y = 65.774944$dBμV。

0.15~0.5MHz 频率范围内，准峰值的限值曲线可用图 3.4.2 表示。

图 3.4.2　0.15~0.5MHz 范围内限值随频率的对数呈线性减小

电信端口传导共模骚扰限值，电压限值见表 3.4.4，电流限值见表 3.4.5。

表 3.4.4　电信端口传导共模骚扰电压限值

频率范围/MHz	B 级 ITE		A 级 ITE	
	准峰值/dBμV	平均值/dBμV	准峰值/dBμV	平均值/dBμV
0.15~0.50	84~74	74~64	97~87	84~74
0.50~30	74	64	87	74

表 3.4.5　电信端口传导共模骚扰电流限值

频率范围/MHz	B 级 ITE		A 级 ITE	
	准峰值/dBμA	平均值/dBμA	准峰值/dBμA	平均值/dBμA
0.15~0.50	40~30	30~20	53~43	40~30
0.50~30	30	20	43	30

注：1. 在 0.15~0.5MHz 频率范围内，限值随频率的对数呈线性减小。

2. 电流和电压的骚扰限值是在使用了规定阻抗的阻抗稳定网络（ISN）条件下导出的，该阻抗稳定网络对于受试的电信端口呈现 150Ω 的共模（不对称）阻抗（转换因子为 20lg150＝44dB）。

3. 准峰值限值和平均值限值应同时满足。

二、测试仪器及其布置

1. 测试用仪器设备

传导骚扰测试使用以下仪器：

（1）电磁骚扰测量接收机

电磁骚扰测量接收机也叫电磁干扰测量仪或电磁骚扰接收机，是电磁兼容应用最广和最基本的测量设备。接收机以点频法为基础，应用本振调谐的原理测试相应频点的电平值。接收机的扫描模式以步进点频调谐的方式得到。

由于电磁骚扰通常是微弱的连续信号或幅度很大的脉冲信号，要求测量接收机具有很低的噪声水平和很高的灵敏度，检波器的动态范围大，输入阻抗低（50Ω），前级电路的过载能力强（必要时可附加输入衰减器）。

电磁骚扰接收机常用的检波方式有三种，分别是准峰值检波、峰值检波和平均值检波。它们各自的特点是

1）平均值（AV）检波。检波器的充放电时间常数相同，适用于对连续骚扰信号的测量。

2）峰值（PK）检波。检波器的充电时间常数很小，即使是持续时间很短的脉冲也能很快充电到稳定值。但放电时间常数很大，因此，检波的输出电压可以在很长时间内保持在峰值。

3）准峰值（QP）检波。检波器的充放电时间常数介于平均值和峰值之间，在测量周期内的检波器输出既与脉冲幅度有关，又与脉冲重复频率有关，其输出与骚扰对听觉产生的效果一致。

由于大多数电磁干扰都是脉冲干扰，具有特定时间常数的准峰值检波器，可以直观反映脉冲骚扰随着重复频率的增高而增大的效果。平均值检波和峰值检波都不足以描述脉冲的幅度、宽度和频度对听觉造成的影响，只有准峰值检波才比较符合人的听觉规律，因此 CISPR 推荐的电磁兼容规范常采用准峰值检波。

但是，准峰值检波面临的实际问题是测量时间太长，每个频率点的测量周期为 1s，而峰值检波每个频率点的测量周期为 20ms。表 3.4.6 列出了采用准峰值检波和峰值检波的测试时间对比。

表 3.4.6　准峰值检波和峰值检波的测试时间对比

频率范围	带宽	步长	步数	最小扫描时间 （准峰值）	最小扫描时间 （峰值）
150kHz~30MHz	9kHz	5kHz	5970	5970s＝1h40min	119.4s＝2min
30~1000MHz	120kHz	50kHz	19400	19400s＝5h23min	388s＝6min

从表 3.4.6 中可以看出，采用准峰值检波进行测量占用的时间很长，测试效率低。实际操作中，常用峰值检波作为首轮测试（称为预扫）。因为上述的三种检波法中，用峰值检波法得到的测量值最高，准峰值次之，平均值最低，即同一频率下，峰值>准峰值>平均值。如果首轮的测量值比标准规定的准峰值和平均值限值都低，说明测试结果符合标准要求，以后的测试不必再做。如果峰值测试中有部分测量值接近或高于标准规定的准峰值和平均值限值，则取这部分的频率点再做准峰值和平均值测试（称为终测）。这样，与全部采用准峰值和平均值检波相比，可有效降低测试时间，提升效率。

当然，由于测量仪器技术的进步，现在也能以较短的时间扫描出准峰值波形。但作为一种兼顾测试速度和精度的方法，上述作为仍在业界普遍采用。

图 3.4.3 所示是意大利 AFJ 公司生产的 R3010 电磁骚扰接收机，属于完全 IF 数字化认证级电磁骚扰测试接收机，完全符合 CISPR 16-1。基于微处理器控制的智能接收机，可以使用控制平台（计算机）软件进行控制，实现自动测试；内置预选器，具有很高的动态范围，能进行精确的电磁兼容测量。

（2）人工电源网络（AMN）

国家标准 GB/T 6113.102—2018 对 AMN 的描述如下：AMN 在射频范围内向 EUT 提供规定范围阻抗，并能将试验电路与供电电源上的无用射频信号进行隔离，进而将骚扰电压耦合到测量接收机上的网络。

AMN 分为两种类型：V-AMN（用于耦合非对称电压）和 Δ-AMN（用于耦合对称电压和不对称电压），V-AMN 又称为线路阻抗稳定网络（Line Impedance Stabilization Network，LISN），是电源端子 CE 测试的重要设备。

LISN 的实质是一种滤波网络，其原理如图 3.4.4 所示。

图 3.4.3　AFJ R3010 电磁骚扰接收机

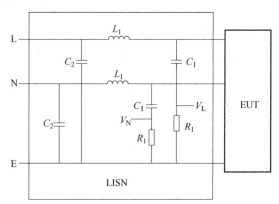

图 3.4.4　LISN 工作原理图

图 3.4.4 中 L_1 为 50μH 电感，使市电电源的基波畅通无阻地提供给 EUT，但对高频电磁骚扰来说呈现高阻抗；C_2 为 1μF 电容，将供电电源的高频骚扰引导到地，避免影响 EUT；C_1 为 0.1μF 电容，将骚扰电压耦合到测量接收机上；同时 R_1（1kΩ）提供特定的阻抗特性。

由此可见，LISN 实际上起到了三个作用：

1）在 EUT 及供电电源之间起高频隔离作用，避免来自供电电源的噪声进入 EUT，影响测量结果。

2）把 EUT 发出的干扰信号耦合传输到接收机上。

3）稳定阻抗。由于各个电网的阻抗不同，使得 EUT 骚扰电压的值也各不相同。为此，标准规定了统一的阻抗（50Ω），以使测量结果统一化，方便相互之间进行比较。

图 3.4.5 为 AFJ LS16 型 LISN 的实物图。

图 3.4.5　AFJ LS16 型 LISN 实物图

2. 测试布置

因为屏蔽室内的环境噪声较低，同时屏蔽室的金属墙面或地板可以作为参考接地板，所以传导骚扰测试通常在屏蔽室内进行，要求现场测试时环境骚扰比限值低至少 6dB。

由于电磁骚扰的电平比较微弱（通常在数十至数千 μV 的量级），EUT 和 LISN 以及接收机之间的相对位置布局不同，会造成较大的测试误差或影响测试的重复性。为此，标准中对 EUT 和测试仪器的配置进行了严格规范。

仪器布置按 EUT 的大小，分台式和落地式两种。

（1）台式布置

EUT、AMN 和接收机放置在距水平接地参考平面 0.8m 的非导电桌上，距垂直参考平面 0.4m，如图 3.4.6 所示。图示编号为 1~7 的说明请参考 GB/T 6113.201—2018 的图 9 的说明。

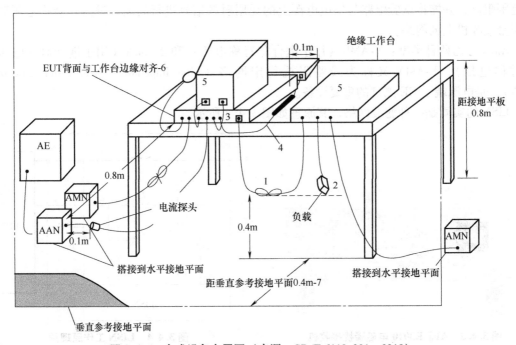

图 3.4.6 台式设备布置图（来源：GB/T 6113.201—2018）

注意，AMN 需要低阻抗接地，这个接地平面作为骚扰电压的测量参考点，也就是传导试验的接地参考平面。这个金属平面要良好接地，并且有尺寸的要求，至少要求 2m×2m。EUT 距离接地参考平面 40cm，距离其他非接地金属至少 80cm。

AMN 通过同轴电缆连接到接收机的输入端，EUT 发出的传导骚扰经过此同轴电流传递到接收机进行测量。

EUT 与 AMN 距离 80cm，如果 EUT 的电源线超过这个长度，应在中部折叠成 30~40cm 长的线束。

（2）落地式布置

落地式 EUT 应放置在地面上，但不应与参考接地平面有金属性接触（如加一块绝缘板）。参考接地平面的边界至少应超出 EUT 边界 50cm，面积至少为 2m×2m，EUT 本身用于接地的导体可以与这块金属板连接，如图 3.4.7 所示。图示编号为 1~3 的含义请参考 GB/T 6113.201—2018 的图 12 的说明。

注意，此时 AMN 的接地点是连接到地面的金属接地平面，作为传导骚扰的接地参考平面。一般落地式家电产品都要求以地面上的金属作为接地参考平面（即水平接地平面）。如果以水平接地平面为参考平面测量台式设备，台式设备距离地面的高度为 40cm，距离墙边非接地金属的距离则是 80cm。

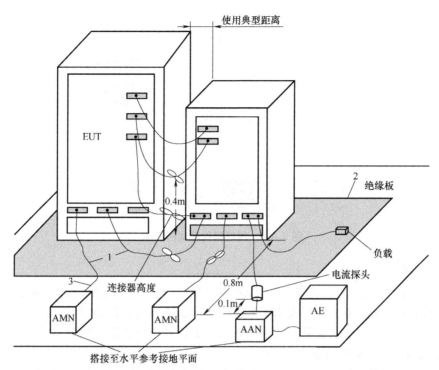

图 3.4.7　落地式设备布置示意图（来源：GB/T 6113.201—2018）

除了以上基础标准对布置的要求外，各产品类标准也许有更具体的要求，进行试验时应仔细参考。例如，家电产品标准 GB 4343.1—2018 中的试验布置要求提到：如果 EUT 的电源引线中有接地导线，导线接地的插头末端应与测量的参考地连接。

当需要接地导线，而接地导线又不包含在电源引线内时，应用导线将 EUT 的接地端与测量装置的参考地连接，导线长度不超过连接到 V-AMN 所需的长度，且导线应与电源引线平行，相距不超过 0.1m。

信号端的传导骚扰多见于信息技术设备，如计算机、监控设备等，信息技术设备大多都包含电信/网络端口，最常见的端口就是交换机网口、监控系统的网络端口等。信号端传导骚扰测试的是 EUT 与辅助设备（AE）之间的信号线上的骚扰信号，测试时应模拟 EUT 正常使用时的状态，连接上所有的辅助设备，并保证其正常工作。

信号端传导骚扰测试需要用到的测试设备包括电磁骚扰接收机、不对称人工网络和脉冲限幅器。不对称人工网络（Asymmetric Artificial Network，AAN）又称 Y 型网络，用于测量非屏蔽平衡信号线上的共模电压，同时又能抑制信号线上的差模信号。根据 GB/T 6113.102—2018 的表 5 对设备的符合性描述，测试不同类型的电缆，需要选配不同的 ANN。因为不同的 ANN 具有不同的纵向转换损耗（LCL）。

三、传导骚扰测试方法

下面以电源端子骚扰电压测试为例，说明传导骚扰的测试方法。

1. 测试布置

电磁骚扰接收机、LISN 以及 EUT 按本项目"二、测试仪器及其布置"的要求进行布置，并通过 LISN 连接到电网（为了减少电网本身的干扰，应配置电源滤波器或 EUT 专用隔离电源）。将 LISN 的输出通过专用连接电缆接到电磁骚扰接收机输入端，如图 3.4.8 所示。

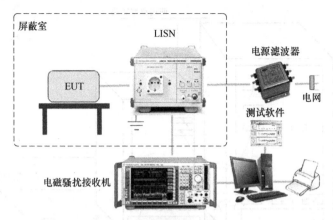

图 3.4.8　传导骚扰测试连接图

2. 测试流程

1）按标准要求布置 EUT，并把 EUT、LISN、接收机和计算机正确连接。接通 EUT 电源并让其投入工作状态（正常状态或最大功能状态），按标准要求的运行条件让其运行到稳定状态。

2）打开计算机、电磁骚扰接收机、LISN 的电源，并进行预热。LISN 设置为 L1（相线），代表测试相线（Line）对地的骚扰电压值。

3）依照 EUT 对应测试标准，设定接收机参数及测试参数（参考项目一的内容）。例如频率范围 150kHz～30MHz 等，Probe 先选择 L1，代表测试相线（Line）对地的骚扰电压值。选择相应的产品标准和限值，注意，Cable 也要选择 L1。单击 Conduction 按钮，选择传导测试模式。

4）设定好上述参数后，单击 Set 按钮设定测试条件，并传送到接收机。

5）预扫描：单击 Trace 按钮，等待接收机扫描完成单击 OK 按钮，用峰值检波器和平均值检波器扫出曲线（预扫描），记录整个频段内 EUT 在 L 端子产生的骚扰曲线。

6）标注峰值点（找出最接近限值或超标的点）。点选轨迹资料，单击 Mark→Manual 按钮，按住鼠标右键不放选择资料范围，之后单击鼠标左键进行峰值点标注并保存。注意，需要标注 6 个峰值点，选择峰值点时，要同时考虑 Peak 扫描轨迹和 AV 扫描轨迹距离对应限值的距离。

7）读取标注点并保存相关数据（参考项目一的内容）。

8）将 LISN 设置为 N，代表测试零线（N）对地的骚扰电压值。将步骤 3）的 Probe 设置改为 N，代表测试零线（N）对地的骚扰电压值。

重复步骤 3）～7），测试并保存零线（N）对地的骚扰电压资料，并形成报告。

9）对手持式、不接地样品还需用模拟手进行附加测试。模拟手由宽度为 60mm 的金属箔与 200pF 的电容和 500Ω 的电阻串联组成，金属箔紧裹在被测样品的外壳，模拟手的另一端与大地连接。

3. 结果评定

根据以上相线和零线的测试结果，与 EUT 对应的限值相比较，只要相线和零线的实测值均小于限值（包括准峰值和平均值），就可以认定测试合格。实际工程中，实测值应该比限值低至少 3dB（留有余量），这样才比较可靠。

4. 注意事项

1）测试前，确保测试仪器/受试样品（EUT）工作正常，无短路情况。

2）测试中，密切注意受试样品的工作状态，发生异常，立即断电，停止测试。

3）对接地样品测试时，样品外壳应与测试装置的接地点连接。

4）对装有半导体装置的调节控制器，负载应由白炽灯组成。

四、工程实例：传导骚扰测试

1. EUT：华为手机充电器

EUT 工作模式：带载正常充电。

2. 测试日期：2020 年 6 月 5 日

3. EUT 供电电压：220V/50Hz

4. 测试端口：电源端口

5. 限值：见表 3.4.7

表 3.4.7　传导骚扰测试的限值

频率范围/MHz	准峰值/dBμV	平均值/dBμV
0.15~0.50	66~56	56~46
0.50~5	56	46
5~30	60	50

6. 测试仪器

电磁骚扰接收机：R&S ESR 接收机。

LISN：AFJ LS16 型。

计算机及配套软件。

7. 测试环境

测试在屏蔽室内进行。温度：26℃；相对湿度：60%。

8. 测试结果

图 3.4.9 和表 3.4.8 分别是相线（L）端口的传导骚扰曲线和测试数据（QP 和 AVG）；图 3.4.10 和表 3.4.9 分别是零线（N）端口的传导骚扰曲线和测试数据（QP 和 AVG）。

可以看到，无论是相线端口还是零线端口，实测的 QP 和 AVG 值均在限值以下，而且距离限值很远，因此，该 EUT 的传导测试合格。

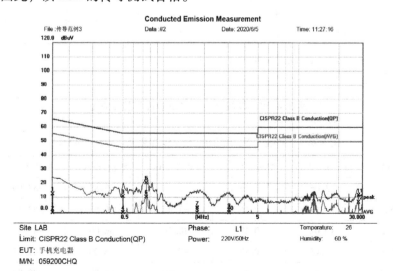

图 3.4.9　相线（L）端口的传导骚扰曲线

表3.4.8 相线（L）端口的传导骚扰数据（QP 和 AVG）

序号	频率/MHz	读数值/dBμV	校正因子/dB	测量值/dBμV	限值/dBμV	超限值/dB	检波器
1	0.1522	12.84	0.13	12.97	65.88	−52.91	QP
2	0.1522	−1.42	0.13	−1.29	55.88	−57.17	AVG
3	0.5055	11.16	0.11	11.27	56.00	−44.73	QP
4	0.5055	−0.41	0.11	−0.30	46.00	−46.30	AVG
5	0.7485	20.79	0.12	20.91	56.00	−35.09	QP
6*	0.7485	10.81	0.12	10.93	46.00	−35.07	AVG
7	1.7835	3.13	0.12	3.25	56.00	−52.75	QP
8	1.7835	−5.93	0.12	−5.81	46.00	−51.81	AVG
9	3.0682	1.47	0.13	1.60	56.00	−54.40	QP
10	3.0682	−5.12	0.13	−4.99	46.00	−50.99	AVG
11	28.2052	11.47	0.76	12.23	60.00	−47.77	QP
12	28.2052	6.55	0.76	7.31	50.00	−42.69	AVG

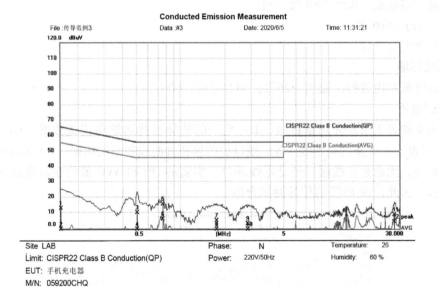

图 3.4.10 零线（N）端口的传导骚扰曲线

表3.4.9 零线（N）端口的传导骚扰数据（QP 和 AVG）

序号	频率/MHz	读数值/dBμV	校正因子/dB	测量值/dBμV	限值/dBμV	超限值/dB	检波器
1	0.1522	13.06	0.16	13.22	65.88	−52.66	QP
2	0.1522	−1.60	0.16	−1.44	55.88	−57.32	AVG
3	0.5055	10.62	0.17	10.79	56.00	−45.21	QP
4	0.5055	−3.69	0.17	−3.52	46.00	−49.52	AVG
5	0.7530	15.84	0.18	16.02	56.00	−39.98	QP

（续）

序号	频率/MHz	读数值/dBμV	校正因子/dB	测量值/dBμV	限值/dBμV	超限值/dB	检波器
6*	0.7530	6.34	0.18	6.52	46.00	-39.48	AVG
7	1.7520	5.36	0.19	5.55	56.00	-50.45	QP
8	1.7520	-6.37	0.19	-6.18	46.00	-52.18	AVG
9	2.8500	3.38	0.21	3.59	56.00	-52.41	QP
10	2.8500	-5.53	0.21	-5.32	46.00	-51.32	AVG
11	27.6427	8.37	0.90	9.27	60.00	-50.73	QP
12	27.6427	3.63	0.90	4.53	50.00	-45.47	AVG

五、小结

传导骚扰测试是检测 EUT 在工作状态下通过电源线、信号线或控制线传播的骚扰大小，判断其是否符合标准的要求。基础标准为 GB/T 6113.201—2018，需要进行传导骚扰测试的产品范围包括信息技术（IT）、音视频（AV）、照明灯具、家电、工科医（ISM）等设备，分别有对应的产品类标准。

传导骚扰测试最常见的是电源端口骚扰电压测试，其方法是利用 AMN，将 EUT 电源端口产生的骚扰耦合到接收机上进行测量。相线（L）和零线（N）要分别测量。

将测量结果与产品类标准规定的限值对比，小于限值即可判定为合格。

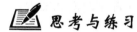 **思考与练习**

1. 单选题

（1）电磁骚扰测试中，PK（峰值）、QP（准峰值）、AV（平均值）三者的关系是（　　）。

A. PK>QP>AV
B. PK>AV>QP
C. AV>QP>PK
D. QP>AV>PK

（2）下面哪一个不是人工电源网络的作用（　　）

A. 给受试样品供电，并提供一个规定的阻抗

B. 能将供电电源上的无用射频信号与试验电路隔离开来

C. 能把试验电路上的骚扰电压耦合到测量接收机上

D. 把信号发生器产生的信号放大

2. 简答题

（1）传导骚扰的定义和特点是什么？

（2）电磁骚扰测量接收机与频谱分析仪相比有哪些特点？

（3）试述人工电源网络的作用。

（4）传导骚扰测试的方法和步骤是什么？

（5）如何评定 EUT 传导骚扰测试是否合格？

项目五

骚扰功率测试

一、骚扰功率测试基础知识

对于仅连接一根电源线（或其他类型引线）的小型 EUT，例如家用电器和电动工具，相关标准认为：引线上由共模电流引起的辐射发射，远远大于 EUT 表面向外的辐射。

骚扰功率测试的是 EUT 通过电源线、互连线及信号线辐射到周围空间的电磁骚扰功率是否满足标准要求，即考察产品的外部连接线通过空间辐射的骚扰。

与传导骚扰测试不同，骚扰功率使用的不是人工电源网络，而是在导线表面套一个功率吸收钳，吸收钳的铁氧体材料吸收导线辐射出来的骚扰，通过同轴电缆输入到电磁骚扰接收机，测量骚扰功率的大小，单位为 dBpW。骚扰功率是辐射骚扰的简单替代方法，只测量通过线缆辐射的骚扰，不能完全反映产品对外界的辐射情况，但优点是缩短了测试时间和节省场地费用（可以在屏蔽室内进行，无需电波暗室）。

骚扰功率测试的频率范围是 30 ~ 300MHz（音视频设备要求测量的频率范围为 30MHz ~ 1GHz），刚好与传导骚扰衔接，考察的是比较高频的骚扰。外部连接线可以是产品的电源线，也可以是产品与其附件的连接线。

骚扰功率测试的基础标准是 GB/T 6113.202—2018（等同采用 CISPR 16-2-2：2010），产品类标准则规定了相应产品的限值要求。例如，GB 4343.1—2018 规定家电产品骚扰功率的限值，见表 3.5.1。

表 3.5.1 家电产品骚扰功率限值

频率范围/MHz	准峰值/dBpW	平均值/dBpW
30 ~ 300	45 ~ 55	35 ~ 45

二、骚扰功率测试仪器及布置

1. 测试仪器

（1）电磁骚扰接收机：同传导骚扰测试

（2）功率吸收钳

功率吸收钳主要用来测量线缆向外辐射的骚扰。吸收钳主要由铁氧体环组成，其中一部分作为电流探头，用于测量线上的骚扰，另一部分作为去耦和阻抗稳定的作用。

吸收钳测量法（Absorbing Clamp Measurement Method，ACMM）装置的核心是功率吸收钳。与传导骚扰测试所用的人工电源网络类似，ACMM 装置的作用有：

1）使 EUT 与测量接收机之间阻抗相匹配。例如，ACMM 装置输出至测量接收机的输出阻抗为 50Ω，与接收机输入阻抗 50Ω 相匹配。可以设想，如果没有吸收钳，由于 EUT 电源线有各种各样的，各种线没有阻抗指标，与测量接收机的输入阻抗不仅失配，而且测量结果也随阻抗不同而不同。

2）将 EUT 的骚扰与来自电源网络上的干扰互相隔离。ACMM 装置对电源网络本身的骚扰提供足够的衰减，确保测量接收机所测的是 EUT 发出的骚扰。

在选用 ACMM 装置时应关注以下问题：

1）ACMM 装置的输出阻抗应在工作频段范围都能符合要求。例如，ACMM 装置工作频率范围大致有 30~300MHz 和 30~1000MHz 两种，输出阻抗应该在全频范围都能满足 50Ω 要求。但由于频率范围很宽，真正达到这个要求并不容易，所以要密切关注。

2）ACMM 装置的工作电流值。EUT 的电源线从 ACMM 装置穿过，由于 ACMM 装置的主要部件是铁氧体磁环，最大工作电流点就是磁路临近饱和点。磁饱和时，ACMM 装置对电源网络的干扰就起不到衰减作用，致使测量结果不能表示 EUT 的干扰值。因此，必须关注其最大工作电流指标，并根据 EUT 的最大电流值再留有适当的裕量。

除了 ACMM 装置（功率吸收钳）外，骚扰功率测试还需要滑轨、计算机及电磁骚扰测试软件。

2. 测试布置

骚扰功率测试需要在屏蔽室内进行，以排除外界的各种电磁骚扰。

根据 EUT 的尺寸大小不同，测试布置分台式与落地式两种。

1）台式 EUT 放在 0.8m 的非金属桌子上，离其他金属物体至少 0.8m（通常是屏蔽室的金属内墙，这个距离在 CISPR 14-1 中要求是至少 0.4m），如图 3.5.1 所示。落地式 EUT 放在 0.1m 的非金属支撑上（图中未标出）。

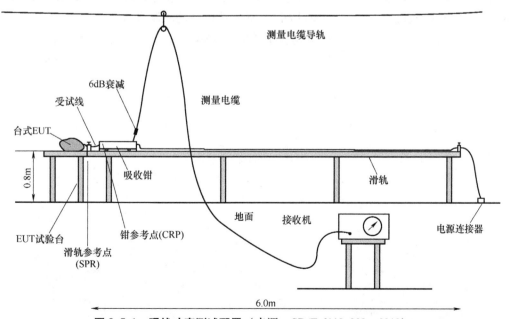

图 3.5.1　骚扰功率测试配置（来源：GB/T 6113.202—2018）

2）将 EUT 的软电缆或软线穿过吸收钳中，布置在高 0.8m、长 6m 的功率吸收钳导轨上，电流互感器端朝向 EUT。若 EUT 原来的电源线短于所需的长度，应延长或由相同质量的类似所需长度的电源线代替，延长至 6m。如果 EUT 有其他线缆，在不影响功能的情况下能断开的断开，不能断开的用铁氧体吸收钳隔离。

3）若电源与在样品一侧的吸收钳输入之间的高频隔离不足，应在离样品 400mm 处沿引线放置固定的铁氧体吸收器，这可改进负载阻抗稳定性和减少来自电源的外部噪声。

4）若辅助引线是永久固定到样品和辅助装置以及：

—短于 250mm 的，不在该引线上测试；

—长于 250mm，但短于吸收钳长度两倍的，应延长到吸收钳长度的两倍；

—长于吸收钳长度两倍的按原状态进行测试。

三、骚扰功率测试方法

下面以法拉科技 EZ-EMC 测试软件为例，说明骚扰功率的测试方法。

1. 测试准备

把测试设备、受试样品按本项目"二、骚扰功率测试仪器及布置"的要求做好布置，并把 EUT、人工电源网络、接收机和计算机正确连接（EUT 的电源线放入吸收钳的铁氧体凹槽内，并盖好上盖）。接通受试样品电源并让其投入工作状态（正常状态或最大功能状态），按标准要求的运行条件让其运行到稳定状态。

2. 测试流程

1）双击桌面上的 EZ_EMC 程序图标，打开测试软件。

2）打开或建立测试资料文件。

3）设定接收机参数及测试参数。单击 Configure 按钮，进入参数设置窗口，单击 Clamp 按钮，选择功率骚扰测试模式，Mode 显示"Clamp"，测试单位自动改为 dBpW，如图 3.5.2 所示。其中，Start（起始频率）、Stop（终端频率）按标准要求分别设置为 30MHz 和 300MHz，RBW 和 VBW 按接收机带宽设置，Level 和 RANGE 按标准的限制设置。

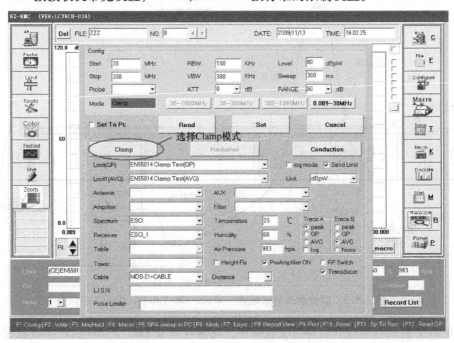

图 3.5.2　设定接收机参数及测试参数

设定好上述参数后，单击 Set 按钮设定测试条件，并传送到接收机。

4）读取频谱仪扫描轨迹到计算机。单击 Trace 按钮，接收机扫描完成后单击 OK 按钮，再单击 Post 按钮，存储扫描轨迹资料。

注意，单击 Trace 按钮之前，请注意是否已经设定新的存储档案，如果未开启，请先设定。

5）标注峰值点（找出最接近限值或超标的点）。点选轨迹资料，单击 Mark→Manual 按钮，按住鼠标右键不放选择资料范围，之后单击鼠标左键进行峰值点标注并保存。注意，需要标注 6 个峰值点，选择峰值点时，要同时考虑 Peak 扫描轨迹和 AV 扫描轨迹距离对应限值的距离，如图 3.5.3 所示。

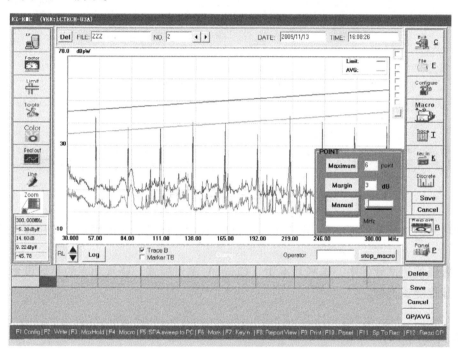

图 3.5.3 标注峰值点

6）读取标注点并保存相关数据，单击 Report→Rd QP/AVG→OK→Del dt peak→Save→输入 Eut（样品名称）、Model（型号）、Power（电源）、Note（备注）、温度、湿度、大气压强等信息，如图 3.5.4 所示。

7）合格评定。根据产品类标准所规定的限值来判定测试样品是否合格。例如，家电类产品标准 GB 4343.1—2018 对家电及类似器具的骚扰功率限值是，频率 30~300MHz 范围内，准峰值限值为 45~55dBpW，平均值限值为 35~45dBpW。

3. 注意事项

同电源端子骚扰电压测试。

四、小结

骚扰功率是针对仅连接一根电源线（或其他类型引线）的小型 EUT，通过电源线辐射到周围空间的电磁骚扰功率的大小，是一种替代辐射骚扰测试的经济型测试方法。

与传导骚扰测试不同，骚扰功率使用的不是人工电源网络，而是功率吸收钳，测试的频率范围是 30~300MHz，骚扰功率单位为 dBpW。

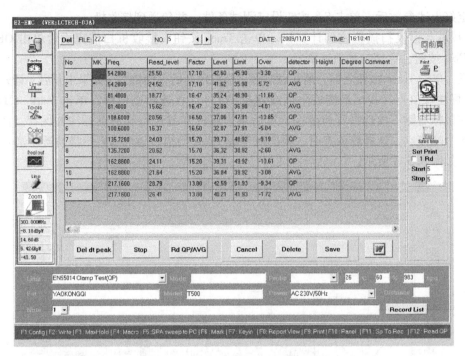

图 3.5.4　读取标注点并保存相关数据

骚扰功率测试的基础标准是 GB/T 6113.202—2018，产品类标准则规定了相应产品的限值要求。

在电磁骚扰测试软件中，选择功率钳（Clamp）测试模式，骚扰功率的参数设置和测试方法与传导骚扰测试类似。

思考与练习

1. 判断题

（1）骚扰功率测试常见频率范围 30~300MHz。　　　　　　　　　　　　　　　　　　（　　）

（2）骚扰功率的单位采用 dBμV。　　　　　　　　　　　　　　　　　　　　　　　（　　）

（3）布置骚扰功率测试时，若 EUT 原来的电源线短于所需的长度，应延长至 6m。（　　）

2. 简答题

（1）骚扰功率与传导骚扰相比，使用的设备有何不同？

（2）家电产品骚扰功率的限值是如何规定的？

项目六

辐射骚扰测试

6

一、辐射骚扰测试基础知识

1. 辐射骚扰测试概述

辐射骚扰也叫辐射发射（Radiated Emission，RE）。

设备产生的骚扰频率越高，通过空间辐射的能力越强。辐射骚扰测试的目的，就是测试受试设备（EUT）通过空间传播的辐射骚扰场强的大小，用来评定其辐射骚扰是否符合标准的要求。

辐射骚扰测试分为磁场辐射和电场辐射，前者针对灯具和电磁炉，后者则应用普遍。另外，家电和电动工具、音视频产品的辅助设备有骚扰功率的要求，参见本单元项目五。

标准要求辐射骚扰在开阔场或半电波暗室中进行测试。EUT发出的骚扰信号通过测量天线接收，由同轴电缆传送到测量接收机测出干扰电压，再加上天线系数，即得到所测量的场强值。

2. 开阔场和半电波暗室

开阔场（Open Area Test，OAT）是CISPR标准规定的测量辐射骚扰的场地和方法。它是一个平坦、空旷、电导率均匀良好、无任何反射物的椭圆形试验场地。开阔场的尺寸取决于EUT与天线之间的距离 d（优选距离为1m、3m和10m），该距离由EUT的外形尺寸和测试要求确定。开阔场的外形是长轴为 $2d$、短轴为 $\sqrt{3}\,d$ 构成的椭圆（称为CISPR椭圆），如图3.6.1所示。实际的场地还应建一供测量区域用的水平金属接地平板，其尺寸要覆盖并超过椭圆区域。此外，还需建造升降塔、转台及天线底座等。

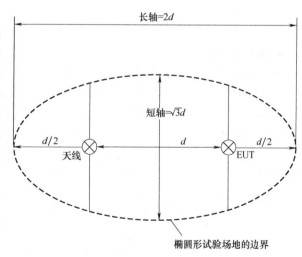

图 3.6.1 CISPR 椭圆

屏蔽室仅仅是屏蔽外部的电磁场，它的内部不带吸收电磁波的材料。半电波暗室是在电磁屏蔽室的基础上，在内墙四壁及天花板上贴装电磁波吸收材料，地面为理想的反射面，从而模拟开阔场地的测试条件。因为壁面无反射波存在，所以在辐射发射和接收测试试验中，测量精度较高，是目前国内外流行的比较理想的电磁兼容性测试场地。半电波暗室用于替代开阔场进行辐射发射测试（1GHz 以下）。30MHz~1GHz 测量时对电波暗室性能要求如下：

1）归一化场地衰减测试（用于 1GHz 以下的辐射测量）。

2）测试场平面均匀性（用于 1GHz 以下的辐射抗扰度测试）。

由于符合要求的开阔场不易得到，现在大多在半电波暗室中测试。

3. 测试标准及频率范围

基础标准：GB/T 6113.203—2020 无线电骚扰和抗扰度测量设备和测量方法规范　第 2-3 部分：无线电骚扰和抗扰度测量方法　辐射骚扰测量（等同采用 CISPR 16-2-3：2016）。

产品类标准如下：

GB/T 9254.1—2021 信息技术设备、多媒体设备和接收机　电磁兼容　第 1 部分：发射要求（等同采用 CISPR 32：2015）；

GB 4824—2019 工业、科学和医疗设备　射频骚扰特性　限值和测量方法（等同采用 CISPR 11：2016），包括电场和磁场辐射；

GB 4343.1—2018 家用电器、电动工具和类似器具的电磁兼容要求　第 1 部分：发射（等同采用 CISPR 14-1：2011），包括电场、磁场辐射和骚扰功率（见本单元项目五）；

GB/T 17743—2021 电气照明和类似设备的无线电骚扰特性的限值和测量方法（等同采用 CISPR 15：2018），包括电场和磁场辐射。

测试频率范围见表 3.6.1。

表 3.6.1　辐射发射的测试频率范围

测试频段	测试标的	测试场地/设备
9kHz~30MHz	磁场强度	开阔场或半波暗室/环形天线
30MHz~1GHz	电场强度	开阔场或半电波暗室/宽带天线
1~18GHz	电场强度	全电波暗室/喇叭天线

4. 测试限值

电场辐射测试的限值通常用骚扰场强表示，单位是 dBμV/m。

对于不同标准、不同场地、不同的产品分类（分组 1/2，分类 A/B），限值不同。

例如，GB/T 9254.1—2021 规定了信息技术设备的无线电骚扰限值，30MHz~1GHz 的辐射骚扰限值见表 3.6.2。

表 3.6.2　30MHz~1GHz 辐射骚扰限值

| 频率范围/MHz | 测试距离 10m | | 测试距离 3m | |
	A 级/(dBμV/m)	B 级/(dBμV/m)	A 级/(dBμV/m)	B 级/(dBμV/m)
30~230	40	30	50	40
230~1000	47	37	57	47

注：1. A 级指 A 级设备，B 级指 B 级设备（详见标准）。

2. 只有准峰值限值要求（dBμV/m）。

3. 过渡频率处应采用较低的限值。

如果存在高的环境噪声电平或因为其他原因使得测量不能在 10m 距离上进行，则对 B 级 EUT 的测量可以在较近的距离上进行，例如 3m。为了判定是否符合要求，应用 20dB/10 倍的反比因子将测量数据的归一化到规定的测量距离上。表 3.6.2 的测试距离 3m 的限值为换算值。

1GHz 以上的辐射骚扰限值见表 3.6.3。

表 3.6.3　1GHz 以上辐射骚扰限值（测量距离 3m）

频率范围/MHz	A 级 ATE		B 级 ATE	
	平均值/(dBμV/m)	峰值/(dBμV/m)	平均值/(dBμV/m)	峰值/(dBμV/m)
1~3	56	76	50	70
3~6	60	80	54	74

注：1. 包括峰值和平均值限值要求（dBμV/m），应同时满足。
　　2. 过渡频率处应采用较低的限值。
　　3. 距离变化时，测量数据的归一化和限值的运算。
　　4. 其他类别设备的限值，请参考相应的产品类标准。

二、测试仪器及布置

1. 仪器和设备

（1）电场辐射测试

电磁骚扰接收机（1GHz 以下）或频谱仪（1GHz 以上）、半电波暗室、天线（1GHz 以下一般用双锥和对数周期的组合或用宽带复合天线，1GHz 以上一般用喇叭天线）。

R&S ESR 系列是性能优良的电磁骚扰接收机，测试频率范围介于 10Hz~26.5GHz 且符合 CISPR 16-1-1 标准，可以通过传统步进式频率扫描或者在极高的速度下通过基于快速傅里叶变换的时域扫描测量电磁干扰。实物如图 3.6.2 所示。

图 3.6.2　R&S ESR 系列电磁骚扰接收机

（2）磁场辐射

三环天线可以将 EUT 发出的 X、Y 和 Z 方向的低频磁场分量转化为感应电流信号并通过同轴开关三个通道输送到电磁骚扰接收机进行测量，是一个符合 CISPR 15 及 CISPR 16-1 标准测试的 2m 环形大天线，频率范围为 9kHz~30MHz，底部距离地面 0.5m 以上，专门设计了带屏蔽的电流转换器，如图 3.6.3 所示。

2. 测试布置

（1）电场辐射

测试在半电波暗室中进行，EUT 放在一个转台（支撑台）上，随转台 360°转动。EUT 距离地平面规定的高度（台式 EUT 离地平面 80cm，落地式 EUT 离地平面 12cm），并模拟正常运行状态来布置。天线按测量距离（3m 或 10m）放置，如图 3.6.4 所示。在水平面内旋转 EUT，这样 EUT 的每个侧面都有一次正对天线的机会，不同的转台角度可以测到不同的骚扰值。找到最大的骚扰值并记录转台对应的角度。再调节天线高度，使直射波和反射波接近或达到同相叠加。这些程序性步骤可以变换（例如，也可以先固定转台升降天线找到最大骚扰值，然后固定天线旋转转台找到最大骚扰的角度，两者结合就是辐射骚扰的最大值），也可能需要重复，以便找出最大骚扰。由于一些实际原因（如暗室的高度限制），高度变化会受到限制（一般在 1~4m），对于低频范围（30MHz 附近）可能达不到完全同相叠加，只是一个比较接近这种情况的最大值。

图 3.6.3　三环天线

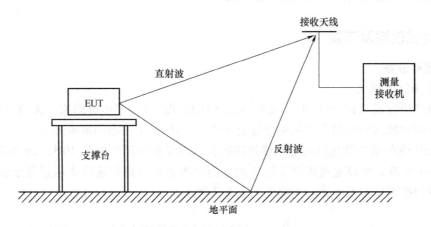

图 3.6.4　电场辐射测试示意图（来源：GB/T 6113.203—2020）

EUT 的布置

应规定 EUT 的工作条件，例如，输入信号的特性、运行方式、部件安置、互连电缆的型号和长度等。测试单个或多个部件的系统应满足下列两个条件：

1）系统按典型应用的情况布置。

2）系统要按产生最大骚扰的方式布置。

当两者有冲突时，优先考虑第 1）点。例如，台式 EUT 距离接地平面 80cm 高，落地式 EUT 距离接地平面 12cm 高，并且使用时如有附件连接的，则需要把附件连上，并且按照附件正常使用的摆放进行布置。在此基础上，调节附件与主部件的相对位置或连接线长度，寻找最大骚扰值的布置，在此基础上进行测试。

对于被设计成多单元系统组成部分的设备，应按照制造商的说明书将 EUT 安装成典型系统并加以布置，并且 EUT 应以典型模式来运行。整个测试中，EUT 和所有的系统部件都应工作在典型应用的范围内。

接口电缆应连接到 EUT 的每一个接口端口，应测试每一根电缆位置变化时产生的影响（电缆的摆放位置对测试结果有影响）。接口电缆应是设备制造商所规定的电缆类型和长度。

各电缆的任何超长部分应在电缆中心附近以 30~40cm 长的线段分别捆扎成 S 形（与传导骚扰的处理方式一样）。如果由于电缆粗大或刚硬，不能这样处理时，则对电缆超长部分的处理可以交给测试工程师自行决定，并应在试验报告中加以说明（可以用文字或照片进行说明，这样做是为了试验的可重复性。后续如果有人对试验结果有疑问，就可以参考说明还原试验的布置，才有可比性）。

图3.6.5是台式EUT的布置图。图中的框架是一个全电波暗室。EUT放在一张80cm高的绝缘桌（转台）上。EUT的电缆线（电源线）摆放是有规定的：首先在桌面上水平走80cm，然后再垂直往下走80cm，再回到转轴垂直下去连接到供电电源。两段线束不能捆扎。

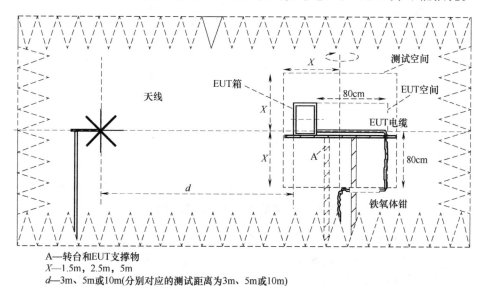

A—转台和EUT支撑物
X—1.5m，2.5m，5m
d—3m、5m或10m(分别对应的测试距离为3m、5m或10m)

图3.6.5　台式EUT的布置示意图

绝缘桌（转台）转动时，EUT边缘及垂直下来的电源线束所形成的圆柱形区域称为EUT空间。铁氧体钳（由多个铁氧体磁环构成，用于吸收电源线产生的辐射）根据相关的产品标准要求使用，使用情况（如果需要）应在测试报告中给出。

应该指出，30～1000MHz是在半电波暗室内进行，通常在地面上建一个转台（与地面平齐），在转台上放一个80cm高的桌子，把EUT放在桌子上。这时要把电源线放在地面之下是比较困难的，大部分实验室把水平电缆放在转台上。

测试距离

除非因为设备的大小等因素，通常EUT应在确定辐射骚扰限值规定的距离（3m、10m、30m）上进行测量。

测量距离是EUT最接近于天线的那一点和天线的计量参考点在地面上投影之间的距离（图3.6.5中的距离d）。在某些试验装置中，这个距离是从天线计量参考点到EUT的辐射中心来测定的。测量距离足够大时（如10m），这两种方法都可以采用。

10m法的电波暗室会比3m法的测得更准，特别是对于大体积的样品。

工科医类产品标准GB 4824—2019指出，不管是台式还是落地式EUT，如果其整体（包括电缆）在直径1.2m、高1.5m的圆柱形测试区域内，则可在3m法或10m法的电波暗室内测量，如果产品体积超过上述规定，则不能在3m法电波暗室内测辐射。其他类型EUT也参考这个原则来选择测试距离。

图3.6.6是落地式EUT的测试布置示意图，与台式EUT大致相同，只是支撑物改为12cm高的绝缘垫，电缆的走线同台式EUT。

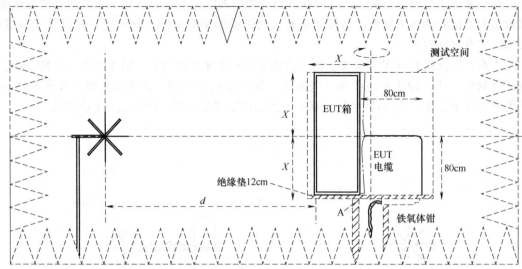

A—转台和EUT支撑物
X—1.5m、2.5m、5m
d—3m、5m或10m，分别对应的测试距离为3m、5m或10m，12cm的绝缘垫(10～14cm)为金属和木质地板的折中。

图3.6.6　落地式 EUT 的布置示意图

对于某些产品，如果其说明书要求产品需要安装在导电的金属平面上使用，则按照本布置测试不合格时，应把12cm高的绝缘垫拿掉，将EUT直接放到金属的转台（接地参考平面）上，这时如果测试合格，应按此结果认定。但应在报告中注明这种偏离标准要求的布置方式。

电缆布置和端接

在不同的测试场地测量单独的EUT时，电缆布置和端接的不同，会导致电磁兼容测试结果的重复性差。因此测试中应使用生产商规定的电缆。如果无法获得这样的电缆，在测试报告中应清晰说明测试中使用的电缆规格。

连接到EUT、辅助设备或供电电源的电缆（0.8m的水平走线和0.8m的垂直走线（没有任何捆绑））应包括在测试空间内部，任何长度超过1.6m的电缆都应布置在测试空间的外部，若生产商规定的电缆长度短于1.6m，电缆的长度尽可能一半为水平，而另一半为垂直。

没有连接辅助设备的电缆，必须对其端接进行适当处理：同轴（屏蔽）电缆端接的匹配阻抗（50Ω或75Ω），其余电缆必须按照生产商的规定配备共模和差模端接负载。

应考虑辅助设备不会对辐射发射测量产生影响，如果EUT需要辅助设备来使其运行正常，辅助设备应尽可能放置在屏蔽室外，但必须防止在全电波暗室内通过连接电缆的射频泄露。例如，单独测试显示器的辐射，必须把配套的计算机放在电波暗室外面，这时需要用接线板（金属板）进行连接。接线板内外两端都有接线端子，在暗室内用电缆连接到EUT，电缆的另一头连接到接线板内侧接线端子，外侧端子用电缆连接到辅助设备（计算机主机）。

（2）磁场辐射

不同尺寸的三环天线对能够测试的EUT最大尺寸是有限制的，以2m直径的环形三环天线为例，长度小于1.6m的EUT能够放在三环天线中心测试；在3m外超过1.6m的电磁炉用直径0.6m的单小环远天线测量，最低高度1m（CISPR 11规定）。

三、辐射骚扰测试方法

以30MHz～1GHz电场辐射为例，说明辐射骚扰的测试方法。

1. 测试流程

1）按要求进行测试布置和连接（参考图3.6.5）。

2）EUT按规定的工作条件投入工作。

3）在水平面内旋转EUT，记下最大的骚扰读数，并记录转台对应的角度。天线在1~4m高度上下升降，寻找辐射最大值。这些程序性步骤可以变换，也可能需要重复，以便找出最大骚扰。

4）依次测试各频率点的辐射骚扰场强的最大值。

5）垂直、水平两种天线极化方向都要测量。

6）测试后分析数据，并进行结果评定。

2. 终测读点流程

由于整个频段进行准峰值扫描耗时很长，通常的做法是，用峰值检波进行预扫，在预扫波形（峰值）的基础上，针对接近限值或超过限值的点进行终测，然后找出该频率点的最大准峰值（QP）。

通常天线先固定在1m高度，转台旋转，找出在1m高度下哪个角度（该频点）QP值最大，然后转台固定在该角度，天线在1~4m的范围内升降，找出在哪个高度下QP值最大，通常就认为这时的QP值就是最大值（骚扰最大角度和高度的结合）。然后保持该高度不变，转台再次在0°~360°之间旋转，确定在这个高度下，之前找到转台的角度是否是干扰最大的角度，如果是，则终测完成。如果能够找到某个骚扰更大的角度，则以这个新的角度作为骚扰最大值角度，并记下新的最大骚扰值，终测完成。

3. 注意事项

1）按标准要求布置测试仪器和EUT。

2）按要求确认测试距离。

3）超长电缆的处理。超长部分应在电缆中心附近以30~40cm长的线段分别捆扎成S形。

4）EUT按规定的工作条件投入工作。

以上内容针对辐射骚扰的电场测试。对于灯具和电磁炉（电热炊具）等产生的低频磁场设备，需要采用CISPR 16-1-4规定的三环天线测量其低频磁场辐射骚扰。主要是由三环天线和电磁骚扰接收机进行测试，测试需要在屏蔽室内进行。测试时，EUT放置在三环天线中间的绝缘桌子上，将三环天线的输出通过同轴电缆连接电磁骚扰接收机的输入，通过计算机端软件进行操作，如图3.6.7所示。

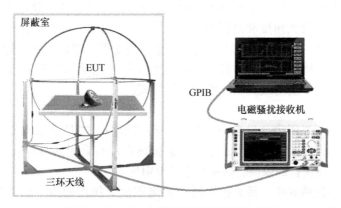

图3.6.7　LED灯具磁场辐射测试示意图

测试时，将测试软件设置为"LOOP"模式，表示三环天线测试，操作方法与传导骚扰类似。

需要说明的是，照明行业中，测试 9kHz ~ 30MHz 波段的电磁骚扰有两种方法。一种方法是本单元项目四介绍的传导骚扰测试方法，测试系统由电磁骚扰接收机、LISN 和测试软件构成，用于测量灯和灯具照明设备在正常工作状态下电源端口产生的骚扰。另一种方法就是上述的采用三环天线测量其低频磁场辐射骚扰。

与此同时，CISPR 15、EN 55015 和 GB/T 17743 标准中还提供另外一种照明设备的辐射电场骚扰测试方法，即耦合/去耦网络共模端子电压法。采用耦合/去耦网络法，主要包括电磁骚扰接收机、耦合/去耦网络和衰减器。测试时可以在屏蔽室内进行。在 9kHz ~ 300MHz 波段的电磁骚扰测试中采用的是耦合/去耦网络法。

四、工程实例：辐射骚扰测试

1. EUT

明纬开关电源 S-400-60。正常工作条件，额定负载。

2. 限值

开关电源属于信息技术设备，其辐射骚扰限值见表 3.6.2。对于 B 类设备 3m 测量距离，30 ~ 230MHz 的限值为 40dBμV/m，230 ~ 1000MHz 的限值为 47dBμV/m。

3. 测量方法

与传导发射的测量方法类似，测量时先用峰值预扫，针对接近限值或超过限值的点再读取准峰值和平均值。辐射骚扰对平均值不做要求，故不扫平均值曲线。

第一步，用峰值检波器进行预扫，得到一个骚扰的波形。根据经验，对于天线垂直极化的情况，通常在天线离地面高度 1m 附近会得到比较大的骚扰值。先把天线固定在 1m 高度，转台从 0°旋转到 360°，得到一个测量频段内的波形曲线图，然后再把天线升高到 2m，转台从 360°转到 0°，得到另一个波形图。最终把两个波形图合在一起取最大值，得到一个最大骚扰的波形图（峰值）。对于水平极化的情况，以同样的方式进行预扫，得到一个预扫的波形图（峰值）。

第二步，在预扫波形（峰值）的基础上，针对接近限值或超过限值的点，进行终测，找出这些频率点最大的 QP 值。具体方法是，针对每一个频率点，先把天线复位到 1m 高度固定不动，然后旋转转台，找出在 1m 高度下哪个角度 QP 值最大，然后转台固定在该角度，天线在 1 ~ 4m 的范围内升降，找出在哪个高度下 QP 值最大，通常就认为这时的 QP 值就是该频率点的骚扰最大值（骚扰最大角度和高度的结合）。为了更精准，可以做进一步验证。保持该高度不变，转台再次在 0° ~ 360°之间旋转，确定在这个高度下，之前找到的转台角度是否为干扰最大的角度，如果是，终测完成。如果能够找到某个骚扰值更大的角度，则以这个新的角度作为最大值角度，并记下新的最大骚扰值，终测完成。

4. 测量结果

测量结果如图 3.6.8 所示，包含两部分，一是波形图，二是测试数据。波形图中，横坐标代表频率（采用对数坐标），纵坐标是辐射骚扰场强的对数形式（dBμV/m），深色的限值是 3m 测量距离下 B 类设备的限值，转折点是 230MHz。

从图中看出，峰值曲线中，最大值同时也是离限值最接近的频率点，就是图中标注菱形的点，需要另外读点。

通过终测读点，测定的数据见图 3.6.8 的下方。该点的频率为 31.3095MHz，测定的准峰

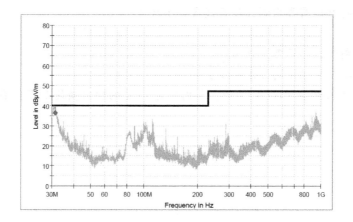

Final Measurement Detector 1

Frequency (MHz)	QuasiPeak (dBμV/m)	Meas. Time (ms)	Bandwidth (kHz)	Antenna height (cm)	Polarity	Turntable position (deg)	Corr. (dB)	Margin (dB)	Limit (dBμV/m)
31.309500	36.5	1000.000	120.000	100.0	V	296.0	19.9	3.5	40.0

图 3.6.8　开关电源辐射骚扰测量结果

值（QP）= 36.5dBμV/m，其他测量参数的含义如下：

Meas Time：1000ms，即准峰值检波的测量时间（1s）。

Bandwidth：120kHz，接收机的中频带宽。

Antenna height：100cm，读该点时的天线高度。

Polarity：V，读该点时天线的极化方向是垂直方向。

Turntable position：296.0°，读该点时转台的角度。

Margin：3.5dB，裕量，即限值-实测值。

Limit：40dBμV/m，即限值。

5. 结论

该 EUT 符合 GB/T 9254.1—2021 辐射骚扰（B 级设备）的限值要求。

五、小结

辐射骚扰测试是测试 EUT 通过空间传播的辐射骚扰场强的大小，用来评定是否符合标准的要求。辐射骚扰测试可以分为磁场辐射和电场辐射，前者针对灯具和电磁炉，后者则应用普遍。

辐射骚扰测试通常在半电波暗室进行。EUT 发出的骚扰信号通过测量天线接收，由同轴电缆传送到测量接收机测量，将实测值与 EUT 对应的限值做对比，评定是否符合标准要求。

测试电场辐射时，扫描的方式与传导骚扰类似，先用峰值预扫，针对接近限值或超过限值的点再读取准峰值和平均值。

对于灯具和电磁炉，采用三环天线测量其低频磁场辐射骚扰。

思考与练习

1. 判断题

（1）标准要求辐射骚扰在开阔场或半电波暗室中进行测试。　　　　　　　　　　（　　）

（2）电场辐射测试的对象是骚扰电压，单位是 dBμV。　　　　　　　　　　　（　　）

（3）磁场辐射测试需要用到三环天线或单小环远天线。 （　　）

2. 简答题

（1）电场辐射测试的原理是什么？

（2）简述电场辐射测试的方法和步骤。

（3）以信息技术设备（ITE）为例，如何评定 EUT 的辐射骚扰是否合格？

项目七

谐波电流测试

7

一、谐波电流测试基础知识

1. 谐波的概念

理想的交流电源是纯正弦波的周期信号，只包含一个频率（基频）。实际上，由于电力、电子系统使用各种非线性元件，导致电流波形失真。按照傅里叶级数理论，周期为 T 的非正弦周期信号 $f(t)$，可以展开为以下傅里叶级数：

$$f(t) = a_0 + \sum_{n=1}^{\infty}(a_n\cos n\omega t + b_n\sin n\omega t) = a_0 + \sum_{n=1}^{\infty}A_n\cos(n\omega t + \varphi_n)$$

式中，$\omega = \dfrac{2\pi}{T}$ 为基波角频率；$a_0 = \dfrac{1}{T}\int_0^T f(t)\,\mathrm{d}t$ 为直流分量；$a_n = \dfrac{2}{T}\int_0^T f(t)\cos n\omega t\, \mathrm{d}t$ 为余弦幅度；

$b_n = \dfrac{2}{T}\int_0^T f(t)\sin n\omega t\,\mathrm{d}t$ 为正弦幅度；$A_n = \sqrt{a_n^2 + b_n^2}$ 为 n 次谐波的幅度；$\varphi_n = -\arctan\left(\dfrac{b_n}{a_n}\right)$ 为 n 次谐波的相位。

由上式可见，非正弦周期信号除了基波外，还包含各种频率为基频整数倍的谐波分量。谐波电流具有离散性、谐波性和收敛性的特点。

谐波的产生主要是由于电力系统中存在非线性元件及负载，这些具有非线性特性的设备就是谐波骚扰源，这些谐波骚扰源在电网上广泛存在并大量使用。

典型的非线性负载是二极管整流电路，正常工作后，滤波电容两端的电压存在直流分量，只有输入电压高于滤波电容的电压，二极管才导通产生电流，从而引起电流波形出现畸变，如图 3.7.1 所示。

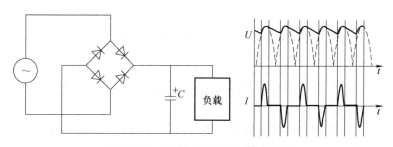

图 3.7.1　整流电路及其电流波形图

大部分家电产品使用桥式整流电路，会产生较高次谐波。在洗衣机、电风扇、空调器等有绕组的设备中，因不平衡电流的变化也能使波形改变。这些家用电器虽然功率较小，但数量巨大，是谐波的主要来源之一。

谐波电流是造成电力系统功率因数（PF）下降的主要原因之一（另一个原因是电流和电压存在相位差）。来自不同谐波源的谐波电流在电力系统的阻抗上产生谐波电压，因为频率和相位不同，通常是向量叠加的。

大量的谐波电流注入电网，将造成电压畸变，危害电网中其他用电设备的正常工作。谐波对供电线路和电子电器产品的危害包括：

1）降低功率因数。要求电网输送比有功功率更大的功率，从而要求供电导线要采用更大面积，造成资源浪费，甚至可能引发并联或串联谐振，损坏电气设备以及干扰通信线路的正常工作。

2）导致电气设备（电机、变压器和电容器等）附加损耗和发热，甚至引发火灾，尤其是3次、5次谐波电流。

3）缩短电子零部件使用寿命。

2. 测试目的

检验 EUT 工作时产生的谐波电流的大小，评定其是否符合标准的要求。

3. 测试原理

谐波电流测试电路原理图如图 3.7.2 所示，试验电源 S 是一个理想化的交流电源，具有内阻小、波形纯、电压稳和频率准的特点。测量设备 M 是一个离散傅里叶变换的时域分析仪器，可以分析 1~40 次的谐波电流值。I_n 代表 n 次谐波分量，U 代表试验电压。纯净电源 S 为 EUT 提供试验电压，EUT 的输入电流通过测试设备 M 进行傅里叶分析，得到各次谐波的分量，通过仪器显示出来，并且可以形成测试报告。

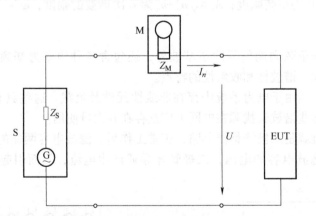

图 3.7.2　谐波电流测试电路原理图（来源：GB 17625.1—2012）

4. 测试标准

谐波电流测试的标准是 GB 17625.1—2012《电磁兼容　限值　谐波电流发射限值（设备每相输入电流≤16A）》。

GB 17625.1—2012 为强制性国家标准，等同采用国际标准 IEC 61000-3-2：2009，适用于输入电流小于或等于 16A 的接入公共低电压网络的电子电气设备。

（1）主要内容

1）规定向公共电网发射的谐波电流的限值。

2）指定由在特定环境下 ETU 产生的输入电流的谐波成分的限值。

（2）主要术语和定义

① 电路功率因数

所测的有功输入功率与供电电压（有效值）和供电电流（有效值）的乘积之比。

② 总谐波电流（Total Harmonic Current，THC）

2~40 次谐波电流分量的总有效值：

$$总谐波电流 = \sqrt{\sum_{n=2}^{40} I_n^2}$$

③ 部分奇次谐波电流

21~39 次奇次谐波电流分量的总有效值：

$$部分奇次谐波电流 = \sqrt{\sum_{n=21,23}^{39} I_n^2}$$

（3）设备的分类

标准将 EUT 分为四大类，见表 3.7.1。

表 3.7.1 GB 17625.1—2012 设备分类表

设备分类	分类标准
A 类（CLASS A）	平衡的三相设备 家用电器，不包括列入 D 类的设备 工具，不包括便携式工具 白炽灯调光器 音频设备 未规定为 B、C、D 类的设备均视为 A 类设备
B 类（CLASS B）	便携式工具 不属于专用设备的电弧焊设备
C 类（CLASS C）	照明设备
D 类（CLASS D）	功率不大于 600W 的下列设备： 个人计算机和个人计算机显示器 电视接收机

下列设备在标准 GB 17625.1—2012 不做限值的规定（即免测设备，见标准第 7 章）：

1）额定功率 75W 及以下的设备，照明设备除外。

这类设备的特点是功率小，就算其电流波形有明显畸变，但其电流和功率小，对电网影响有限。对于 A、B、D 类设备，只要其功率小于 75W，就无需做电流谐波测试。

照明设备因为功率普遍不高（多数在 75W 以下），但数量众多，对电网的影响不可忽略，不能豁免。

2）总额定功率大于 1kW 的专用设备。

标准对专用设备的定义是，在商业、专业或工业中使用而不出售给一般公众的设备。工业（工厂）中使用的设备，通常属于专用设备。但有些民用设备，应视其应用场合来确定是否属于专用设备，例如，功放如果用于舞台、广场等公共场所，则属于专用设备，用于家庭、住宅场合，则不属于专用设备。专用设备超出标准的考察范围，应按其他标准的要求去处理。

如果专用设备总额定功率小于 1kW，因为不属于 B、C、D 类设备，只能归到 A 类设备去检测。

3）额定功率不大于 200W 的对称控制加热元件。

对称控制是一种将控制装置设计成在交流电压或电流的正负半周内，按相同方法操作的控制方法。如果某个设备采用对称控制，例如发热丝、发热管（棒），并且额定功率不大于200W，通常认为其产生的谐波电流较低，无需进行谐波电流测试。如果超过200W，归为A类设备处理。

4）额定功率不大于1000W的白炽灯独立调光器。

对于这种调光器，直接豁免。大于1000W，归为A类设备处理。

5）标称电压低于220V（相电压）的设备（系统）。

（4）限值

不同类别的设备，标准定义了不同的限值，其中：

A类设备输入电流的各次谐波不应超过表3.7.2给出的限值。

B类设备输入电流的各次谐波不应超过表3.7.2给出值的1.5倍。

表3.7.2 A类设备的限值

谐波次数（n）	最大允许谐波电流/A
奇次谐波	
3	2.30
5	1.14
7	0.77
9	0.40
11	0.33
13	0.21
$15 \leqslant n \leqslant 39$	$0.15 \times 15/n$
偶次谐波	
2	1.08
4	0.43
6	0.3
$8 \leqslant n \leqslant 40$	$0.23 \times 8/n$

由此可以看到，对于B类设备（便携式工具），由于其使用时间较短，其限值比A类设备有所放宽。

C类设备：对于有功输入功率大于25W的照明设备，谐波电流不应超过表3.7.3给出的相关限值。

表3.7.3 C类设备的限值

谐波次数（n）	基波频率下输入电流百分数表示的最大允许谐波电流（%）
2	2
3	30λ
5	10
7	7
9	5
$11 \leqslant n \leqslant 39$	3
（仅有奇次谐波）	（λ 为电路功率因数）

现行标准中,只对有功功率≤25W的放电灯做了限值要求(详见标准 GB 17625.1—2012 的 7.3 条),对于有功功率≤25W 的 LED 照明设备,由于不属于放电灯,谐波电流不做要求。需要说明的是,最新版的欧盟谐波电流发射标准 EN IEC 61000-3-2:2019(等同于国际标准 IEC 61000-3-2:2018)中新增了"额定功率小于但不等于 5W 的照明设备",意味着只要功率超过 5W,所有的照明设备(属于 GB 17625.1—2012 条款 5 所列照明设备类别的产品)均需要进行测试。

D 类设备:各次谐波电流不超过表 3.7.4 给出的限值。

表 3.7.4 D 类设备的限值

谐波次数(n)	每瓦允许的最大谐波电流/mA	最大允许谐波电流/A
3	3.4	2.30
5	1.9	1.14
7	1.0	0.77
9	0.5	0.40
11	0.35	0.33
$13 \leqslant n \leqslant 39$ (仅有奇次谐波)	3.85/n	见表 3.7.2

(5)测量频率范围

100Hz~2kHz(以 50Hz 市电为例),即 2~40 次谐波。

二、测试仪器及布置

1. 测试仪器

根据谐波电流测试原理,测试设备包括谐波分析仪、AC 纯净电源、计算机及测试软件。

国内外很多企业生产谐波分析仪。深圳市易磁通科技有限公司的 AC 2000A 谐波分析和电压闪烁分析仪,完全满足 IEC/EN 61000-3-2 和 IEC/EN 61000-3-3 标准要求,是一款测试速度快、精度高的独立式谐波电流和电压闪烁分析系统,可同时完成谐波电流和电压闪烁测试。其具有 USB 通信接口和功能丰富的计算机测试软件,可自动设定标准,并出具判断结果。实物如图 3.7.3 所示。

图 3.7.3 AC 2000A 谐波分析仪实物图

图 3.7.4 为 AC 2000A 谐波分析和电压闪烁分析仪面板,其中 1 为 Harmonics(谐波)和 Flicker(闪烁)的切换开关,开关上面为 Harmonics,下面为 Flicker;2 为谐波主机电源开关,ON 为主机开机,OFF 为关机;3 为 EUT 供电端口,即 EUT 接此端口;4 为负载控制开关,ON 状态时,供电端口 3 右上角灯亮说明 EUT 供电,OFF 状态时,供电端口 3 右上角灯不亮说明未供电给 EUT。

其外置的 AC 纯净电源(型号为 HPF-1010)完全满足标准 GB 17625.1—2012。

整套测试系统还包括计算机主机(控制用),如图 3.7.5 所示。

2. 测量场地及配置

标准未给出具体要求。

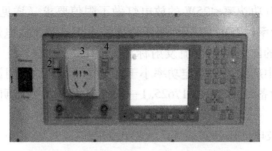

图 3.7.4　AC 2000A 谐波分析仪面板

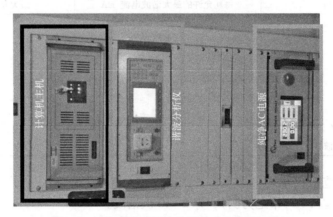

图 3.7.5　整套测试系统实物图（实物为竖放）

三、谐波电流测试方法

1. 观察时间

测量时的观察周期见表 3.7.5。

表 3.7.5　观察周期

设备运行类型	观察周期
准稳态	持续时间足够长，以满足重复性要求
短周期（$T_{cycle} \leqslant 2.5min$）	$T_{obs} \geqslant 10$ 周期（优选）或足够长
随机	持续时间足够长，以满足重复性要求
长周期（$T_{cycle} > 2.5min$）	整个工作周期（优选）或典型的 2.5min（含最大总谐波电流的操作周期）

注：重复性的要求：优于 ±5%。

2. 一般试验条件

测量应在用户操作控制下或自动程序设定的正常工作状态下，预计产生最大总谐波电流的模式进行。不要求实测总谐波电流值和寻找最恶劣情况下的发射，应保证 EUT 符合正常使用时的状况。

3. 谐波的测量及评定

（1）谐波电流的测量

对每一次谐波，在每个离散傅里叶变换时间窗口内测量经过 1.5s 平滑的有效值谐波电流。在整个测量周期（观察周期）内，将各离散傅里叶变换时间窗口的有效值谐波电流平均，计算各次谐波的算术平均值。

（2）限值的应用——如何判定试验数据是否合格

标准对每次谐波电流的平均值和最大值都有要求。

1）平均值：在观察时间（T_{obs}）内，单次谐波电流的平均值不大于相应的限值。

2）每次谐波的有效值：对每次谐波，在 2.5min 观察时间内，测试设备每隔 1.5s 采样一次有效值（共 100 个数据），应满足以下两个条件之一：

① 1.5s 平滑方均根值不大于相应限值的 150%（对每次谐波）。

这就不难理解，为什么在系统输出的数据中，包含每次谐波 100 个数据（有效值）中的最大值。把这个最大值与限值做比较，只要不超过限值的 150%，即代表符合该条款。

② 当同时满足以下三个条件时，1.5s 平滑方均根值不大于所应用限值的 200%：

条件 1：EUT 为 A 类设备，即不能为 B、C、D 类设备。

条件 2：超过 150% 应用限值的时间，不超过 10% 的观测周期（即测试时间）。例如，测试时间为 2.5min，代表在 100 次采样中，最多允许 10 次采样超过 150%。

条件 3：在整个试验观察周期内，谐波电流的平均值不超过应用限值的 90%。该条件的含意是，由于最大值放宽了要求，必须对平均值的整体表现做出限制。

总结：同时满足上述条件 1）和条件 2）①或②的要求，就可以认定该次谐波合格。条件 1）为平均值的要求，条件 2）为有效值的要求，只要满足①或②中的一个即可。

除此之外，标准还给出了放宽条款：对 21~39 次奇次谐波，当同时满足下列条件时，用 1.5s 平滑后的方均根值算出的平均值可以 ≤ 选用限值的 150%。

条件 1：测量的部分奇次谐波电流 ≤ 根据限值算出的部分奇次谐波电流。

条件 2：所有 1.5s 平滑后的单个方均根值 ≤ 选用限值的 150%。

注意，当手动或自动地将 EUT 投入或退出运行时，开关动作 10s 后再开始测量。试验过程中，EUT 的待机时间不得超过观测周期的 10%。小于输入电流的 0.6% 或小于 5mA 的谐波电流不予考虑。如安装在机架或箱体内的各独立设备，可分别连接到电源时，则不必把机架或箱体作为一个整体进行试验。

谐波测量及评定流程，参考标准 GB 17625.1—2012 的图 1 "符合性确定流程图"。

四、工程实例：谐波电流测试

1. EUT

名称：节能台灯

型号：佛山照明

产品参数：220V/50Hz，40W

防触电类型：Ⅱ类

样品工作模式：最大功率正常工作模式

2. 仪器设备

纯净电源（HPF-1010）、谐波主机（AC 2000A）、计算机，如图 3.7.5 所示。

3. 测试方法

1）将纯净电源（HPF-1010）、谐波主机（AC 2000A）和计算机接上市电 220V 并开机。

2）纯净电源开机后，根据 EUT 的额定工作电压，设定和输出 AC 220V/50Hz（通过触摸屏设置和操作），如图 3.7.6 所示。

设置好电压和频率后单击 "确定" 按钮，再单击右上角的输出指示。此时纯净电源已有

图 3.7.6　根据 EUT 设定纯净电源的输出电压和频率

输出，请注意安全，小心触电，同时谐波主机上显示标准的正弦波波形。

3）接上 EUT 并将负载（Load）开关开启，EUT 就可以正常工作。

4）通过计算机软件控制主机 AC 2000A（事先安装好软件和驱动）。

在主机 AC 2000A 上单击 Report→View→Wave→Local，然后单击测试软件，进入主界面，如图 3.7.7 所示。

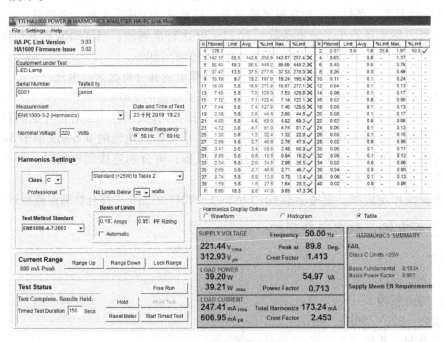

图 3.7.7　谐波测试主界面

5）设置参数如下：

Measurement：测量标准选择 EN 61000-3-2。

Class：根据 EUT 选择对应的设备类型。

Timed Test Duration：设为 150s（即 2.5min）。

6）单击"Start Timed Test"按钮开始测试。

7）生成报告。测试完毕后，选择左上角的 File 菜单里的命令即可转出需要格式的数据。波形可以通过截图来实现。图 3.7.7 显示，该项谐波测试不合格（FAIL）。

4. 测试结果分析

其灯具产品的测试数据如图 3.7.8 和表 3.7.6 所示。其中图 3.7.8 为图表部分，表 3.7.6 为各次谐波电流的实测数据（仅列出基波以及 2~21 次谐波）。

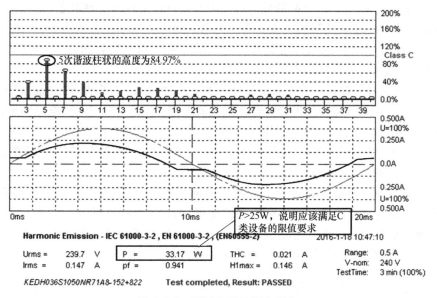

图 3.7.8 显示该灯具的功率大于 25W，说明应满足 C 类设备 25W 以上的限值要求。

图 3.7.8 中，为了直观表示各次谐波电流的含量，采用了比例表示法，即各次谐波的谐波电流占该次谐波限值的百分比。图中，100% 对应限值，可以直观看出某次谐波是否达到或超过限值，例如 5 次谐波只达到限值的 84.97%。

因为 C 类设备的限值用基波频率下输入电流百分数（%）表示，为此，表 3.7.6 中的数据显示了基波的实测数据，最大值为 0.1464A。以 5 次谐波为例，标准给出的限值为基波频率下输入电流的 10%，即 0.0146A。知道了限值后，即可算出平均值/限值（第 4 列）、最大值/限值（第 6 列）。

表 3.7.6 各次谐波电流的实测数据（仅列出基波以及 2~21 次谐波）

Order	Freq. [Hz]	Iavg [A]	Iavg%L [%]	Imax [A]	Imax%L [%]	Limit [A]	Status
1	50	0.1454		0.1464			基波最大谐波电流
2	100	0.0000	0.0000	0.0002	5.2103	0.0029	
3	150	0.0150	35.723	0.0152	36.194	0.0419	乘10%得到5次谐波的限值
4	200	0.0000		0.0000			
5	250	0.0124	84.970	0.0125	85.240	0.0146	
6	300	0.0000		0.0000			
7	350	0.0064	62.550	0.0064	62.821	0.0103	代表5次谐波实测的平均值 0.0124占限值0.0146的比例是84.97%
8	400	0.0000		0.0000			
9	450	0.0000	0.0000	0.0026	35.430	0.0073	
10	500	0.0000		0.0000			
11	550	0.0000	0.0000	0.0005	11.115	0.0044	
12	600	0.0000		0.0000			
13	650	0.0000	0.0000	0.0006	14.589	0.0044	
14	700	0.0000		0.0000			
15	750	0.0000	0.0000	0.0010	23.620	0.0044	
16	800	0.0000		0.0000			
17	850	0.0000	0.0000	0.0010	22.230	0.0044	
18	900	0.0000		0.0000			
19	950	0.0000	0.0000	0.0007	16.673	0.0044	
20	1000	0.0000		0.0000			
21	1050	0.0000	0.0000	0.0004	9.0311	0.0044	

表 3.7.6 中，第四列的数值没有超过 100%，第六列的数值没有超过 150%，即代表同时满足以上两个条件。

本例中，该灯具同时满足上述两个条件，故谐波电流检测合格。

对于有功输入功率不大于 25W 的放电灯，限值应符合下列两项要求之一：

1）谐波电流不超过 D 类限值（表 3.7.4 的第二列中与功率相关的限值）。请注意，该列限值的单位为 mA/W，实际的限值还要用该列的数据乘以 EUT 的有功功率。还要注意，这里采用了 D 类设备的限值，但灯具仍属于 C 类设备。

2）用基波电流百分数表示的 3 次谐波电流不应超过 86%，5 次谐波不应超过 61%；同时当基波电源电压过零点作为参考 0°时，输入电流波形应在 60°或之前达到电流阈值，在 65°或之前出现峰值，在 90°之前不能降低到电流阈值以下。

根据经验，上述两个条件中，往往条件 1）比较难通过，原因在于灯具的功率较小，对应的限值也比较小；条件 2）反而容易达到，举例说明如下。

图 3.7.9 是一种小于 25W 的照明产品的谐波测量数据（图表部分）。点画线部分为电压波形，粗实线部分为电流波形。图中 60°、65°及 90°的地方都画有竖线，方便分析。显然，无论是正半周还是负半周，输入电流波形在 60°之前已达到电流阈值（$0.05I_p$），65°之前出现峰值，90°之前尚未降低到电流阈值以下。可见电流波形符合标准的要求。

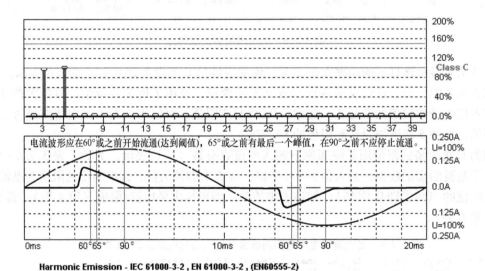

Harmonic Emission - IEC 61000-3-2 , EN 61000-3-2 , (EN60555-2)

图 3.7.9　小于 25W 的照明产品的谐波测量数据（图表）

再看该照明产品的实测数据，见表 3.7.7（只看 3 次和 5 次谐波，其余未列出）。

用基波电流（最大值）×86% 得到 3 次谐波电流的限值，用基波电流（最大值）×61% 得到 5 次谐波的限值。根据前面谐波电流的评定方法，可以看到 3 次和 5 次谐波的数值也是符合标准要求的。

综上所述，这个小于 25W 照明产品的波形和数据都符合标准的要求，因此可以评定其谐波测试合格。

表 3.7.8 是另一款功率>25W 灯具的谐波电流测试结果，很明显，该测试结果不合格（Fail）。

表 3.7.7　小于 25W 的照明产品的谐波电流实测数据

Order	Freq. [Hz]	Iavg [A]	Iavg%L [%]	Imax [A]	Imax%L [%]	Limit [A]	Status
1	50	0.0285		0.0286			
2	100	0.0000		0.0005			
3	150	0.0242	98.776	0.0243	99.184	0.0245	
4	200	0.0000		0.0003			
5	250	0.0173	99.425	0.0173	99.425	0.0174	
6	300	0.0000		0.0003			
7	350	0.0011		0.0011			
8	400	0.0000		0.0003			
9	450	0.0007		0.0007			
10	500	0.0000		0.0003			
11	550	0.0006		0.0006			
12	600	0.0000		0.0003			
13	650	0.0005		0.0005			

基波电流最大值的86%

基波电流最大值的61%

表 3.7.8　某款灯具（功率>25W）的谐波电流测试结果

```
HA-PC Link Plus. Software v3.03. Firmware v3.02
Report Number        : 307
Tested On            : 23 Oct 2019 19:16 for 150 Seconds.
Equipment Under Test : COMPUTER
Serial Number        : S001
Tested by            : jason

Supply Voltage       : 221.4 Vrms @ 313.0 Vpk   Frequency : 50.00 Hz
Supply Meets EN Requirements

Load Power           : 39.20 to 39.43 W  54.96 VA Power Factor 0.713
Load Current         : 248.2 to 249.6 mArms  607.1 to 612.1 mApk Crest Factor  2.453
Max THC              : 173.82 mA

Measurement Standard : EN61000-4-7:2002+A1:2009
Limits Applied       : EN61000-3-2:2014 Class C Limits >25W for  0.193A at  0.957 PF.
```

Harmonic Number	Limit Current mA	Average (filtered) mA	% Limit	max. Value (Filtered) mA	% Limit	Assessment
Fundamental :		176.7				
2 :	3.9	1.0	25.6	1.97	50.5	Pass
3 :	55.5	142.6	256.9	142.87	257.4	Fail
4 :	-	0.8	-	1.37	-	-
5 :	19.3	86.5	448.2	86.69	449.2	Fail
6 :	-	0.5	-	0.76	-	-
7 :	13.5	37.5	277.8	37.53	278.0	Fail
8 :	-	0.3	-	0.49	-	-
9 :	9.7	19.2	197.9	19.24	198.4	Fail
10 :	-	0.1	-	0.24	-	-
11 :	5.8	16.0	275.9	16.07	277.1	Fail
12 :	-	0.1	-	0.13	-	-
13 :	5.8	7.5	129.3	7.53	129.8	Fail
14 :	-	0.1	-	0.17	-	-
15 :	5.8	7.1	122.4	7.14	123.1	Fail
16 :	-	0.0	-	0.06	-	-
17 :	5.8	7.4	127.6	7.46	128.6	Fail
18 :	-	0.1	-	0.13	-	-
19 :	5.8	2.6	44.8	2.60	44.8	Pass
20 :	-	0.1	-	0.17	-	-
21 :	5.8	4.0	69.0	4.02	69.3	Pass
22 :	-	0.0	-	0.06	-	-
23 :	5.8	4.7	81.0	4.74	81.7	Pass
24 :	-	0.1	-	0.13	-	-
25 :	5.8	1.3	22.4	1.32	22.8	Pass
26 :	-	0.1	-	0.15	-	-
27 :	5.8	2.7	46.6	2.76	47.6	Pass
28 :	-	0.0	-	0.06	-	-
29 :	5.8	3.4	58.6	3.48	60.0	Pass
30 :	-	0.1	-	0.11	-	-
31 :	5.8	0.9	15.5	0.94	16.2	Pass
32 :	-	0.1	-	0.13	-	-
33 :	5.8	2.0	34.5	2.06	35.5	Pass
34 :	-	0.0	-	0.06	-	-
35 :	5.8	2.7	46.6	2.71	46.7	Pass
36 :	-	0.0	-	0.08	-	-
37 :	5.8	0.8	13.8	0.78	13.4	Pass
38 :	-	0.1	-	0.13	-	-
39 :	5.8	1.6	27.6	1.64	28.3	Pass
40 :	-	0.0	-	0.06	-	-

Evaluated Using the 200% Max and 90% Average Rule

五、小结

谐波电流测试是考察 EUT 工作时产生的 2~40 次谐波电流的大小，评定其是否符合标准 GB 17625.1—2012 的要求。

谐波电流测试系统由纯净（交流）电源、谐波分析仪、计算机及测试软件组成。谐波电流测试标准 GB 17625.1—2012 将 EUT 分成四类，分别定义了谐波电流限值。根据限值要求评定 EUT 是否符合标准时，有多种条件要求，应仔细甄别，按照标准提供的条件和流程来确定。

思考与练习

1. 单选题

（1）谐波电流试验标准 GB 17625.1—2012 中，把设备分为 A、B、C、D 四类设备，下列哪一类产品属于 C 类设备（　　）。

A. 照明产品　　　　　　　　　　B. 便携式工具

C. 电视接收机　　　　　　　　　D. 白炽灯调光器

（2）谐波电流测试考察的是（　　）次谐波。

A. 1~40　　　　B. 2~40　　　　C. 1~20　　　　D. 1~50

（3）谐波电流测试系统由谐波分析仪、（　　）、计算机及测试软件组成。

A. 直流电源　　　　　　　　　　B. 纯净（交流）电源

C. 整流电源　　　　　　　　　　D. 逆变电源

2. 简答题

（1）谐波电流的特点是什么？

（2）检测谐波电流的原理是什么？

（3）谐波电流有哪些危害？举例说明。

（4）谐波电流检测的国家标准是什么？

（5）如何评定谐波电流测试是否合格？

项目八

电压波动和闪烁测试

8

一、电压波动和闪烁测试的基础知识

1. 电压波动和闪烁现象

当空调器或其他大功率负载接通和断开时，会造成电网的电压波动，白炽灯的亮度随之闪烁。这种灯的频繁闪烁会导致人不习惯或不舒适，甚至对健康有害，故制定该测试项目来检测和限制接入电网的电器产生的电压波动。

现在，日常生活和工业上基本不用白炽灯了，但电压波动同样会影响其他设备的工作，例如，造成电动机转速不稳定、电视机画面不稳定、对电压波动较敏感的工艺过程或试验结果产生不良影响等，故该项目被保留下来。

2. 定义

电压波动：一连串的电压变化或电压包络的周期性变化。

闪烁：亮度或频谱分布随时间变化的光刺激所引起的不稳定的视觉效果。电压变化本身并不能恰当地表征闪烁的可感受性，因为人类对闪烁的反应和敏感性会随着闪烁频率的变化而变化。因此，对电压变化本身的处理必须在一个大约为几分钟的时间周期内进行。测量的方法是将电压变化导入到闪烁计，闪烁计将根据电压波形和既定的参考方法对电压变化特征进行加权，测量闪烁的量值。

d_{max}：最大相对电压变化。

d_c：相对稳态电压变化。

$d(t)$：相对电压变化特性。

它们之间的关系如图 3.8.1 所示。

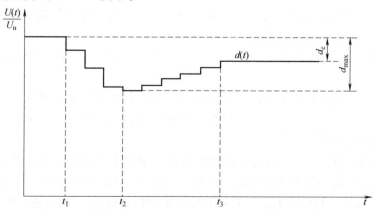

图 3.8.1 相对电压变化特性（来源：GB 17625.2—2007）

111

P_{st}：短期闪烁指示值，表示短时间（几分钟）闪烁的严酷程度，$P_{st} = 1$ 表示敏感性常规阈值。

P_{lt}：长期闪烁指示值，表示长时间（几小时）闪烁的严酷程度。

P_{st} 和 P_{lt} 的评定方法，请参考 IEC 61000-4-15：2010。

3. 测试标准

电压波动和闪烁的测试标准为 GB 17625.2—2007《电磁兼容　限值　对每相额定电流≤16A 且无条件接入的设备在公用低压供电系统中产生的电压变化、电压波动和闪烁的限制》（等同采用 IEC 61000-3-3：2005）。

该标准涉及的是对公用低压系统产生的电压波动和闪烁进行的限制，通俗地说，就是为了保证产品不对与其连接在一起的照明设备造成过度的闪烁影响（灯光闪烁）。该标准规定了在一定条件下 EUT 可能产生的电压变化限值，并给出了评定方法准则。该标准适用于每相输入电流不大于 16A，并打算连接到相电压为 220~250V、50Hz 的公用低压配电系统的电子和电气设备。

4. 限值

1) P_{st} 值不大于 1.0。

2) P_{lt} 值不大于 0.65。

3) 在电压变化期间 $d(t)$ 值超过 3.3% 的时间不大于 500ms。

4) 相对稳定电压变化 d_c 不超过 3.3%。

5) 最大相对电压变化 d_{max} 不超过：

① 4%，无附加条件；

② 6%，条件见 GB 17625.2—2007 第 5 条；

③ 7%，条件见 GB 17625.2—2007 第 5 条。

如果电压变化是由于手动开关造成或发生率低于每小时一次，则与闪烁有关的 1) 和 2) 限值不适用，与电压变化有关的三项限值 3)~5) 分别是上述电压限值的 1.33 倍（这些限值不适用于应急开关动作或紧急中断的情况）。

5. 观察时间

对于用闪烁测量、闪烁模拟或解析法来评定闪烁值的情况，其观察时间 T_p 规定为

1) 对 P_{st}（短期闪烁指示值），$T_p = 10min$。

2) 对 P_{lt}（长期闪烁指示值），$T_p = 2h$。

观察时间应包含 EUT 在整个运行周期中产生最不利电压变化结果的那部分时间。

对 P_{st} 评定时，周期应连续重复，除非运行条件另有说明。当 EUT 的运行周期小于观察时间时，设备自动停止后的最小重新启动时间应计入观察时间。

对 P_{lt} 评定时，若 EUT 的运行周期小于 2h 且一般不经常连续使用，运行周期不应被重复。

6. 测试原理

对在公用低压电网系统中使用的电气电子设备，在标准电源供电状况下，由闪烁分析仪测量和计算得出其电压波动和闪烁的特性值。完整的测试系统包括纯净电源、参考阻抗网络以及电压波动和闪烁分析仪。

测试原理如图 3.8.2 所示。这是三相测量电路，单相电路简化即可。其中，M 为测试设备，S 是由电源电压发生器 G 和参考阻抗 Z 组成的电源。试验电源电压应为 EUT 的额定电压。

对阻抗的要求是，对单相来说，$R_A = 0.4\Omega$，$X_A = 0.2\Omega$；对三相来说，$R_A = 0.24\Omega$，$X_A =$

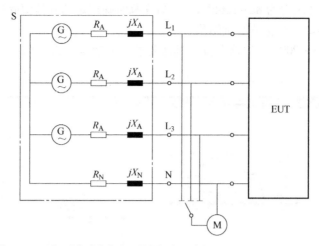

图 3.8.2 电压波动和闪烁测量电路（来源：GB 17625.2—2007）

0.15Ω；$R_N = 0.16\Omega$，$X_N = 0.10\Omega$。

闪烁分析仪实际上是一台用电网载频输入进行工作的专用幅度调制分析仪，用以模拟人对 50Hz/220V 交流电压下的 60W 螺口白炽灯在电压波动下所产生闪烁的感受程度。

二、测试仪器及布置

1. 测试仪器

电压波动和闪烁测试需要使用闪烁分析仪、AC 电源和测试计算机（含软件）。

闪烁分析仪也有很多的品牌型号。本单元项目七提到的 AC 2000A 谐波分析和电压闪烁分析仪及整套系统也可进行电压波动和闪烁测试。

下面以加利福尼亚仪器公司（California Instruments）的 CTS 测试系统为例进行说明。

CTS 测试系统是一个完整高效的 IEC 电磁兼容测试系统，由纯净电源（iX 系列电源）、数据调理器（PACS 系列）和高速数据采集系统构成，充分利用计算机的内存资源，使测试数据的采集、处理、存储、回放更为快速完善，能够完成谐波电流、电压波动和闪烁、电压跌落和变化等项目测试。

整套系统包括 PACS-1 谐波/闪烁分析仪、5001iX-CTS-400 纯净电源、计算机及软件组成，实物图如图 3.8.3 所示。

图 3.8.3 CTS 测试系统实物图

2. 测试布置

本测试应在标准规定的气候条件和电磁环境条件下进行。环境温度为 15~35℃；相对湿度为 25%~75%；大气压力为 86~106kPa。产品规范明确规定的其他值除外。

实验室的电磁环境不应影响测试结果。

标准 GB 17625.2—2007 对仪器布置无具体要求，可参考图 3.8.4。

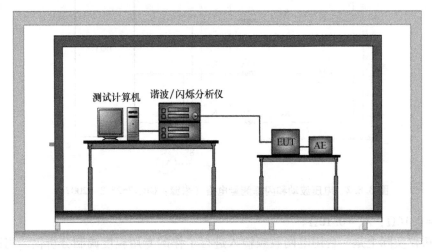

测试计算机　谐波/闪烁分析仪

EUT　AE

图 3.8.4　仪器布置

三、电压波动和闪烁测试方法（实例）

以 PACS-1/5001iX-CTS-400 型谐波/闪烁分析仪及 CTS3.0 型测试软件为例，说明电压波动和闪烁的测试方法。

1）测试前准备工作如下：

① 检查测试环境是否正常，测试仪器和 EUT 是否正常工作等。

② 按标准要求布置 EUT。

③ 将 EUT 输入电源线接入 5001iX-CTS-400 电源输出端，如图 3.8.5 所示。

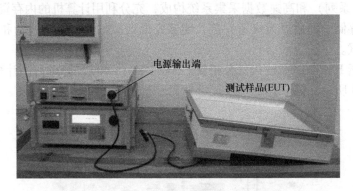

电源输出端

测试样品(EUT)

图 3.8.5　仪器及 EUT 布置（实物图）

2）打开计算机，打开 PACS-1/5001iX-CTS-400；双击软件 CTS3.0，再选择 File→Test，参考相关标准设置参数，进入测试界面，如图 3.8.6 所示。

3）在图 3.8.6 所示的区域 1 设置好相关参数，在区域 2 设置 EUT 和测试员相关信息后单击 OK 按钮，再单击 Power 按钮，接通 EUT 电源，稳定运行后单击 Start 按钮开始测试，图 3.8.7 所示为测试中的画面。

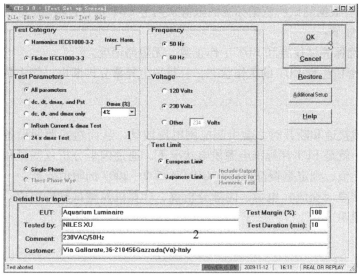

图 3.8.6　测试界面及设置参数

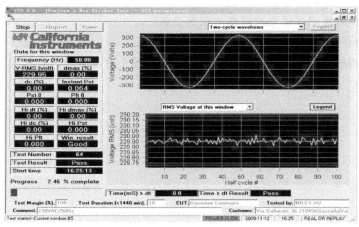

图 3.8.7　测试中的画面

4）测试完成时将弹出窗口"Test Completed"，单击 OK 按钮，再单击 Report 按钮，在新弹出窗口单击 View Report with MS Word 按钮，随后保存数据，如图 3.8.8 所示。关闭电源，退出本项测试。

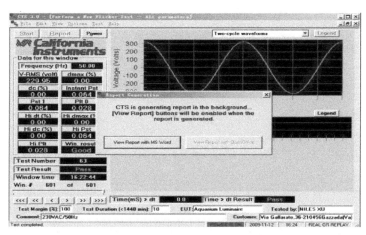

图 3.8.8　测试完成后生成报告

5）合格评定。根据测试所依据标准的限值来判定 EUT 是否合格。

6）注意事项如下：

① 测试前，确保测试仪器和 EUT 工作正常，无短路情况。

② 测试中，密切注意 EUT 的工作状态，一旦发生异常立即断电，停止测试。

四、小结

当大功率负载接通和断开时，会引起电网电压波动，从而造成照明设备亮度闪烁。电压波动和闪烁测试，就是 EUT 在标准电源供电状况下，通过闪烁分析仪测量和计算得出其电压波动和闪烁的特性值，判定是否符合标准 GB 17625.2—2007 的限值要求。

测试系统由纯净（交流）电源、闪烁分析仪、计算机及测试软件组成。具体操作请参考测试系统的相关说明。

✎ 思考与练习

1. 闪烁问题的来源是什么？
2. 电压波动和闪烁测试需要用到哪些仪器设备？
3. 电压波动和闪烁测试使用的国家标准是什么？
4. 五个限值指标中，哪些属于闪烁的指标，哪些属于电压波动的指标？

项目九

断续骚扰测试

9

一、断续骚扰测试基础知识

1. 断续骚扰的定义

电源端口传导骚扰（CE），根据骚扰类型可分为连续骚扰和断续骚扰。

连续骚扰是指电子设备运行状态不变时产生的电磁干扰，可在电磁骚扰接收机上直接读出连续干扰的数值，并与相应标准的限值进行比较，判定产品是否合格，详见本单元项目四。

断续骚扰是指家用电器、电动工具、电动医疗设备、电玩具、自动售货机、电影或幻灯片投影仪等类似设备，因继电器动作、程序控制或其他原因导致设备起动或停止的瞬间所产生的明显大于连续运行时的骚扰。

断续骚扰分为喀呖声和非喀呖声。喀呖声的定义见下文，其特点是干扰幅度大（相对连续骚扰而言）、短暂、稀疏。

2. 术语和定义

（1）喀呖声（click）

指幅度超过连续骚扰电压限值，持续时间不大于200ms，而且后续的骚扰与前一个骚扰至少间隔200ms（即间隔时间不小于200ms）的一种断续骚扰。一个喀呖声可能包含许多脉冲；在这种情况下，相关时间是从第一个脉冲开始到最后一个脉冲结束的时间。

从喀呖声的定义来看，界定喀呖声有两个重要因素：骚扰信号的持续时间，以及前后两个骚扰信号的间隔时间。一个喀呖声可以是持续时间不大于200ms的连续脉冲序列，也可以是单个脉冲持续时间小于200ms，间隔时间小于200ms，总持续时间不大于200ms的脉冲群。如果这两种喀呖声的间隔≥200ms，则被认为是两个喀呖声，如图3.9.1所示。

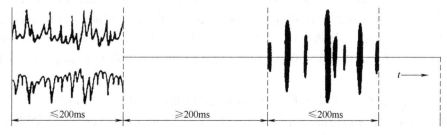

图3.9.1 两个喀呖声示意图（来源：GB 4343.1—2018）

（2）喀呖声率（clickrate）

喀呖声发生的频度用喀呖声率 N 表示，即1min内的喀呖声次数或开关操作数。喀呖声率决定了喀呖声的危害程度，N 越大，危害程度越大，喀呖声限值 L_q 越接近连续骚扰限值 L；N 越小，危害程度越小，喀呖声限值 L_q 越高于连续骚扰限值 L。

喀呖声率应在规定的运行条件下，或当没有规定时，在典型使用环境中最不利条件下（最大喀呖声率）确定。标准根据 EUT 内部运行原理的差异，规定了两种喀呖声率的计算方式：

一种依据实际检测到的喀呖声数。一般喀呖声率是由公式 $N=n_1/T$ 确定的每分钟的喀呖声数，其中 n_1 是在观测时间 T 内的喀呖声数。对某些特定的器具（如冷藏箱、冷冻箱、电熨斗等，详见标准 GB 4343.1—2018 附录 A），喀呖声率 N 是由公式 $N=n_2f/T$ 确定，n_2 是观测时间 T 内的开关操作数，f 是器具的因数（详见标准 GB 4343.1—2018 附录 A）。

另一种则是依据开关操作次数确定喀呖声率。

这两种算法对应的测试方式也不同：用喀呖声数计算出的喀呖声率只需要观测 150kHz 和 500kHz 两个频点对应的准峰值数值。用开关操作次数计算出的喀呖声率需要观测 150kHz、500kHz、1.4MHz、30MHz 四个频点对应的准峰值数值。

（3）喀呖声限值（click limit）

用峰值检波器测量的连续干扰的相对允许值 L，增加一个由喀呖声率 N 确定的量。具体来说，喀呖声限值：

$$L_q = L + 44\text{dB}, N < 0.2$$
$$L_q = L + 20\lg(30/N)\text{dB}, 0.2 \leqslant N < 30$$

（4）上四分位法（upper quartile method）

在观察时间内记录的喀呖声数的四分之一允许超过喀呖声限值。

在开关操作的情况下，在观察时间内记录的开关操作数的四分之一允许产生超过喀呖声限值的喀呖声。

EUT 产生的喀呖声骚扰是否合格，应按"上四分位法"来确定，即在观察时间内记录的喀呖声总数中如有 1/4 超过喀呖声限值，则判断产品不合格。

（5）V 型网络（V-network）

能够分别测量每个导体对地电压的 LISN。

注：V 型网络可设计成用于任意导体数的网络。

（6）最小观测时间（minimum observation time）

当记录喀呖声数或开关操作时，为了统计判断单位时间的喀呖声数提供稳定的数据所需的最小时间。由于喀呖声的影响不仅取决于喀呖声的幅度也取决于持续时间、分布和重复率，因此试验的观测时间也是一个重要考量因素。标准规定，对于非自动停止的器具，最小观测时间是记录 40 个喀呖声或相关的 40 个开关操作数的时间或者 120min（取较小者）。也就是说，当设备是一直运行的（如冰箱），当设备运行 120min 还未观测到 40 个喀呖声或者 40 次开关次数，则测试停止，或者在 120min 之内已观测到 40 个喀呖声或者 40 次开关次数，则测试停止。

对于自动停止的器具（如洗衣机），最小观测时间是产生 40 个喀呖声或 40 个开关操作数所需最少数量的完整程序所持续的时间；当试验开始 120min 后，还没产生 40 个喀呖声时，试验应在进行当中的程序结束后停止。

3. 测试标准

GB 4343.1—2018《家用电器、电动工具和类似器具的电磁兼容要求　第 1 部分：发射》（等同采用 CISPR 14-1：2011）。

喀呖声具有明显超过稳态干扰的强度但是持续时间非常短的特征，所以 GB 4343.1（CISPR 14-1）专门制定了针对此类产品的干扰测试标准，所引用的标准为 IEC 61000-6-3 中关于住宅及照明限值标准以及 IEC 61000-6-4 中关于工业的标准，同样也参考了 EN 55103 中关于个人音视频产品的标准。

4. 测试原理

用测试接收机通过 LISN 测试 EUT 运行时产生于电源端子或负载端子的骚扰信号。

5. 喀呖声测试结果的评定

标准 GB 4343.1—2018 的图 9 详细说明了评定方法。下面就"上四分位法"的使用进行说明。

确定了喀呖声率之后，判断标准 GB 4343.1—2018 中 4.2.3.3 条瞬时开关的例外规则的适用性。当 EUT 同时满足"所有的喀呖声持续时间<20ms、90%的喀呖声率持续时间<10ms"时，喀呖声被认为满足限值要求（即测试合格）。

当上述情况测试不合格时，再去判断是否所有的喀呖声持续时间和分布符合喀呖声的定义，如果是，对断续骚扰使用放宽的限值。如果不是，应再检查该断续骚扰是否属于 GB 4343.1—2018 中 4.2.3 条和附录 A 中规定的喀呖声定义的例外情况。

当喀呖声的喀呖声率、持续时间和分布证实了对断续骚扰适用放宽限值，则喀呖声的幅度应使用上四分位法评估。具体方法是

1）进行第一轮测试，根据测试数据（总的喀呖声数 n_1 和观测时间 T），计算喀呖声率 N，确定放宽后的限值 L_q，以及允许超过喀呖声限值的喀呖声数 $\left(= \dfrac{n_1}{4} \right)$。

2）进行第二轮测试，确定超过喀呖声限值 L_q 的喀呖声数量 n_q。

3）如果 $n_q > \dfrac{n_1}{4}$，测试结果不合格；如果 $n_q \leqslant \dfrac{n_1}{4}$，测试结果合格。

通常，测试软件会根据测试数据，结合标准的要求自动做出是否合格的判定。

二、测试仪器及布置

1. 测试仪器

喀呖声属于传导骚扰测试，测试端口与传导连续骚扰一致。由于喀呖声测试对信号的采集、分析与连续骚扰不同，常规接收机已不能满足喀呖声测试要求，需用到喀呖声分析仪。

在耦合单元方面，喀呖声测试与连续骚扰一致，常规电源端口使用 LISN，信号端、负载端和高压大电流电源端使用电压探头。

喀呖声测试系统包含：喀呖声分析仪、LISN、测试软件。其中，喀呖声分析仪是喀呖声测试的主要设备，集成四通道（150kHz、500kHz、1.4MHz、30MHz）分析功能，可实现四通道同时测量、自动判断脉冲情况（喀呖声、非喀呖声、连续骚扰）、计算喀呖声率、自动加权、自动判断测量结果是否合格。LISN 可以在给定的频率范围内，为骚扰电压的测量提供标准规定的 50Ω 阻抗，并使 EUT 与电源相互隔离。

2. 测试布置

（1）测试条件

环境温度：15~35℃；相对湿度：25%~75%；大气压力：86~106kPa。

电磁条件：在屏蔽室内测试，背景噪声（EUT 接入测量线路而未开机运行测得的环境骚

扰电压）应比 EUT 的骚扰电压限值至少要低 20dB。基本原则是，实验室的电磁环境不应影响测试结果。

（2）测试布置

台式 EUT 放在一个 80cm 高的绝缘测试台上，离屏蔽室的一个墙面为 40cm；落地式 EUT 应放在一个 40cm 高的绝缘测试台上。

EUT 与 LISN 的距离为 80cm，EUT 电源线与 LISN 连接时，若其长度大于 80cm，应将多余部分折叠成 30~40cm 的线束，并以无电感的 S 形曲线形状来放置。

参考接地板要求：面积为 200cm×200cm，厚度为 2mm，接地使用尽可能短的薄铜条，保证每个边至少超出被测样机 5cm。

布置的平面图如图 3.9.2 所示。

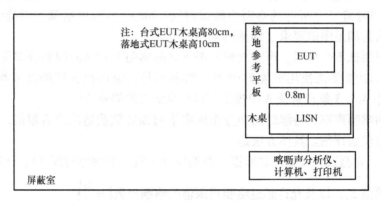

图 3.9.2 测试布置图

三、断续骚扰测试方法

喀呖声测试流程参考标准 GB 4343.1—2018 的图 9。为方便起见，下面以 AFJ 公司的 CL55C 喀呖声分析仪、LS16C LISN 以及 Ver5.13 测试软件构成的测试系统为例，说明断续骚扰测试方法。

1. 测试前准备

1）首先要确认 EUT 的类别，是否属于标准 GB 4343.1—2018 附录 A 中某种器具。因为不同类型的 EUT，在标准上的观测频段和算法都不同。

2）检查测试环境正常，测试仪器和 EUT 能正常工作，然后按标准要求布置 EUT，将其投入正常工作状态，并符合标准要求的运行条件。

3）打开仪器和喀呖声测试软件 Ver.5.13，进入测试软件界面，如图 3.9.3 所示。

热机大约 20min，直到喀呖声分析仪达到稳定状态。

4）选择对相线或零线进行测量，与 LISN 上的选择对应。

5）选择测试程序进行第一轮测试，根据第一轮测试结果确定是否进行第二轮测试。

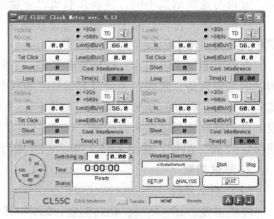

图 3.9.3 喀呖声测试界面

2. 参数设置

喀呖声分析仪在 150kHz、500kHz、1.4MHz、30MHz 四个频点采用准峰值检波方式对电压值超过连续干扰电压允许值（66dBμV、56dBμV、56dBμV、60dBμV）的断续干扰分别进行计数，当喀呖声数达到 40 时，或测量时间达到 120min 时停止计数，因此要先设置相关参数。

在图 3.9.3 所示的窗口，单击 SETUP 按钮进入设置界面，如图 3.9.4 所示。

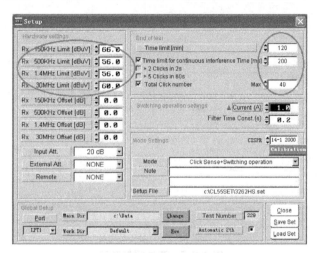

图 3.9.4　设置各频点限值及测试时间

1）在 150kHz、500kHz、1.4MHz 和 30MHz 四个频率点分别设置合适的限值。

2）将测试程序时间设为 120min 或者按照测试计划中规定的时间。对所有接收机来说，一旦喀呖声数达到 40 个测试会停止。

设置好限值以后，单击 Save Set 按钮保存在相应的文件中，方便后续调用，如图 3.9.5 所示。设置完成后，单击 Close 按钮关闭设置窗口。

3. 测试

单击右下角的 Start 按钮，开始测试，如图 3.9.6 所示。

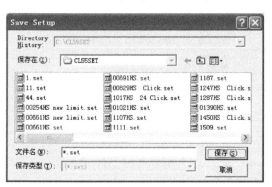

图 3.9.5　保存设置

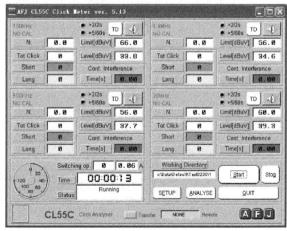

图 3.9.6　单击 Start 按钮开始测试

单击 Start 按钮后，会出现设置测试报告标题（Title）的画面，设置完成后单击 OK 按钮即可。

4. 生成测试报告

测试完成后，CL55C 自动停止（针对停止设置）或者手动停止测试，出现图 3.9.7 的测试报告窗口。

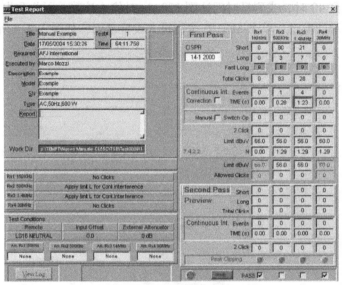

图 3.9.7　测试报告窗口

5. 合格评定

根据测试所依据标准的限值来判定 EUT 是否合格。

6. 注意事项

1）测试前，确保测试仪器和 EUT 工作正常，无短路情况。

2）测试中，密切注意 EUT 的工作状态，发生异常，立即断电，停止测试。

四、工程实例：喀呖声测试

图 3.9.8 是一款加湿器的喀呖声测试报告，结果为合格（PASS）。

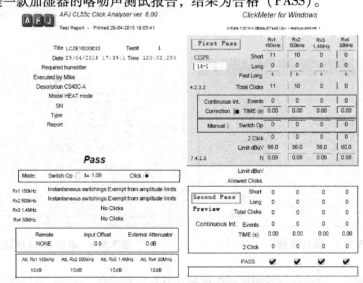

图 3.9.8　加湿器喀呖声测试结果

图3.9.9是一款恒温加热盘的喀呖声测试报告，结果为合格（PASS）。

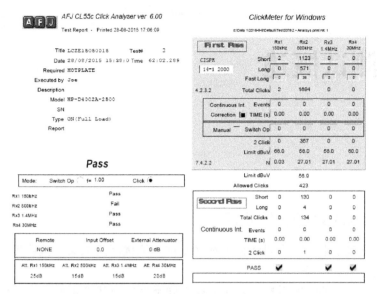

图3.9.9 恒温加热盘喀呖声测试结果

五、小结

喀呖声是指幅度超过连续骚扰电压限值，持续时间不大于200ms，而且后续的骚扰与前一个骚扰至少间隔200ms的一种断续骚扰，是家用电器、电动工具等类似设备，因继电器动作、程序控制或其他原因导致设备起动或停止的瞬间所产生的明显大于连续运行时的骚扰。

断续骚扰（喀呖声）测试遵循的国家标准是GB 4343.1—2018。

断续骚扰测试需要使用喀呖声分析仪、LISN、计算机及测试软件构成测试系统，其中，喀呖声分析仪作为接收机，是喀呖声测试的主要设备，通过LISN测试EUT运行时产生于电源端子或负载端子的骚扰信号。

测试结束后，根据测试所依据标准的限值来判定测试样品是否合格。

思考与练习

1. 喀呖声的定义是什么？
2. 断续骚扰测试需要使用哪些仪器？
3. 标准规定，喀呖声测试的频率点有哪些？
4. 喀呖声测试的布置有哪些要求？

项目十

抗扰度测试概述

10

一、抗扰度测试及常见测试项目

电磁兼容测试包括电磁骚扰测试和抗扰度测试。抗扰度测试又叫抗扰度试验，用于检验EUT承受骚扰的能力。

由于存在不同类型的电磁骚扰，因此也有不同类型的抗扰度试验。常见的抗扰度试验项目简介如下。

（1）静电放电抗扰度试验（IEC 61000-4-2，GB/T 17626.2）

积聚的静电荷一旦有放电的路径就会发生静电放电（ESD）。静电放电具有电压高、瞬间电流大、时间短的特点，这种短暂的能量爆发可能会导致许多问题，例如 IC 端口损坏、通信故障、LCD 屏幕损坏等。静电放电发生器模拟不同电压的静电，通过放电头对 EUT 实施接触放电或空气放电，考察 EUT 对静电放电的承受能力。

（2）辐射抗扰度试验（IEC 61000-4-3，GB/T 17626.3）

辐射抗扰度试验评估设备在暴露于不同电场源时正常运行的能力。电磁噪声可以来自各种源头，从手机、微波到 WiFi 路由器。

（3）电快速瞬变脉冲群抗扰度试验（IEC 61000-4-4，GB/T 17626.4）

模拟由电网上的感应负载切换引起的干扰，称为电快速瞬变脉冲群测试。电气开关、电动机、继电器、荧光灯镇流器在起动和切换时，可能对 EUT 产生不良影响，导致工作出错、设备损坏等问题。电快速瞬变脉冲群测试通常在交流或直流电源端口以及信号/控制端口上执行，信号/控制端口可连接长度超过 3m 的电缆。

（4）雷击/浪涌（组合波）抗扰度试验（IEC 61000-4-5，GB/T 17626.5）

雷击/浪涌可以由多种因素引起，包括间接雷击和常规电源切换。这种干扰的电压高、电流大、时间相对较长（低频能量大），会导致电子设备电弧放电、零件损坏等许多问题。雷击/浪涌抗扰度试验，就是模拟浪涌信号施加到 EUT 上，确认 EUT 承受此类干扰的能力，确保产品的合规性和可靠性不出问题。

（5）传导抗扰度（注入电流）试验（IEC 61000-4-6，GB/T 17626.6）

传导抗扰度试验包括模拟由同一电源网络供电的其他设备的潜在干扰，或者电感耦合到其 I/O 线路上。可以使用几种不同类型的测试设备来完成此操作，包括 CDN、BCI（大电流注入）探头和直接电压注入设备。

（6）电压暂降、短时中断和电压变化试验（IEC 61000-4-11，GB/T 17626.11）

电网电压的暂时降低、短时中断和电压变化是常见的现象，可引起设备工作异常、数据丢失甚至产品失效。该类型抗扰度试验将模拟不同幅度和时间的电压跌落、中断和变化，检验 EUT 的承受能力。电压跌落试验还用于测试设备在完全停电后成功重启的能力。

其他的抗扰度试验标准，可参考 GB/T 17626 系列标准（等同采用国际标准 IEC 61000-4 系列）。

二、抗扰度测试的性能水平或性能判据

抗扰度试验，都是用某种仪器产生特定骚扰，观察 EUT 遭受骚扰时的表现。观察可以用人的感官，借助视觉、听觉、嗅觉或触觉，也可以借助监控仪器查看 EUT 的电压、电流、功率、温度等参数。

假如某个 EUT 受到骚扰时，与受到骚扰前的表现一样，监控仪器上的参数没有变化，或者人类无法察觉其变化或异样，就可以认为该 EUT 没有受到骚扰的影响（功能性能没有任何降低），说明 EUT 的抗扰能力强。

有时，我们可以看到 EUT 的显示屏闪烁、显示紊乱、死机，需要人为干预才能重新工作（如重插电源或复位），甚至更糟糕的情况，如 EUT 损坏。

这说明，承受骚扰时 EUT 表现出来的性能降低是不一样的。

如何判定抗扰度试验结果是否合格？显然，需要把 EUT 在骚扰时的表现进行分类。例如，①EUT 完全没有受到影响；②EUT 的性能轻微降低；③EUT 需要人为干预才能重新工作；④EUT 损坏。

EUT 的某种性能降低，究竟归属哪一类表现呢？或者说，性能降低的分级尺度如何把握？基础标准 GB/T 6113.204—2008《无线电骚扰和抗扰度测量设备和测量方法规范 第 2-4 部分：无线电骚扰和抗扰度测量方法 抗扰度测量》中给出了性能降低分级的建议（见该标准 4.2 抗扰度降低判别准则）：

a）没有降低：设备符合设计规范。此类判别准则适用于那些敏感的保健设备和安全设备以及那些对众多消费者有影响的服务设施。也可用于一些关键性生产过程或设备运行的抗扰度准则。

b）明显降低：在这种情况下，性能已经受到了电磁骚扰的影响。一些明显性能降低的例子如视频和音频电路噪声增大，控制电路信噪比减小，数字系统的误码率接近系统允许的最大承受能力，或者有烦人的音频和视频骚扰。电子产品/设备无需操作者介入即可继续使用。这种性能降低通常用于大量生产的产品。当去除抗扰度信号时，性能降低现象即消失。

c）严重降低：在这一类别，产品将不能够连续满意地工作。为了排除这种性能降低，现场工程人员或用户服务代理人员在现场要花费相当多的时间试图找出并排除问题。这一类别的抗扰度电平应被设定在极偶然的情况下才会出现性能严重降低的水平上。如系统闭锁、复位以及其他的存储修改。此时需要操作人员介入，电子产品/设备才能够恢复其特定的运行状态。

d）失效/完全丧失工作能力：这是最严重的性能降低类别。此时，产品完全失效并且不能重新恢复使用。最终会发生机械损坏，不能现场修复。为了增加设备的抗扰度电平，就急需重新设计来更换整个设备。对用户的服务可能要不定期地暂停，暂停时间取决于制造商生产出满意替代品的能力。

产品委员会的任务是根据上述条件制定相应产品性能降低的判据。

三、抗扰度测试的基本方法

抗扰度测试的基本方法分为四步，分别是

1）利用抗扰度测试设备产生骚扰，并将骚扰信号注入到 EUT。

2）根据测试标准或测试计划，将骚扰信号电平增加到适当电平（试验等级）。

3）观察 EUT 性能降低的程度或类别。

4）判定与标准规定的符合性（合格或不合格）。

四、小结

抗扰度测试（试验）考察的是 EUT 对特定电磁骚扰的承受能力，是以电磁骚扰测试对应的电磁兼容测试类型。其基本方法是，将规定电平的骚扰信号注入 EUT，观察 EUT 性能降低的程度，根据标准要求判定测试是否合格。

根据 GB/T 6113.204—2008 的建议，抗扰度测试的性能判据分为四类。不同类型的产品在相应的产品类标准中明确定义了不同抗扰度测试的性能判据。

常见的抗扰度试验有静电放电、雷击/浪涌、传导抗扰度等。

思考与练习

1. 选择题

抗扰度试验中，某 EUT 有一定性能下降，但运行状态没有改变，干扰后 EUT 要能自行恢复到试验前的状态。该表现属于性能判据的哪一个？ （ ）

A. 性能等级 A   B. 性能等级 B

C. 性能等级 C   D. 性能等级 D

2. 简答题

（1）抗扰度测试和电磁骚扰测试的区别是什么？

（2）什么是抗扰度测试的性能判据？GB/T 6113.204—2008 将性能判据分为哪几类？

（3）抗扰度测试的基本方法是什么？

项目十一

静电放电抗扰度测试

11

一、静电放电抗扰度测试基础知识

1. 静电的基础知识

静电及静电放电是常见的自然现象。静电源于电荷的产生和积累，空气湿度越低，电荷的积累效应越明显。静电荷积累伴随电位升高到一定程度，遇到泄放的渠道，就会发生静电放电（Electrostatic Discharge，ESD）。因此，秋冬季经常发生静电积累和放电现象。

静电具有以下特点：

1）电位高：设备或人体上的静电位最高可达数万伏甚至数十万伏；在正常操作条件下也常达数百至数千伏。日常生活中静电的电压最高可以达到 30kV。

表 3.11.1 列出了工作场所常见的静电电压。

表 3.11.1　工作场所常见的静电电压

静电荷源	测得的静电电压/V	
	相对湿度 10%~20%	相对湿度 65%~90%
在地毯上行走	35000	1500
在聚烯烃塑胶地面上行走	12000	250
工作台旁操作的工人	6000	100
手拿聚乙烯塑料袋装入器件时	7000	600
从工作台拿起普通聚乙烯塑料袋	20000	1200
垫有聚氨酯泡沫的工作椅	18000	1500

2）电量低：通常为毫微库仑（10^{-9}C）级。

3）平均电流小：静电放电瞬间的电流很大，但时间非常短暂，因此平均电流很小，多为微安（μA）级。

4）作用时间短：纳秒（ns）至微秒（μs）级。

5）静电受环境条件，特别是湿度的影响比较大。

2. 静电的危害

静电是一种自然现象，在工业生产中不可避免，其造成的危害主要归结为以下两种机理：

（1）静电放电造成的危害

静电放电的瞬间，超高的电压、瞬间的大电流可能击穿绝缘介质（尤其是 MOS 结构半导体器件），损坏元器件，从而导致设备故障；放电产生尖峰脉冲电流，引发场强很高的瞬间电磁场，包含丰富的高频成分（可达300~1000MHz），引起电子电气设备的电路发生故障，甚至损坏。高压静电放电也可能造成电击，危及人身安全，在易燃易爆品或粉尘、油雾的场所极易引起爆炸和火灾。

（2）静电的吸附性

吸附灰尘造成集成电路和半导体器件的污染，大大降低成品率。电子产品（成品）工作时，灰尘在PCB表面堆积，造成绝缘下降，容易出现故障。胶片和塑料工业：使胶片或薄膜收卷不齐，胶片、CD塑盘沾染灰尘，影响品质。造纸印刷工业：纸张收卷不齐，套印不准，吸污严重，甚至纸张黏结，影响质量和效率。纺织工业：造成根丝飘动、缠花断头、纱线纠结等危害。

3. 静电放电抗扰度试验的目的

模拟人或物体在接触EUT时所引起放电（直接放电），以及人或物体对设备邻近物体放电（间接放电），检验电子电气设备在遭受这类静电放电骚扰时的性能。

4. 试验标准

静电放电抗扰度试验的基础标准为GB/T 17626.2—2018《电磁兼容 试验和测量技术 静电放电抗扰度试验》（等同采用IEC 60001-4-2：2008），2018年6月7日发布，2019年1月1日施行。

不同的EUT，根据相应的产品类标准要求进行试验和评定试验结果。

5. 试验等级

GB/T 17626.2—2018规定的试验等级见表3.11.2。

表3.11.2 试验等级

接触放电		空气放电	
等级	试验电压/kV	等级	试验电压/kV
1	2	1	2
2	4	2	4
3	6	3	8
4	8	4	15
X①	特定	X①	特定

① X为开发等级，该等级须在专用设备的规范中加以规定，如果规定了高于表中的电压，则可能需要专用的试验设备。

实际测试时，根据产品类标准定义的试验电压进行测试。例如，GB/T 4343.2—2020《家用电器、电动工具和类似器具的电磁兼容要求 第2部分：抗扰度》要求静电放电抗扰度试验电压为：4kV接触放电；8kV空气放电。

6. 放电类型

GB/T 17626.2—2018提到两种放电形式：接触放电和空气放电。在EUT的导电表面和耦合板进行接触放电；在EUT的绝缘表面进行空气放电。

对EUT本身实施放电（包括接触放电和空气放电），称为直接放电。直接放电考察静电放电对EUT的直接影响。

对EUT邻近的金属耦合板接触放电，称为间接放电。间接放电考察静电放电在周围物体引起的电磁骚扰对EUT的影响。

除了非导电（绝缘）外壳，现实生活中很多电子电器产品是金属外壳。当人体触摸金属外壳前，人体积蓄的静电荷会逐步向空气放电，尤其是即将碰触的瞬间，由于空气间隙很小，早已发生空气放电,因此,实际情况中大部分都属于空气放电。标准 GB/T 17626.2—2018 引入接触放电的目的,是为了减少测量不确定度。按下静电开关后,枪头很快充有设定的静电荷(如 8kV),但静电荷不是一成不变的,会慢慢泄放到空气中(电压逐步降低)。标准要求,按下开关后放电头要尽快接触导电表面,但不同试验者操作的速度不同,真正接触表面后的电压也是不同的,这就给试验带来不确定性。因此标准引入接触放电,接触导电表面(如金属外壳)后再按下放电开关,就避免了测量不确定性,一致性较好,重复性也较好。为此,标准提到,接触放电是优先选择的试验方式,就是从减小试验不确定性的角度来说的。但是在实际操作中,还是严格按照"导电表面施加接触放电,绝缘表面施加空气放电"的原则进行试验。

二、静电放电抗扰度测试仪器及布置

1. 所用的仪器

所用的仪器有静电放电发生器、静电放电枪及放电头。

放电头包括空气放电头(圆头)和接触放电头(尖头),形状须符合标准要求。

静电放电发生器及其放电枪,工作原理如图 3.11.1 所示。发生器产生直流高压,经过内部的电子开关 S_1 和电阻 R_c,送到放电枪,放电枪包括由 C_s、R_d 和机械开关(放电手刹)S_2 构成。

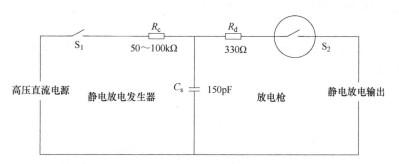

图 3.11.1 静电放电发生器及其放电枪的工作原理

静电放电发生器及放电枪的主要技术指标如下:

- 储能电容:150pF±10%。
- 放电电阻:330Ω±10%。
- 保持时间:>5s。
- 充电电阻:50~100MΩ。
- 电压示值容许偏差:±5%。
- 放电间隔:1s。
- 输出电压极性:正极性和负极性(可切换性的)。
- 放电电流波形须符合标准要求,如图 3.11.2 所示。

2. 试验布置

(1)接地参考平面与耦合板

接地参考平面,采用最小厚度为 0.25mm 的铜或铝的金属薄板,其他金属材料虽可使用,但厚度至少为 0.65mm。接地参考平面的最小尺寸为 1m²,实际的尺寸取决于 EUT 尺寸,而且每边至少应伸出 EUT(指落地式 EUT)或水平耦合板之外 0.5m,并将它与保护地系统相连。

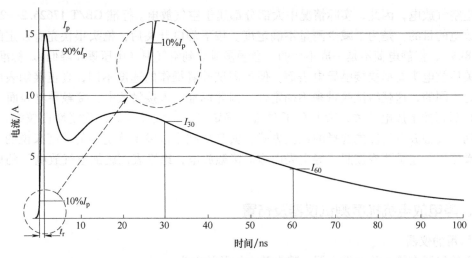

图 3.11.2 标准规定的放电电流波形

放在桌面上的水平耦合板（HCP）面积为 1.6m×0.8m，垂直耦合板（VCP）面积为 0.5m×0.5m，耦合板应采用与接地参考平面相同的金属和厚度，而且经过每端分别设置的 470kΩ 电阻与接地参考平面连接。

一张 0.5mm 厚的绝缘垫，将 EUT 电缆与 HCP 隔离。

（2）台式 EUT 布置

台式 EUT 放在接地参考平面上的 0.8m 高的木桌，水平耦合板至少比 EUT 每一边大出 0.1m，如图 3.11.3 所示。

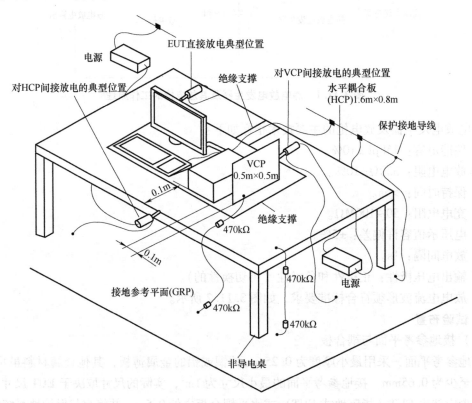

图 3.11.3 台式 EUT 布置图（来源：GB/T 17626.2—2018）

（3）落地式 EUT 布置

落地式 EUT 和电缆应放置在一个约 0.1m 厚的绝缘座上，如图 3.11.4 所示。

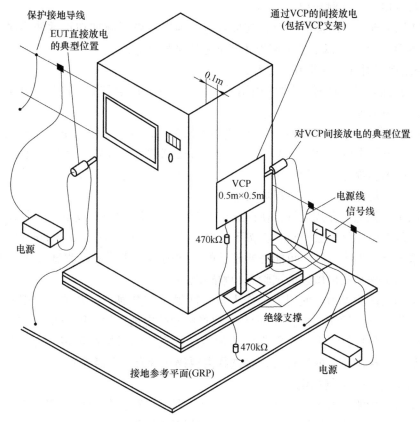

图 3.11.4　落地式 EUT 布置图（来源：GB/T 17626.2—2018）

（4）其他应注意的事项

1）距离 EUT 1m 范围内应无墙壁或者其他金属物品（包括仪器）。

2）静电放电发生器的放电回路电缆应与接地参考平面连接，总长度为 2m 左右，与其他导电部分保持不小于 0.2m 的距离，避免相互间有附加感应，影响测试结果。

三、静电放电抗扰度测试方法

1. 气候环境条件

环境温度：15～35℃；相对湿度：30%～60%；大气压力：86～106kPa。

电磁环境条件：实验室电磁环境，不应影响试验结果。

2. 测试方法

（1）试验计划的确定

试验应按照试验计划，采用对 EUT 直接和间接的放电方式进行。试验计划包括：确定 EUT 典型工作条件；确定 EUT 的类型（台式还是落地式）；确定施加放电点；确定在每个点上的放电类型（接触放电还是空气放电）；所使用的试验等级以及在每个点上施加的放电次数。

（2）放电点的确定

总的原则：EUT 在使用过程中，凡是能触碰到的部位都应该进行放电试验。操作者能接触到的导电端子或金属，施加接触放电；不能直接接触的导电端子和金属（如塑胶按键），施加空气放电。

（3）直接放电——接触放电

除非在通用标准、产品类标准中有其他规定，静电放电只施加在正常使用时人员可接触的 EUT 上的金属点和面。以下情况例外（即不施加接触放电）：

1）维修或保养时才接触得到的点和面。

2）设备安装固定后或按使用说明使用后不再能接触到的点和面，例如，底部和设备的靠墙面或安装端子后的地方。

3）外壳为金属的同轴连接器和多芯连接器可接触到的点。该情况下，仅对连接器的外壳施加接触放电。非导电的（如塑料）连接器内可接触到的点，应只进行空气放电试验。

为确定故障的临界点，试验电压应从最小值逐渐增大至选定的试验电压值，最后的试验值不应超过产品的规范值，以避免损坏设备。

试验应以单次放电的方式进行，在预选点上至少施加 10 次单次放电（以最敏感的极性）。每次放电时，放电枪先接触放电点，再按下放电开关进行放电。两次放电的时间间隔至少 1s，但为了确定系统是否发生故障，可能需要较长的时间间隔。为了提高测试效率，先以 20 次/s 的放电重复率来试探和找出敏感的试验点和敏感极性。

一般可考虑的试验点为：使用或操作人员可能触及的金属点、开关、按键或按钮以及易接近的区域、指示器、发光二极管（LED）、更换电池的电池弹片、IC 卡的插槽等。

对于螺钉，如果螺钉不多，每颗都要施加接触放电，如果螺钉很多，可选典型的螺钉来施加，尤其是靠近控制单元的螺钉（这种选择需要操作者有一定经验）。

（4）直接放电——空气放电

如设备制造商指明设备表面的漆膜是绝缘层，则应进行空气放电。实际操作时，应特别留意外壳表面的缝隙，放电枪沿着缝隙上游走，寻找敏感的放电点。

进行空气放电时，先按下放电枪的开关（此时枪头即带有静电荷），然后以尽量快的速度把圆形枪头靠近 EUT 表面及缝隙周围。每次放电之后，应将放电电极从 EUT 移开，然后重新按下开关，进行新的放电点放电，重复至所有放电点完成为止。

如设备制造厂家未说明涂膜为绝缘层，则发生器的电极头应穿入漆膜，以便与导电层接触；如厂家说明涂膜为绝缘层，则应只进行空气放电，这类表面不应进行接触放电试验。

（5）间接放电

间接放电是对水平耦合板和垂直耦合板分别进行接触放电。放电的次数和方式要求同直接放电——接触放电。

静电放电发生器应保持与实施放电的表面垂直，以改善试验结果的可重复性。

3. 结果评定

大部分产品对静电放电试验的性能要求，至少要满足标准 GB/T 4343.2—2020 的性能判据"B"，即"试验后器具应按预期连续运行。当器具按预期使用时，其性能降低或功能丧失不允许低于制造商规定的性能水平（或可容许的性能丧失）。如果制造商未规定最低的性能水平或可容许的性能丧失，则可从产品的说明书、文件及用户按预期使用时对器具的合理期望中推断"。

实际 EUT 的结果评定，依据所述的产品类标准所规定的性能判据来执行。例如，GB/T 4343.2—2020 规定，家电类产品静电放电抗扰度的性能判据就是"B"。

四、工程实例：静电放电抗扰度测试

1. EUT

名称：加湿器

型号：哥尔（Goal）GO-2029（见图3.11.5）

产品参数：220V/50Hz，功率25W

防触电类型：Ⅱ类

要求的性能等级：B

工作模式：最大功率正常运转模式

2. 仪器设备

泰思特静电放电发生器ESD-20G（含放电枪）

3. 试验方法

1）按本项目"二、静电放电抗扰度测试仪器及布置"的要求进行布置，然后开始试验。因为其外壳均为塑胶，故只进行空气放电。

2）依照GB/T 4343.2—2020的要求，设置试验电压为8kV，按下放电开关，移动圆形枪头在上盖和下盖的缝隙拖动一圈，寻找能放电的点。如果没有找到能放电的点，该部位结束试验。

3）按下放电开关，移动圆形枪头在旋钮表面扫描一圈，寻找能放电的点。如果没有找到能放电的点，该部位结束试验。

图 3.11.5 哥尔（Goal）GO-2029 加湿器

4）按下放电开关，移动圆形枪头在旋钮与下盖之间的缝隙拖动一圈，寻找能放电的点。如果没有找到能放电的点，该部位结束试验。

5）按下放电开关，移动圆形枪头在顶部出气口扫描一圈，寻找可以放电的点。如果没有找到能放电的点，该部位结束试验。

6）上述试验过程中，一旦发现放电点，则按标准要求采用8kV和-8kV的试验电压各施加10次放电，观察和记录EUT的反应。

7）所有部位试验完成后，关闭试验设备。

4. 测试日期：2019年12月19日

5. 试验记录：

放电位置	放电类	测试电压	现象
塑料外壳	A	±8kV	无异常
上盖和下盖的间隙	A	±8kV	无异常
旋钮四周的间隙	A	±8kV	无异常
出气口	A	±8kV	无异常
VCP	C	±4kV	无异常
HCP	C	±4kV	无异常

注：HCP—水平耦合板，VCP—垂直耦合板，A—空气放电，C—接触放电。

6. 测试结果：合格

五、小结

静电放电具有电压高、瞬间电流大、时间短的特点，这种瞬间的能量冲击容易造成半导体器件击穿、设备故障或损坏。静电放电抗扰度测试就是模拟人或物体对 EUT 直接或间接放电，考察电子设备承受骚扰时的性能表现，采用的基础标准为 GB/T 17626.2—2018。

静电放电分为直接放电和间接放电，直接放电又分为接触放电和空气放电，对产品可接触表面的金属部件实施接触放电，对绝缘表面（外壳）实施空气放电。测试采用的试验等级（静电电压）及操作要求参照产品类标准执行。

依照产品类标准对测试结果进行评定，大部分产品对静电放电试验的性能要求为性能判据"B"。

思考与练习

1. 单选题

(1) 静电放电试验中，在 EUT 的导电表面和耦合板上实施（   ）。

A. 接触放电   B. 空气放电

C. 金属放电   D. 非金属放电

(2) 静电放电发生器的放电回路电缆应与（   ）连接。

A. 接地参考平面   B. 发生器输出端

C. EUT 电源端   D. 市电端

(3) 家电产品的静电试验要求是（   ）。

A. 空气放电 6kV，接触放电 4kV

B. 空气放电 8kV，接触放电 2kV

C. 空气放电 8kV，接触放电 6kV

D. 空气放电 8kV，接触放电 4kV

2. 简答题

(1) 静电有哪些特点？

(2) 静电放电有哪些危害？

(3) 静电放电试验的国家标准是什么？

(4) 如何确定试验的放电形式（接触放电或空气放电）？

(5) 如何评定静电放电抗扰度试验是否合格？

项目十二

电快速瞬变脉冲群抗扰度测试

12

一、电快速瞬变脉冲群抗扰度测试的基础知识

1. 电快速瞬变脉冲群起因

电快速瞬变脉冲群是由电感性负载（如继电器、接触器、有刷电机、电磁阀、高压点火线圈、高压开关等）在切换时，由于开关触点间隙的绝缘击穿或触点弹跳等原因，在断开处产生的暂态骚扰。

如图 3.12.1 所示，在电感性负载的电路中，E 为电源，L 为电感，r 为电感内阻，C 为电感两端的分布电容。当开关 SW 断开时，电感电流发生快速变化，根据法拉第定律，电感上将产生感应电动势 $E_L = L \dfrac{\mathrm{d}i_L}{\mathrm{d}t}$，该感应电动势远远大于电源 E 的电压，极性是上负下正。这个电动势出现后，将对电容 C 反向充电，随着电容电压升高，与电

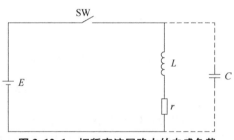

图 3.12.1　切断直流回路中的电感负载

源 E 叠加加到开关触点两端，达到一定程度后将触点的绝缘（空气隙）击穿，从而形成导电通路，分布电容开始放电，形成脉冲电流，同时电容电压下降；当电压降到维持触点间空气击穿的电压以下时，开关断开，电感继续给电容充电，重复上面的过程。这个过程一直重复到开关触点之间的距离增加，电容两端的电压无法击穿触点为止，此时，电感和分布电容形成低频率的阻尼振荡，直到电感能量消耗完（因为电感存在内阻 r）。

分布电容每次击穿开关触点向电源端放电时，将在电源回路上形成很大的脉冲电流，由于电源存在内阻，将在电源两端形成脉冲电压，对同时接在该电源的其他设备形成骚扰。这就是电快速瞬变脉冲群的由来。

以上分析以直流电源为例，实际上产品电源通常是交流（市电），由于开关断开的过程很短，在开关断开的瞬间，可能处在正弦波某个相位，近似于直流，只是不同的时刻对应不同的电压值。

当电感性负载多次重复开关，则脉冲群又会以相应的时间间隙多次重复出现。对 110V 和 220V 电源线的测量表明，这种脉冲群的幅值在 100V 至数千伏之间，具体大小由开关触点的机电特性（如开关速度、耐电压等）决定，脉冲重复频率在 5kHz~1MHz。

对单个脉冲而言，其上升沿在纳秒（ns）级，脉冲持续期在几十纳秒至数毫秒之间。脉冲的上升沿越陡峭，脉冲的重复频率越高，则脉冲包含的高频成分越大，最高频率可达 60~

600MHz。这种暂态骚扰能量较小，一般不会引起设备的损坏，但由于其频谱分布较宽，会对电子电气设备的可靠工作产生影响。因此可以说，电快速瞬变试验的要点是瞬变的高幅值、短上升时间、高重复率和低能量。

为了确保试验的重复性以及试验结果可对比，标准定义的电快速脉冲群是由间隔为300ms的连续脉冲串构成，每个脉冲串持续15ms，由数个无极性的单个脉冲波形组成，单个脉冲的上升沿为5ns，持续时间为50ns（简称5/50ns脉冲），重复频率为2.5kHz（对4kV测试等级）或5kHz（对其他等级），如图3.12.2所示。

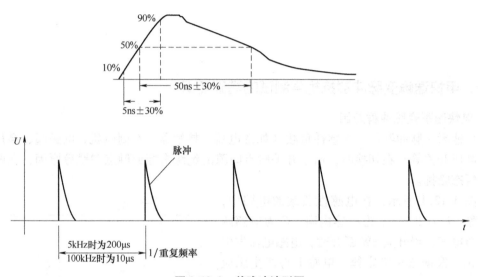

图 3.12.2　单脉冲波形图

脉冲群以5kHz（在最大测试电压时为2.5kHz）的重复频率持续15ms，每300ms施加一次的脉冲群（见图3.12.3），电压幅值变化的范围为250V~4kV。

图 3.12.3　脉冲群规格

根据傅里叶变换理论，它的频谱是5kHz~100MHz的离散谱线，每根谱线的距离是脉冲的重复频率。对电源端子选择耦合/去耦网络施加干扰，耦合电容为33nF。对I/O信号、数据和控制端口选择专用容性耦合夹施加干扰，等效耦合电容约为50~200pF。

2. 测试目的

电快速瞬变试验是一种将由许多快速瞬变脉冲组成的脉冲群耦合到电子电气设备的电源端口、信号和控制端口的试验，目的是为了检验电子电气设备在遭受这类暂态骚扰影响时的性能。试验的要点是瞬变的短上升时间、重复率和低能量。

3. 测试标准

电快速瞬变脉冲群抗扰度试验的基础标准是 GB/T 17626.4—2018《电磁兼容 试验和测量技术 电快速瞬变脉冲群抗扰度试验》（等同采用 IEC 61000-4-4：2012），2018 年 6 月 7 日发布，2019 年 1 月 1 日实施。

具体 EUT 对应的产品类标准规定了具体的试验要求和试验等级，以及合格性能判据。

4. 测试原理

以 EUT 电源端抗扰度为例，如图 3.12.4 所示，脉冲群发生器产生的骚扰信号通过耦合网络以共模方式施加到每一根电源线，观察 EUT 经受骚扰时的反应，同时，为了避免骚扰信号对电网产生干扰，每根电源线通过 *LC* 网络去耦。

测试 EUT 信号端的抗扰度时，则使用容性耦合夹将骚扰信号耦合进 EUT。耦合夹能在 EUT 的信号端、电缆屏蔽层或 EUT 其他部分无任何电连接的情况下，把电快速脉冲群耦合到 EUT 受试线路上。

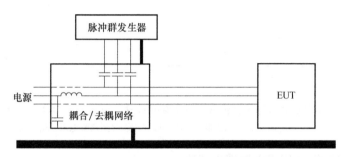

图 3.12.4 电快速瞬变脉冲群抗扰度试验原理图

5. 试验等级

标准规定的试验等级见表 3.12.1。

表 3.12.1 电快速瞬变脉冲群抗扰度试验等级

	开路输出试验电压和脉冲的重复频率			
等级	电源端口和接地端口（PE）		信号端口和控制端口	
	电压峰值/kV	循环频率/kHz	电压峰值/kV	循环频率/kHz
1	0.5	5 或 100	0.25	5 或 100
2	1	5 或 100	0.5	5 或 100
3	2	5 或 100	1	5 或 100
4	4	5 或 100	2	5 或 100
X[①]	特定	特定	特定	特定

注：1. 传统上用 5kHz 的重复频率，然而 100kHz 更接近实际情况。产品标准化技术委员会宜决定与特定的产品或产品类型相关的那些频率。

　　2. 对于某些产品，电源端口和信号端口之间没有清晰的区别，在这种情况下，应由产品标准化技术委员会根据试验目的来确定如何进行。

① X 可以是任意等级，在专用设备技术规范中应对这个级别加以规定。

从表 3.12.1 可以看到，连接线（信号、数据、控制线）端口的等级电压比电源端口要小，那是因为这些端口是传输数据的，设计上不能加太多的电容电感来消除干扰；并且脉冲群源于电网中的感性负载，在电网中传播，首先从电源线进入 EUT，EUT 的电源端口首当其冲受到其干扰，故电源端口的试验电压更高。

二、电快速瞬变脉冲群抗扰度测试仪器及试验布置

1. 测试仪器

电快速瞬变脉冲群抗扰度试验需要用到的仪器有：

（1）电快速瞬变脉冲群信号发生器

电快速瞬变脉冲群信号发生器的原理简图如图 3.12.5 所示。经由挑选的电路元件 C_c（储能电容）、R_c（充电电阻）、R_s（脉冲持续时间调整电阻）、R_m（阻抗匹配电阻）以及 C_d（隔直电容），使发生器在开路和接 50Ω 阻性负载的条件下产生一个快速瞬变。U 为高压电源，信号发生器的有效输出阻抗应为 50Ω。

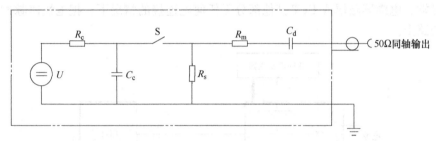

图 3.12.5 电快速瞬变脉冲群信号发生器原理简图（来源：GB/T 17626.4—2018）

U—高压源 *R*$_c$—充电电阻 *C*$_c$—储能电容 *R*$_s$—脉冲持续时间调整电阻 *R*$_m$—阻抗匹配电阻

（2）耦合/去耦网络（用于电源端口试验）

如图 3.12.6 所示，来自信号发生器的电快速瞬变脉冲群信号通过电容 C_c（33nF）耦合到相线、零线及地线上（L_1、L_2、L_3、N 及 PE，相当于对所有电源线路同时做共模抗扰度试验），对 EUT 构成骚扰。为了防止电快速瞬变脉冲群信号进入交流电源，对电网其他设备造成骚扰，去耦部分的零件（铁氧体、电阻和电容）构成滤波器，将电快速瞬变脉冲群信号滤掉。

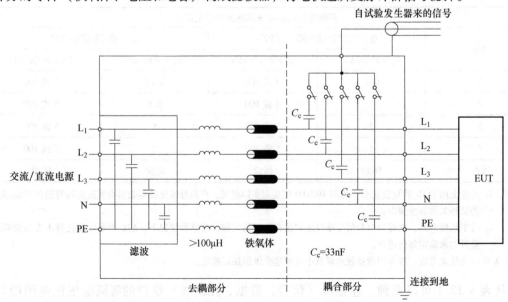

图 3.12.6 耦合/去耦网络（来源：GB/T 17626.4—2018）

（3）电容耦合夹（用于 I/O 端口、数据线、控制线和通信线试验）

脉冲群对于 I/O 线、信号线、数据线和控制线抗扰度试验是通过电容耦合夹进行的，其结构如图 3.12.7 所示。

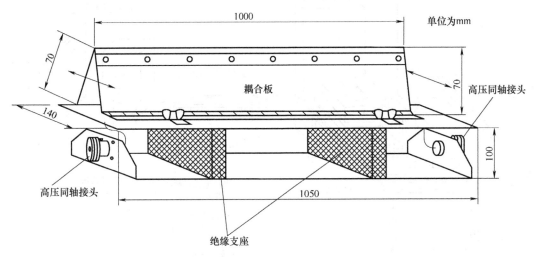

图 3.12.7　电容耦合夹结构图

耦合夹的耦合电容取决于电缆的直径、材料及电缆的屏蔽情况。耦合电容典型值为 100~1000pF。

耦合夹能在 EUT 各端口的端子、电缆屏蔽层或 EUT 的任何其他部分无任何电连接的情况下把快速瞬变脉冲群耦合到受试线路上。受试线路的电缆放在耦合夹的上下两块耦合板之间，耦合夹本身应尽可能地合拢，以提供电缆和耦合夹之间的最大耦合电容。耦合夹的两端各有一个高压同轴接头，用其最靠近 EUT 的这一端与发生器通过同轴电缆连接。高压同轴接头的芯线与下层耦合板相连，同

图 3.12.8　远方公司电容耦合夹 EFTC-3 实物图

轴接头的外壳与耦合夹的底板相通，而耦合夹放在参考接地板上。

图 3.12.8 是远方公司电容耦合夹 EFTC-3 实物图。

2. 试验配置

电快速脉冲群抗扰度试验的配置如图 3.12.9 所示。左边为台式 EUT 配置，右边为落地 EUT 配置示意图。

1）接地参考平面用厚度为 0.25mm 以上的铜板或铝板。若用其他金属板材，要求厚度大于 0.65mm（普通铝板容易氧化，易造成搭接不良，宜慎用）。

接地参考平面的尺寸取决于试验仪器和 EUT，以及试验仪器与 EUT 之间所规定的接线距离（1m）。接地参考平面的各边至少应比上述组合超出 0.1m，并与实验室的保护地相连。

2）试验仪器（包括脉冲群发生器和耦合/去耦网络）放置在参考接地板上。试验仪器用尽可能粗短的接地电缆与参考接地板连接，并要求在搭接处所产生的阻抗尽可能小。

3）EUT 用 0.1m±0.01m 的绝缘支座（木材、橡胶或塑料等）隔开后放在参考接地平面上（如果 EUT 是台式的，则应放置在离接地参考平面高度为 0.8m±0.08m 的木头桌子上，见

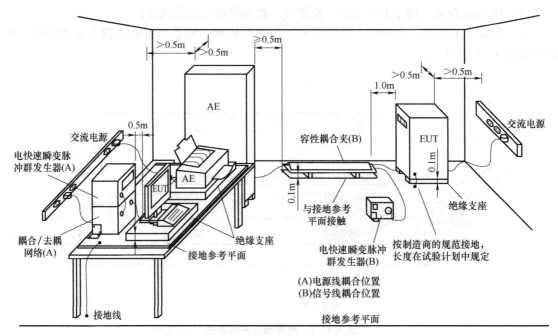

图 3.12.9　电快速脉冲群抗扰度试验配置图（来源：GB/T 17626.4—2018）

图 3.12.9 左侧）。EUT 离墙壁或其他接地平面的距离需大于 0.5m。

　　EUT 按安装规范或正常使用的方式进行布置和连接，同时将接地电缆以尽量小的接地阻抗连接到参考接地板上。不允许有额外的接地情况，当单相 EUT 的电源线只有两根（相线 L 和零线 N）、无接地线时，试验时 EUT 不必接地；如果电源线有三根（相线 L、零线 N 和接地线 PE），不允许另外再设接地线来接地，而且 EUT 的这根电气接地线还必须经受抗扰度试验。

　　4）EUT 与试验仪器之间的相对距离以及电源连线的长度都控制在 1m，电源线的离地高度控制在 0.1m，最好用一个绝缘支架来摆放电源线。

　　当 EUT 的电源线不可拆卸且长度超过 1m 时，超长部分应挽成直径为 0.4m 的扁平线圈，并行地放置在离参考接地板上方 0.1m 处。EUT 与试验仪器之间的距离仍控制为 1m。

　　标准还规定，上述电源线不应采用屏蔽线，但电源线的绝缘应当良好。

　　5）除了位于 EUT、试验仪器下方的参考接地板以外，试验布置与其他导电性结构（包括屏蔽室的墙壁和实验室里的其他有金属结构的试验仪器和设备）之间的最小距离为 0.5m。

　　6）如果信号或控制线缆很短，在考察的频率范围基本耦合不到干扰，因此有些产品类标准要求，EUT 主要设备与辅助设备（或设备的另一部分）之间的连接线（信号线、通信线、控制线）长度超过 3m，需要使用电容耦合夹做测试（长度小于 3m 则不用考察）。

　　对应的试验布置如图 3.12.10 所示，电快速瞬变脉冲群发生器通过耦合夹耦合到连接线上再传到 EUT，考察 EUT 受干扰的表现。

　　如果试验只针对系统中一台设备（如 EUT1）的抗扰度性能测试，则耦合夹与 EUT1 的距离关系保持不变，而将耦合夹相对 EUT2 的距离增至 5m 以上（标准认为较长的导线足够使线路上的脉冲群信号损耗殆尽）。

　　图 3.12.10 中，如果测试右侧 EUT 受到干扰的表现，则将耦合夹与右侧 EUT 的距离调整为 0.5m，并将发生器的信号接到耦合夹右侧的同轴接头；如果测试左侧 EUT 受到干扰的表现，则将耦合夹与左侧 EUT 的距离调整为 0.5m，并将发生器的信号接到耦合夹左侧的同轴接头。

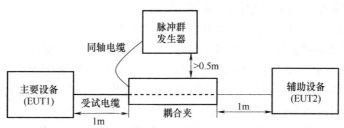

图 3.12.10　电容耦合夹试验布置

图 3.12.11 是单相交流或直流供电的电源端口直接耦合的实例。

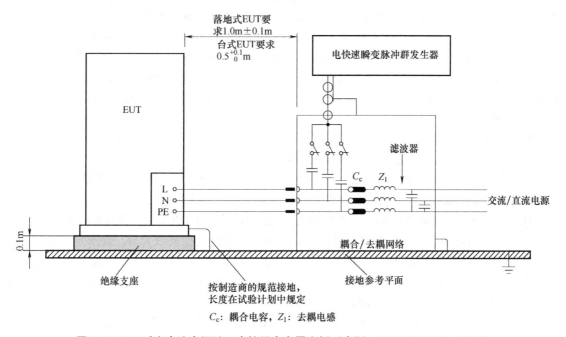

图 3.12.11　对交直流电源端口直接耦合布置实例（来源：GB/T 17626.4—2018）

三、电快速瞬变脉冲群抗扰度测试方法

1. 试验方法

应根据试验计划进行试验。试验计划包括以下内容：

1）试验等级：根据产品（EUT）的类型，选择相应的产品类标准，确定具体的试验等级。

2）试验电压极性：＋、－两种极性均为强制性。

3）在电源线上的试验通过耦合/去耦网络以共模方式进行，在每一根线（包括设备的电气接地线）对地（对参考接地板）施加试验电压。

4）试验的持续时间不短于1min，以便观察 EUT 受干扰的情况。

5）试验次数：现行的国标以及最新版的 IEC 标准，对试验次数做了简化，不用对单根线施加脉冲，所有线同时施加脉冲即可。例如，对于没有接地线的 EUT，同时对 L＋N 施加脉冲；对于有接地线的 EUT，同时对 L＋N＋PE 施加脉冲，当然，正负极性都要做。

6）根据 EUT 的实际情况，决定需要试验的端口。

7）EUT 处在典型的工作状态（要接的负载都应接上）。

8）施加试验电压的顺序：通常先做电源端口，再做通信、控制端口。

9）辅助设备：尽管不对辅助设备进行考察，但是 EUT 要配齐辅助设备进行考察。

应当注意，脉冲群试验是利用干扰对线路结电容充电，线路出错有个过程，而且有一定偶然性，不能保证间隔多少时间必定出错，特别是当试验电压接近临界值时。为此，一些产品标准规定电源线上的试验是在线-地之间进行，要求每一根线在一种试验电压极性下做三次试验，每次 1min，中间间隔 1min；一种极性做完，要换做另一种极性。一根线做完，再换做另一根线。

当然也可以把脉冲同时注入两根线，甚至几根线。由于脉冲群信号在电源线上的传输过程十分复杂，很难判断究竟是分别加脉冲，还是一起加脉冲，设备更容易失效。

基础标准提到"试验时间不短于 1min"，但有些产品类标准却有特别说明，例如 GB/T 4343.2—2020 规定一根线上正负极性各施加 2min（先加 2min 正极性脉冲，再加 2min 负极性脉冲）。由此可见，不同标准有不同规定，但都有相对较长的试验过程，以避免偶然性，并通过多种组合来暴露隐患。通常 EUT 只对其中一根线和一个极性的试验比较敏感。

2. 结果评定方法

性能判据的一般原则如下，实际的性能标准，参照相应的产品类标准要求。

A：在制造商、委托方或购买方规定的限值内性能正常。

B：功能或性能暂时丧失或降低，但在骚扰停止后能自行恢复，不需要操作者干预。

C：功能或性能暂时丧失或降低，但需操作人员干预才能恢复。

D：因设备硬件或软件损坏，或数据丢失而造成不能恢复的功能丧失或性能降低。

家电、照明电器等大部分产品对脉冲群试验项目的性能判据要求为 B，具体要求如下：

脉冲施加期间，产品的性能下降不允许低于制造商规定的性能水平，性能下降是允许的（如显示屏/指示灯闪烁），但不允许运行状态和存储数据的改变（复位也不允许），脉冲过后要能够自动恢复原来的状态，不需要人为干预。

例如，空调器遭受脉冲群干扰后出现停机、重启、程序混乱等都是不允许的，应认定试验不合格。

性能判据的选项，与产品的使用环境有关。如果产品的使用场合比较重要，则性能判据的要求就比较高。例如，对于一般的室内照明灯（如吸顶灯），遭受脉冲群干扰时，闪烁是允许的，但对于手术用灯（无影灯），则不允许有任何闪烁，因此这种手术灯的性能判据要求为A。再如汽车刮水器，如果受到干扰而失灵（停止工作或变慢），则会造成交通事故，因此刮水器的要求也是很高的。除了产品的使用环境，干扰本身出现的频率也是选择标准判据的因素。

四、工程实例：电快速瞬变脉冲群抗扰度测试

1. EUT

名称：电炖锅

型号：小熊 DDZ-A12A1

产品参数：220V/50Hz，200W

防触电类型：I 类

试验等级：2（依据 GB/T 4343.2—2020）

测试端口：交流端口

脉冲重复频率：5kHz

脉冲群周期：300ms

要求的性能等级：B

EUT 工作模式：最大功率正常运转模式（同时开启所有功能和负载）

2. 仪器设备

泰思特 EFT-4003G 智能型脉冲群发生器，已将耦合/去耦网络集成于一体。

3. 试验方法

1）按本项目"二、电快速瞬变脉冲群抗扰度测试仪器及试验布置"台式 EUT 的要求进行配置，然后开始试验。

2）依照 GB/T 4343.2—2020 的要求，在交流端口通过耦合/去耦网络施加 1kV 电快速瞬变脉冲群，在正负两个极性上各进行 2min，观察和记录 EUT 的反应。

3）所有试验完成后，关闭试验设备。

4. 试验日期： 2019 年 10 月 25 日

5. 试验记录

端口	脉冲极性与等级	测试时间/s	现象
L-N-PE	+1kV	120	显示屏轻微闪烁，脉冲过后 EUT 可自动恢复正常
L-N-PE	−1kV	120	显示屏轻微闪烁，脉冲过后 EUT 可自动恢复正常

6. 试验环境

温度：26℃；相对湿度：46%；大气压：102kPa

7. 测试结果： 合格

五、小结

电快速瞬变脉冲群是由电感性负载切换时，在开关处产生的暂态骚扰。电快速瞬变脉冲群抗扰度测试是利用测试仪器模拟上升沿 5ns、持续时间 50ns、重复频率 2.5kHz 或 5kHz 的脉冲群，通过耦合/去耦网络或电容耦合夹施加到 EUT 的相关端子，考察 EUT 的性能表现。

测试采用的现行基础标准为 GB/T 17626.4—2018，定义了相关要求、测试方法和试验等级。实际测试的试验等级和判定的性能依据依照 EUT 对应的产品类标准执行。

家电、照明电器等大部分产品对脉冲群试验项目的性能判据要求为 B。

思考与练习

1. 单选题

（1）GB/T 17626.4—2018 是下面哪个测试项目的基础标准？（ ）

A. 电快速瞬变脉冲群　　　　　　B. 传导抗扰度

C. 辐射抗扰度　　　　　　　　　D. 静电放电

（2）电快速瞬变脉冲群抗扰度试验时，试验的持续时间不短于（ ）min，试验电压的极性为两种极性。

A. 1　　　　　　　　　　　　　B. 3

C. 5   D. 10

（3）电快速瞬变脉冲群抗扰度试验的要点是瞬变的高幅值、短上升时间、高重复率和
（   ）能量。

A. 高   B. 中

C. 低   D. 恒定

2. 简答题

（1）标准对电快速瞬变脉冲群是如何定义的？

（2）如何确定电快速瞬变脉冲群抗扰度试验的试验等级？

（3）对电源端口和信号端口的试验，分别采用什么设备？

（4）进行电快速瞬变脉冲群抗扰度试验应注意哪些事项？

项目十三

雷击浪涌抗扰度测试

13

一、雷击浪涌测试基础知识

1. 雷击浪涌的起因和危害

浪涌也叫突波，是指超出正常工作电压的瞬态过电压。浪涌的本质是发生在极短时间的一种剧烈电脉冲（电压或电流）。浪涌的起因包括：

1）雷击。当户外的供电或通信线路遭受直接雷击时，瞬间的大电流流入线路或接地电阻，从而产生浪涌电压；间接雷击（如云层间或云层内的雷击）在线路上感应出瞬间的电压或电流；雷电击中周围物体，在附近的线路或设备上感应出瞬间的电压和电流；雷电击中四周的地面，地电流通过公共接地系统时引发瞬间的干扰。直接雷击和间接雷击引起的浪涌反应如图 3.13.1 所示。

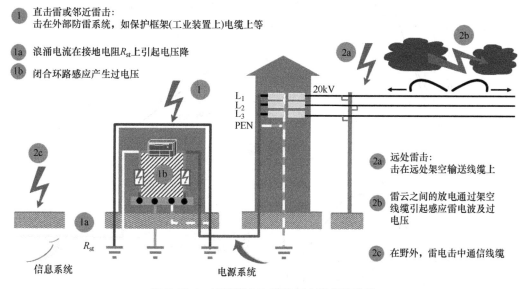

图 3.13.1　直接雷击和间接雷击引起的浪涌

现实中，最常见的电子设备危害不是由于直接雷击引起的，而是由于雷击发生时在电源和通信线路中感应的浪涌电流引起的。

2）设备开机或电源切换瞬间，输入滤波电容（初始电压为零）迅速充电，将出现峰值电流远大于稳态输入电流的浪涌；滤波电容的容量越大，等效串联电阻越小，这种瞬态电流越大。

浪涌的共同特点是能量特别大（能量可达几百焦耳级，是静电和脉冲群骚扰能量的百万倍），但波形较缓（微秒级，而静电与脉冲群是纳秒级，甚至亚纳秒级），重复频率低。

浪涌普遍存在于配电系统中，它会造成系统的电压波动、设备停止运行或无故起动、计算机控制系统复位、电机经常要更换或重置、电气设备缩短使用寿命，严重者直接损坏设备。

2. 试验目的

检验和评价电气和电子设备在遭受雷击（浪涌）时的性能。

3. 试验标准及浪涌信号典型波形

雷击（浪涌）测试采用的基础标准为 GB/T 17626.5—2019《电磁兼容　试验和测量技术　浪涌（冲击）抗扰度试验》（等同采用 IEC 61000-4-5：2014），2019 年 6 月 4 日发布，2020 年 1 月 1 日开始实施。

具体 EUT 对应的产品类标准规定了具体的试验要求和试验等级，以及合格性能判据。

GB/T 17626.5—2019 标准规定的浪涌波形，包括开路电压和短路电流。

（1）1.2/50μs-8/20μs 组合波

组合波由同一个发生器产生，开路时输出一个 1.2/50μs 的电压波形，而短路时输出一个 8/20μs 的电流波形，实际作用的波形由发生器和 EUT 及连接 EUT 和浪涌部件部分的阻抗共同决定。

该组合波连接到 EUT 电源线和短距离信号互连线端口，其开路电压波形如图 3.13.2a 所示，短路电流如图 3.13.2b 所示。主要参数如下：

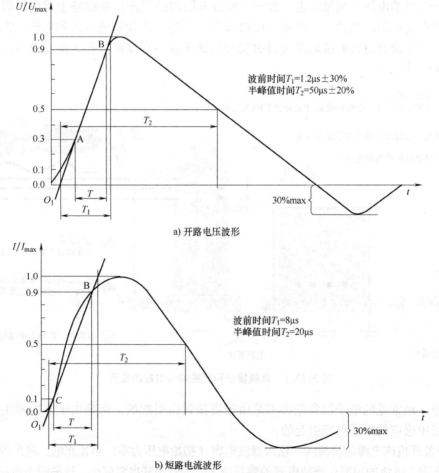

a) 开路电压波形

b) 短路电流波形

图 3.13.2　1.2/50μs-8/20μs 组合波形（来源：GB/T 17626.5—2019）

注：30%的下冲规定只适用于发生器的输出端。在耦合/去耦网络的输出端，对下冲或过冲没有限制。

- 波前时间为 1.2μs±30%，半峰值时间为 50μs±20%。
- 短路电流波前时间为 8μs，半峰值时间为 20μs。
- 有效输出阻抗：2 (1±10%) Ω。
- 极性：正/负。
- 相移：浪涌输出与电源同步时，移相范围为 0°～360°，允差±10°。
- 重复率：至少每分钟一次。

浪涌电压波形有两个基本参数：波前时间和半峰值时间。波前时间是衡量波形上升沿的参数；半峰值时间则表示波形持续时间。

图 3.13.2a 中，纵坐标是归一化的电压，横坐标是时间轴。浪涌波形上升到峰值电压 30%时对应点 A，90%则对应点 B。A、B 两点对应的横坐标（时间差）为 T。把 A、B 两点用直线连接起来，延长线与横坐标的焦点 O_1 称为"虚拟原点"，AB 延长线与纵坐标 1.0 横线的交点，对应的时间点与 O_1 的时间差即为波前时间 T_1。标准要求半峰值时间 T_2 为 50μs。定义为：以 O_1 为起点，到浪涌波形下降到 50%时对应的时间间隔。

此外，浪涌电压还有过冲的要求，过冲不能超过 30%。

需要说明的是，上述电压波形和电流波形并非是两种设备，而是同一设备（发生器）两个不同方面的规格。发生器输出端开路时，输出 1.2/50μs 的电压波形，输出端短路时，开路电压通过发生器的内阻，将产生 8/20μs 的电流波形。因此，1.2/50μs-8/20μs 又叫组合波，产生这种信号的发生器又叫组合波发生器。

（2）10/700μs-5/320μs 组合波

这是一种符合国际电信联盟要求的组合，用于户外长距离通信线路的浪涌试验（室内设备之间的通信端口不适用）。开路电压波形参数如下：

- 波前时间：10μs；持续时间：700μs。
- 开路输出电压（±±10%）：0.5～4kV_P。
- 发生器内阻：40Ω。
- 浪涌输出极性：正/负。

特别指出，雷击浪涌与电快速瞬变脉冲群这两种骚扰表现出来的能量相差甚大，根本原因是由各自的信号波形决定的。脉冲群的上升时间是 5ns，雷击浪涌则是 1.2μs，因此脉冲群的能量中高频较多，而雷击浪涌则集中于低频。而持续时间方面，脉冲群是 50ns，雷击浪涌是 50μs，因此浪涌的脉冲能量比同幅值的脉冲群大很多，两者对 EUT 的影响是巨大的。由于 EUT 的控制电路工作频率通常都比较高，容易受到脉冲群干扰而产生误动作，而雷击浪涌试验常常会打坏 EUT，因此需要在测试设备中设置保护措施。

4. 试验等级

试验的严酷等级分为 1、2、3、4 和 X 级，见表 3.13.1。

表 3.13.1　试验等级

等级	开路试验电压（±10%）[2]/kV
1	0.5
2	1.0
3	2.0
4	4.0
X[1]	特定

① X 为开放等级，可以是高于、低于或者在其他等级之间的任何等级，该等级可在产品要求中规定。
② 标准等级线与地（共模）的电压是线与线（差模）的电压 2 倍。

试验等级取决于环境（遭受浪涌可能性的环境）及安装条件，大体分类是

0 类：保护良好的环境，通常在一间专用房屋内，浪涌电压≤25V。

1 级：较好保护的环境，如工厂或电站的控制室。

2 级：有一定保护的环境，如无强干扰的工厂。

3 级：普通的电磁骚扰环境，对设备未规定特殊安装要求，如普通安装的电缆网络、工业性的工作场所和变电所。

4 级：受严重骚扰的环境，如民用架空线，未加保护的高压变电所。

X 级：特殊级，由用户和制造商协商后确定。

具体产品选用哪一级，一般由产品标准确定。

5. 试验原理

雷击浪涌抗扰度试验，就是通过浪涌发生器产生一定能量的浪涌骚扰，通过耦合/去耦网络，耦合到 EUT 的电源或通信端子上，观察 EUT 的性能表现，做出试验结果评定。

浪涌抗扰度试验的线路连接如图 3.13.3 所示。

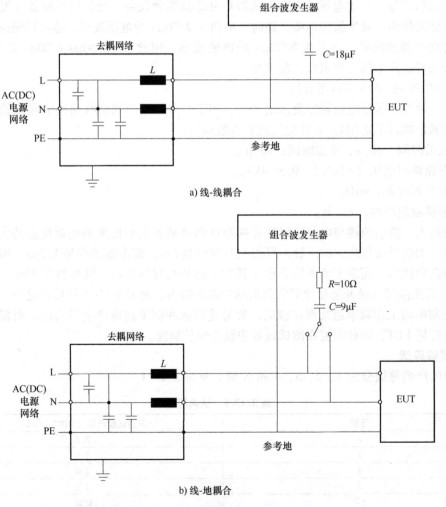

a) 线-线耦合

b) 线-地耦合

图 3.13.3　浪涌抗扰度试验的线路连接图（来源：GB/T 17626.5—2019）

二、雷击浪涌抗扰度测试仪器及试验布置

1. 测试仪器

雷击浪涌试验使用以下仪器设备和设施：

1）浪涌发生器（即组合波发生器），例如泰思特 SG-5006G。

2）耦合/去耦网络，例如泰思特 SGN-5010G（单相）或 SGN-20G（三相）。

3）辅助设备（AE）（需要时），使 EUT 工作起来。

4）（规定类型和长度的）电缆：电源线长度（EUT 与耦合/去耦网络之间的长度）不超过 2m；对于通信线，按产品说明书要求采用规定的类型（屏蔽线或普通电线）以及连接方式。

5）去耦网络/保护装置：如果耦合/去耦网络的去耦能力不够，可以再增加一个去耦网络，进一步削弱去到电网的浪涌干扰。由于浪涌波形的能量较大（尤其是试验等级高时，例如 4kV），经常会损害（击穿）EUT，出现大电流。最好在电网端增加保护装置。通常在试验中把仪器供电和 EUT 分开，EUT 采用变频电源供电，当 EUT 击穿短路时，变频电源本身有过电流检测，自动断开输出电压。同时由于分开供电，断开 EUT 电源不会影响其他试验设备的工作。

6）参考接地平面：雷击浪涌试验，参考接地平面不是必需的。例如上述提到的电源端口电容耦合情况，就无需接地平板。当 EUT 的典型安装有连接到参考地的要求时，才需要连接到参考地。

2. 试验参数要求

在试验前，应确定试验的相关参数。这些参数通常在产品类标准中给出明确要求，包括：

1）试验等级：见产品类标准的要求。

2）浪涌次数：除非相关的产品标准有规定，对于直流电源端和互连线上的浪涌试验，通常正负脉冲各施加 5 次。对于交流电源端，应分别在 0°、90°、180°、270°相位施加正、负极性各 5 次的浪涌脉冲。

注意，很多产品类标准只要求在 90°时施加 5 次正极性脉冲，270°时施加 5 次负极性脉冲，0°和 180°不用施加。原因在于 90°相位时正弦波达到正向峰值（对 220V 单相交流电来说约为 311V），这时施加正极性脉冲，相当于在 +311V 的基础上叠加一个试验等级规定的脉冲，属于最严酷的情形。270°施加负极性脉冲也是同样道理。

3）连续脉冲间的时间间隔 1min 或更短。如果间隔比 1min 更短（如 30s）的试验使 EUT 发生故障，而按 1min 间隔进行试验时，EUT 却能正常工作，则以 1min 的间隔为准进行试验。因为大多数系统用的保护装置在两次浪涌之间要有一个恢复期，所以设备在做雷击浪涌试验时存在一个最大重复率的问题。

4）EUT 的典型工作状态：观察 EUT 的多个功能能否同时开启，否则只能一个一个开启，分别进行浪涌试验。

5）浪涌施加的部位：通常是电源端口（直流和交流）及互连线端口。如果 EUT 的负载功率很大，当负载切换时就会产生浪涌，通过 EUT 输出端口反过来影响 EUT 的功能，这种情况就应考虑进行输出端口的浪涌试验。现实中，大部分 EUT 都无需进行输出端口试验。

6）浪涌要加在线-线或线-地之间。如果要进行的是线-地试验，且无特殊规定，则试验电压要依次加在每一根线与地之间。但要注意，有时出现标准要求将骚扰同时叠加在两根或多根线对地的情况，这时脉冲的持续时间允许缩短一些。

7）考虑到 EUT 伏安特性的非线性，试验电压应该逐步增加到产品标准的规定值，以避免试验中可能出现的假象（在高试验电压时，因为 EUT 中可能有某个薄弱器件击穿，旁路了试验电压，致使试验得以通过。然而在低试验电压时，由于薄弱器件未被击穿，因此试验电压以全电压加在 EUT 上，反而使试验无法通过）。

浪涌的保护器件通常放在电源输入端，例如压敏电阻（跨接在相线-零线之间），假设压敏电阻工作电压为 470V，输入电压不超过 470V 时，压敏电阻呈现高阻抗，对后级电路影响很小。当更高的浪涌脉冲进来时，压敏电阻的阻抗瞬间降低（短路），后面的电路就没有电流流过，从而起到保护作用。如果选择 1000V 的压敏电阻，施加 2kV 的脉冲，压敏电阻阻抗迅速降低；但如果施加 500V 浪涌脉冲，未达到工作电压，压敏电阻呈现高阻抗，浪涌电压直接进入后面的电路，可能出现问题。因此，标准要求低的电压等级，也是要满足的。但是，在很多产品类标准（如照明及家电类产品）规定，较低的标准等级不用试验，这与产品本身有关。因为这些产品大都使用者 220V 电网上，如果施加最低的浪涌等级 500V，叠加后的电压就有 811V（311V+500V），而 220V 电网的压敏电阻通常使用 470V 或 680V（不会用到更高的电压等级），因此，这些产品类标准规定只需按其规定的等级进行试验即可。

注意，GB/T 17626.5—2019 标准强调做在线设备的浪涌抗扰度试验，由于线路阻抗低，因此发生器的输出阻抗也要求低。因此，适用于做浪涌抗扰度试验的发生器，除了要有足够高的输出电压外，还要求发生器有低输出阻抗和能量输出大的特点。而且由于设备是在线状态（设备工作的状态）进行试验，必须要用到耦合/去耦网络。这个要求与高压试验中的雷击试验（脉冲耐电压试验）是完全不同的，脉冲耐电压试验用的发生器是高压高内阻抗，尽管发生器电压很高，但能量并不大，并且这种试验是在设备离线状态（不工作状态）下进行。

3. 试验布置

依据测试端口的不同，浪涌测试的试验布置也有所区别。图 3.13.4 显示了电源端雷击浪涌试验的常见布置。

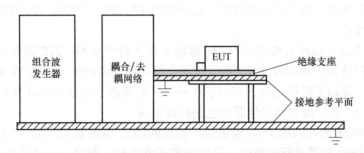

图 3.13.4　电源端雷击浪涌试验的常见布置

试验应在实验室按测试计划进行。实验室的气候条件只要在 EUT 和试验设备各自的制造商规定的设备正常工作的范围内即可，如果相对湿度很高，以至于在 EUT 和试验仪器上产生凝雾，则不应进行试验。同时，实验室的电磁环境应不影响试验结果。

三、雷击浪涌测试方法

1. 试验方法

1）根据产品要求确定相关的试验参数，见本项目"二、雷击浪涌抗扰度测试仪器及试验布置"的要求。

2）将发生器、耦合/去耦网络以及 EUT 等，按标准的规定进行布置。然后将设备开始预热，将 EUT 按典型的工作状态投入工作。

3）按产品类标准定义的试验等级和试验方法对 EUT 施加浪涌脉冲。注意，由于试验可能是破坏性的，试验电压不得超过规定值。

4）观察并记录 EUT 在测试过程中出现的现象，根据现象判定试验结果。

5）测试完成后，关闭测试设备和 EUT 的电源。

2. 试验结果评定

通用的性能判据如下，具体的判据依照 EUT 对应的产品类标准执行。

A：在制造商、委托方或购买方规定的限值内性能正常。

B：功能或性能暂时丧失或降低，但在骚扰停止后能自行恢复，不需要操作者干预。

C：功能或性能暂时丧失或降低，但需操作人员干预才能恢复。

D：因设备硬件或软件损坏，或数据丢失而造成不能恢复的功能丧失或性能降低。

具体的 EUT 依据相应的产品类标准进行结果评定。家电产品的要求是 B，照明类产品的要求是 B（应急灯）或 C（普通照明产品）。性能判据 B 和 C 的主要区别如下：

1）看运行状态是否发生改变。未改变为 B，已改变为 C。以家电产品为例，看产品试验过程中是处在工作状态还是停止工作，例如空调器，压缩机运转只是功率有所变化，就是 B，如果控制芯片受到干扰停机了，就属于 C。某些芯片具有过电流保护，检测到过电流时自动关断其内部电路保护后面的负载，通常几秒后再次检测电流水平，如果过电流消失则重新开通电路。关断电路时产品将停止工作，例如用了过电流保护的电磁炉，加热部分会停止工作；某些照明电器用了过电流保护芯片，灯会灭掉。如果它们能够在比较短时间恢复正常的工作状态，并且在停止工作时，不会对周围环境产生不安全影响，那么这种由于过电流保护产生的短时间的停止工作，也算满足性能判据 B 的要求。

2）干扰结束后 EUT 能否恢复原来的状态。如果能自动恢复的，就是 B；如果需要人为干预（如断电、拔插头，重新插上，重新开机）才能恢复原状态，就是 C。

四、工程实例：雷击浪涌测试

1. EUT

名称：自动洗衣机

型号：新飞 XQB80-1806D

产品参数：220V/50Hz，60W

防触电类型：Ⅰ类

测试端口：交流端口

要求的性能等级：B

EUT 工作模式：最大功率正常运转模式

2. 仪器设备

组合波发生器采用苏州泰思特电子科技有限公司设计生产的 SG-5006G 型雷击浪涌发生器，其性能完全满足 IEC 61000-4-5 和 GB/T 17626.5 标准的要求。

耦合/去耦网络采用该公司生产的 SGN-5010G（单相），专门配合雷击浪涌发生器 SG-5006G 使用。

3. 试验方法与步骤

1）连接 EUT 到耦合/去耦网络和组合波发生器。

2）设置试验参数。根据试验要求通过前面板的"↑、↓、←、→、ESC、ENTER"按键对以下各项进行设置。

①试验次数：5（正负极性各做5次）。

②试验间隔：60s。

③试验等级：线-线：1kV；线-地：2kV。

④叠加相位：90、270，设置"同步"（相位设置只有在同步触发时有意义，异步触发该设置无任何意义）。

⑤叠加网络：L1-PE、N-PE、L1-N-PE、L1-N。

3）测试步骤如下：

①合上耦合/去耦网络、隔离变压器的断路器，移动光标到"网络投入"，按ENTER键给EUT供电。移动光标到"开始"，按ENTER键开始试验。

②试验中观察EUT的工作状况。

4. 测试日期：2019年12月18日

5. 试验记录

端口	脉冲极性与等级	相位角	施加的脉冲数	现象
L-N	+1kV	90°	5	正常
L-N	−1kV	270°	5	正常
L-PE	+2kV	90°	5	洗衣机重启
L-PE	−2kV	270°	5	洗衣机重启
N-PE	+2kV	90°	5	正常
N-PE	−2kV	270°	5	正常

6. 测试结果：不合格

7. 注意事项

仪器是精密高压仪器，测试过程中有比较大的能量，为确保人身安全及预防对测试设备的破坏，请注意以下注意事项：

1）仪器的工作电源为AC 220V±10%、50/60Hz，接地端子要良好接地。

2）为确保安全，关机前请注意将主操作界面的"电压设定"选项设为"0000V"，不要用手触摸P. OUT端。

3）进行试验前请仔细接线，确认接线无误时再接入电网。

4）在仪器使用中，请勿接触EUT和在EUT周围设定障碍物，并将EUT连接到测试仪的安全电路内。

5）测试过程中切勿触碰高压下的导线。

6）如保护元件在测试中存在爆炸的可能，应将其遮盖于保护壳内。

7）严禁在通电的情况下用手触摸高压输出端子，以防触电。

五、小结

本项目介绍了雷击浪涌试验的相关知识和要求，包括浪涌的起因、试验标准、组合波电压和电流的波形要求、设备及配置、相关参数要求以及试验方法，并且以家用风扇为例，列举了相关的试验方法、试验记录和结果。

雷击浪涌抗扰度测试是利用浪涌发生器（组合波发生器）产生浪涌骚扰，通过耦合/去耦网络施加到 EUT 的电源或通信端子上，观察 EUT 的性能表现，做出试验结果评定。

测试采用的现行基础标准为 GB/T 17626.5—2019，定义了相关要求、测试方法和试验等级。实际测试的试验等级和判定的性能依据依照 EUT 对应的产品类标准执行。

雷击浪涌抗扰度与电快速瞬变脉冲群抗扰度试验对 EUT 的影响有较大差异。脉冲群信号的能量中高频较多，能量较低，而雷击浪涌则集中于低频，能量大，因此脉冲群一般只能干扰 EUT 使其产生误动作，而浪涌试验常常会打坏 EUT。

思考与练习

1. 判断题

（1）组合波发生器是指两种不同的设备。 （ ）

（2）在实验室内施加浪涌时，除非相关的产品标准有规定，施加在直流电源端和互连线上的浪涌脉冲次数应为正、负极性各 5 次。 （ ）

（3）在浪涌测试中，除了满足所选择等级的要求，还应满足较低等级的要求。 （ ）

2. 简答题

（1）雷击浪涌抗扰度试验的组合波有哪两种？各自针对什么样的情形？

（2）雷击浪涌抗扰度试验对应的国际标准和国家标准分别是什么？

（3）雷击浪涌抗扰度试验需要使用哪些设备？

（4）雷击浪涌抗扰度和电快速瞬变脉冲群抗扰度试验对 EUT 的影响有何不同？为什么？

项目十四

传导抗扰度测试

14

一、传导抗扰度测试基础知识

1. 传导抗扰度及测试目的

传导抗扰度涉及的主要骚扰源是来自 9kHz~80MHz 频率范围内射频发射机产生的电磁场，由于其波长比 EUT 的尺寸要大得多，EUT 的互连电缆（包括电源线和信号线）比 EUT 本身更容易成为天线（被动天线）而接收外界电磁场的感应，引线电缆就可以通过传导方式耦合外界干扰到设备内部（最终以射频电压和电流所形成的近场电磁骚扰到设备内部）对设备产生干扰，从而影响设备的正常运行。

传导抗扰度测试的目的是考察 EUT 遭受这种射频场感应的传导骚扰时的性能表现。

2. 测试标准

基础标准为 GB/T 17626.6—2017《电磁兼容　试验和测量技术　射频场感应的传导骚扰抗扰度》（等同采用 IEC 61000-4-6：2013），2017 年 12 月 29 日发布，2018 年 7 月 1 日实施。

具体 EUT 对应的产品类标准规定了具体的试验要求和试验等级，以及合格性能判据。

3. 传导骚扰抗扰度试验等级

在 9~150kHz 频率范围内，对来自射频发射机的电磁场所引起的感应骚扰不要求测量。

在 150kHz~80MHz 频率范围内，对来自射频发射机的电磁场所引起的感应骚扰的抗扰度试验，应根据设备和电缆最终安装时所处电磁环境按表 3.14.1 选择相应的试验等级。

表 3.14.1　试验等级

试验等级	电压（有效值）	
	频率范围 150kHz~80MHz	
	$U_0/\text{dB}\mu\text{V}$	U_0/V
1	120	1
2	130	3
3	140	10
X[①]	特定	

① X 是一个开放等级。

1 级：低电平辐射环境。无线电电台/电视台位于大于 1km 距离上的典型电平和低功率发射接收机的典型电平。

2 级：中等电磁辐射环境。用在设备邻近的低功率便携式发射接收机（典型额定值小于

1W）。典型的商业环境。

3级：严酷电磁发射环境。用于相对靠近设备，但距离小于1m的手提式发射接收机（≥2W）。用在靠近设备的高功率广播发射机和可能靠近工科医设备。典型的工业环境。

X级：X是由协商或产品规范和产品标准规定的开放等级。

对总尺寸小于0.4m，并且没有传导电缆（如电源线、信号线或地线）的设备，标准规定不需要进行此项试验。比如采用电池供电的设备，当它与大地或其他任何设备没有连接，并且不在充电时使用，则不需要做此项试验，但设备在充电期间也要使用，则必须做此项试验。

标准中规定频率范围为150kHz～80MHz，但实际测试的频率范围可根据EUT的情况分析后确定，当EUT尺寸比较小时，试验频率最大可以扩展到230MHz。

二、传导抗扰度测试仪器及试验布置

1. 传导骚扰抗扰度测试仪器（试验设备）

（1）信号发生器

1）能覆盖9kHz～230MHz的频段范围，具备幅度和调制功能，能手动或自动扫描，扫描点的驻留时间以及测试的频率-步长可以编程控制。

2）具备幅度调制功能（内调制或外调制），调制度为80%±5%、调制频率为1kHz±10%的正弦波。

3）信号发生器输出阻抗为50Ω。

4）信号发生器任何杂散谱线应至少比载波电平低15dB。

5）输出电平足够高，能覆盖试验电平。

（2）6dB固定衰减器

1）减小从功率放大器到网络的失配。

2）具有足够额定功率。

（3）耦合/去耦网络（CDN）

1）将干扰信号很好地耦合到与EUT相连的各种类型的电缆上。

2）防止施加给EUT的射频干扰电压影响不被测试的其他装置、设备或系统的其他电路。

3）提供稳定的信号源阻抗。

（4）钳注入装置

钳注入方式特别适合于对多芯电缆的试验。钳注入方式中，耦合和去耦功能是分开的，钳注入仅仅提供耦合，去耦功能是建立在辅助设备上的，也就是说，辅助设备是耦合/去耦网络的一部分。钳注入装置包括电流钳和电磁钳。

此外还需要计算机及测试软件等辅助设备。信号发生器、耦合/去耦网络和EUT的连接方式如图3.14.1所示。

2. 试验布置

典型的试验布置如下：

EUT应放在参考地平面上面0.1m高的绝缘支架上。对于台式EUT，参考接地板也可以放在试验桌上。所有与EUT连接的电缆应放置于地参考平面上方至少30mm的高度上，并且EUT距任何金属物体至少0.5m以上。

如果EUT被设计为安装在一个面板、支架和机柜上，那么它应该在这种配置下进行测试。当需要用一种方式支撑EUT时，这种支撑应由非金属、非导电材料构成。

在需要使用耦合/去耦网络的地方，它们与EUT之间的距离应在0.1～0.3m之间，并与参

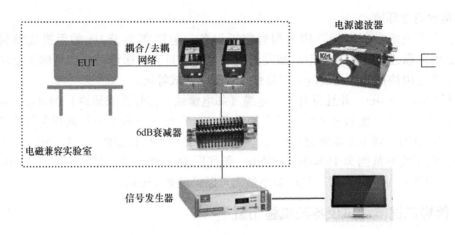

图 3.14.1 设备连接方式示意图

考接地板相连。耦合/去耦网络与 EUT 之间的连接电缆应尽可能短，不允许捆扎或盘成圈。

对于 EUT 其他的接地端子也应通过耦合/去耦网络与参考接地板相连接。

对于所有的测试，EUT 与辅助设备之间电缆的总长度（包括任何所使用的耦合/去耦网络的内部电缆）不应超过 EUT 制造商所规定的最大长度。

如果 EUT 有键盘或手提式附件，那么模拟手应放在该键盘或者缠绕在附件上，并与参考接地板相连接。

应根据产品委员会的规范，连接 EUT 工作所要求的辅助设备，例如，通信设备、调制解调器、打印机、传感器等，以及为保证任何数据传输和功能评价所必需的辅助设备，这些设备均应通过耦合/去耦网络连接到 EUT 上。

典型的配置图如图 3.14.2 所示，上图为使用耦合/去耦网络的试验布置图，下图为使用注入钳（电流钳或电磁钳）的试验布置图。

三、传导抗扰度测试方法

1. 骚扰注入方法

注入方法的选择是进行试验的第一步。骚扰注入方法包括耦合/去耦网络法、钳注入法（电磁钳或电流钳）和直接注入法。

标准推荐首先选择耦合/去耦网络法进行射频传导干扰抗扰度测试。耦合/去耦网络可以应用于大多数类型的电缆，如电源线、平衡线、屏蔽线、音频线和同轴线等。根据不同电缆，选择合适的耦合/去耦网络进行测试。

1）全部电源连接推荐使用耦合/去耦网络。而对于高功率（电流≥16A）和/或复杂电源系统（多相或各种并联电源电压）可选择其他注入法。

① CDN-M1 用于仅有单线供电的电源端口。

② CDN-M2 用于有两线供电的电源端口。

③ CDN-M3 用于有单相带地线供电的电源端口。

④ CDN-M4 用于有三相供电的电源端口。

2）对非屏蔽的平衡线可由 CDN-T2、CDN-T4 或 CDN-T8 作为耦合/去耦网络。

① CDN-T2 用于有 1 个对称对（2 线）的电缆。

② CDN-T4 用于有 2 个对称对（4 线）的电缆。

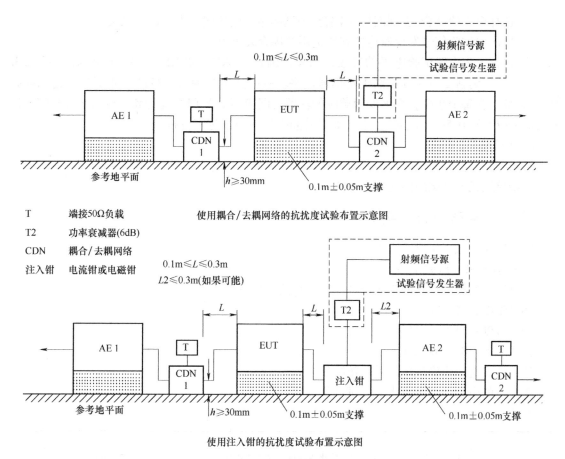

使用耦合/去耦网络的抗扰度试验布置示意图

T	端接50Ω负载
T2	功率衰减器(6dB)
CDN	耦合/去耦网络
注入钳	电流钳或电磁钳

使用注入钳的抗扰度试验布置示意图

图 3.14.2　射频传导骚扰抗扰度测试的配置图（来源：GB/T 17626.6—2017）

③ CDN-T8 用于有 3 个对称对（8 线）的电缆。

3）对非屏蔽的不平衡线可由 CDN-AF 作为耦合/去耦网络。CDN-AF2 用于两线的电缆。

钳注入法是指采用电流钳或电磁钳实现信号发生器和 EUT 连接的方法。电流钳的作用是对连接到 EUT 的电缆建立感性耦合，电磁钳的作用是对连接 EUT 的电缆建立感性和容性耦合。这两种钳注入装置耦合和去耦部分都是分开的，由钳式装置提供耦合，而共模阻抗和去耦功能是建立在辅助设备上的。

直接注入则是将来自信号发生器的骚扰信号通过 100Ω 的电阻注入到同轴电缆的屏蔽层上，在辅助设备和注入点之间尽可能靠近注入点处插入一个去耦网络。此去耦网络通常由各种电感组成，以便在整个频率范围内产生高阻抗，一般要求在 150kHz 的频率上至少是 280μH 的电感量。同时要求电抗足够高，在 26MHz 以下频率电抗应≥260Ω，在 26MHz 以上频率电抗应≥150Ω。另外，去耦网络还应用于不被测量但连接到 EUT 或辅助设备的全部电缆上。

无论是直接注入还是钳注入，均应对骚扰源的电平进行调整，按所需的试验电平进行试验。具体方法是用手动或自动方法在 150kHz~80MHz（或 230MHz）频率范围进行扫描，按试验判据检查 EUT 的功能和性能是否正常。扫描速率不能超过 $1.5×10^{-3}$ 十倍频程/s。当扫描速率增加时，步进大小不应超过起始频率的 1%，此后步进的大小不应超过前一频率值的 1%，在每一频率上的驻留时间不应小于 EUT 的运行和响应时间。

2. 测试步骤

1）EUT 应在预期的运行和气候条件下进行测试。记录测试时的环境温度和相对湿度。

2）选择合适的耦合/去耦网络（耦合/去耦网络、电磁钳、电流注入探头）。

3）依次将试验信号发生器连接到所选用的耦合装置上。

4）根据要求设置试验电平的等级，扫频范围是 150kHz~80MHz（或 230MHz），用 1kHz 正弦波调幅，调制度为 80%调制干扰信号电平。频率递增扫频时，步进尺寸不应超过先前频率值的 1%。在每个频率，幅度调制载波的驻留时间应不低于 EUT 运行和响应的必要时间，但是最低不应低于 0.5s。敏感的频率（如时钟频率）应单独进行分析。

3. 测试结果的评定

按照产品类标准的性能判据评定测试结果是否合格。例如，根据 GB/T 4343.2—2020，家用电器传导抗扰度测试的性能判据是 A。

四、传导抗扰度测试实例

1. EUT：科龙空调器（1 匹）

2. 环境要求（试验条件）

本测试应在标准规定的气候条件和电磁环境条件下进行。

环境温度：15~35℃。

相对湿度：25%~75%。

大气压力：86~106kPa。

注：产品规范明确规定的其他值除外。

实验室的电磁环境不应影响测试结果。

3. 测试仪器

序号	仪器名称	型号
1	德国 Frankonia 公司一体化传导抗扰度测试系统	CIT-10/75
2	耦合/去耦网络	L-801M2/M3
3	6dB 衰减器	WA59-6-33
4	计算机及 CIT 61000-4-6 应用软件	/

4. 试验布置（见图 3.14.3）

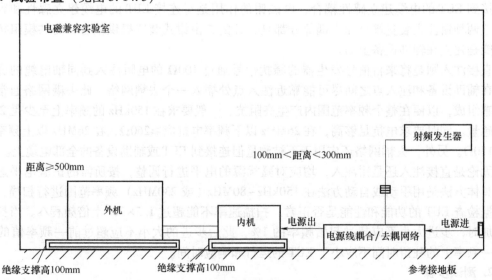

图 3.14.3 试验布置

5. 空调器运行模式

制热：设定温度为最高、强风，风门叶片为自动。

制冷：设定温度为最低、强风，风门叶片为自动。

6. 测试程序

1）检查测试环境是否正常，测试仪器和 EUT 是否正常工作等。

2）按标准要求布置 EUT，接通空调器电源并按运行模式投入工作状态。连接好测试仪器，接通电源，并进行预热。

3）打开计算机，双击 CIT 61000-4-6 软件。选择 Test，进入测试界面。

4）参照家电产品标准 GB/T 4343.2—2020，设定耦合装置（CDN）、开始频率（150kHz）、结束频率（80MHz）。试验水平设置如下：

试验项	试验水平	持续时间
交流电源线	3V/1kHz 80%幅度	10min
中间连接线、控制线	1V/1kHz 80%幅度	10min

5）设定好参数，单击 Start 按钮开始自动执行测试。

6）测试的每一过程、测试现象、必要的信息应详细记录。

7）测试结束，记录并评估测试结果。关闭电源，退出本项测试。

7. 结果评定

按 GB/T 4343.2—2020 规定的性能判据 A 进行判定。本测试判定合格。

五、小结

传导骚扰抗扰度试验考核电子电气设备对来自 9kHz～80MHz 频率范围内射频发射机电磁骚扰的传导抗扰度要求。对应的基础标准为 GB/T 17626.6—2017。

测试仪器（设备）包括信号发生器（产生骚扰信号并施加到耦合装置输入端）、6dB 衰减器、耦合/去耦网络或钳注入装置。

测试的第一步是根据设备的性质和结构特点选择合适的注入方式，标准推荐首先选择耦合/去耦网络法进行射频传导干扰抗扰度测试。然后根据产品类标准的要求，设置好耦合装置、频率范围等参数，开始测试，测试过程中注意记录 EUT 的现象。最后根据产品类标准的性能判据进行结果判定。

📝 **思考与练习**

1. 传导抗扰度测试的目的是什么？

2. 传导抗扰度测试需要使用哪些仪器设备？

3. 传导抗扰度测试对应的基础标准是什么？

4. 简述传导抗扰度测试的过程。

项目十五

辐射抗扰度测试

15

一、辐射抗扰度测试基础知识

1. 辐射抗扰度的定义与测试目的

辐射抗扰度（Radiate Susceptibility）又称为辐射敏感度，指设备或系统抵抗辐射骚扰的能力。敏感度越高，抗干扰的能力越低。

本测试所涉及的主要骚扰源是来自 80～2000MHz 以上频率范围内射频辐射源产生的电磁场，如电台、电视台、固定或移动式无线电发射台以及各种工业辐射源产生的电磁场（目前标准的上限频率已经提高到 6GHz，因为很多无线通信设备使用 2.4GHz 或者 5.6GHz 频率）。在该电磁场中运行的电气电子设备可能受到该电磁场的作用，从而影响设备的正常运行。

辐射抗扰度测试的目的，是考察设备（EUT）遭受此类射频辐射源骚扰时的性能表现。辐射抗扰度测试实质上是与辐射发射（RE）测试相对应的测试过程。

2. 测试标准

基础标准为 GB/T 17626.3—2016《电磁兼容　试验和测量技术　射频电磁场辐射抗扰度试验》（等同采用 IEC6 1000-4-3：2010），2016 年 12 月 13 日发布，2017 年 7 月 1 日实施。

产品类标准则规定了具体 EUT 的试验要求、试验等级以及性能判据。

3. 辐射抗扰度试验等级

GB/T 17626.3—2016 定义的试验等级见表 3.15.1。

表 3.15.1　与常规用途装置、数字无线电话和其他射频发射装置有关的试验等级

辐射抗扰度试验等级	试验场强/（V/m），场强未调制
1	1
2	3
3	10
4	30
X[①]	特定

① X 是一个开放等级，其场强可为任意值，可在产品规范中规定。

1）一般用途的试验等级：试验通常在 80～1000MHz 的频率范围内进行。试验等级和频段是根据 EUT 最终安装所处的电磁辐射环境来选择的，在选择所采用的试验等级时应考虑到所能承受的失效后果，若失效后果严重，可选较高的等级。以下等级可以作为选择相应等级的通用导则。

等级 1：低电平的电磁辐射环境。位于 1km 以外的地方广播台/电视台和低功率的发射机/接收机所发射的电平为典型的低电平。

等级2：中等的电磁辐射环境。使用低功率的便携收发机（通常功率小于1W），但限定在设备附近使用，是一种典型的商业环境。

等级3：严重的电磁辐射环境。便携收发机（额定功率2W或更大），可接近设备使用，但距离不小于1m；或设备附近有大功率广播发射器和工科医设备。这是一种典型的工业环境。

等级4：距离设备1m以内使用便携收发机，或距离设备1m以内使用严重的干扰源。

等级X：为一开放的等级，可以通过协商或在产品标准或设备说明书中规定。

2）针对数字无线电话和其他射频发射装置的射频辐射的试验等级：试验通常在800～960MHz和1.4～6GHz的频率范围内进行。试验所选择的频点或频段取决于移动无线电话和其他有意射频的幅度调制发射装置的实际工作频段。试验并不要求在1.4～6GHz的整个频段范围内连续进行。对于移动无线电话和其他有意射频发射装置所使用的频段，可在相关工作频段应用特定的试验等级。同时，如果产品仅需符合有关方面的使用要求，则1.4～6GHz频段的试验范围可缩小至仅满足我国规定的具体频段，此时应在试验报告中记录该缩小了的频率范围。

表3.15.1给出的是未经调制的信号场强。正式试验时，要用1kHz正弦波对微调制信号进行深度为80%的幅度调制。如果产品只需要满足有关方面的使用要求，则1.4～6GHz频段的试验范围可缩小到只满足我国规定的具体频段，此时应在试验报告中做出记录。

二、辐射抗扰度测试仪器及环境要求

1. 测试仪器（试验设备）

（1）信号发生器

能覆盖标准中所规定的频段范围，具备幅度和调制功能，能手动或自动扫描，扫描点的驻留时间以及测试的频率-步长可以编程控制。

具备幅度调制功能（内调制或外调制），调制度80%±5%，调制频率为1kHz±10%的正弦波；信号发生器输出阻抗为50Ω；信号发生器任何杂散谱线应至少比载波电平低15dB。

（2）功率放大器

能够放大未调制和已调制的射频信号，给天线提供所需要的场强。能覆盖标准中所规定的频段范围。放大器产生的谐波和失真电平比载波电平至少低15dB。

（3）场强辐射装置

能够覆盖标准所规定的频带范围。

发射天线：在80～1000MHz频带内可采用一个全频段的复合天线或者采用组合天线（双锥天线和对数周期天线）。1000MHz以上频带内可采用喇叭天线。

TEM CELL（横电磁波室）是由导电性能良好的金属板构成的封闭体，截面是矩形或正方形，能够像电波暗室的屏蔽结构那样对外部的电磁环境进行隔离，造价便宜，易于搬动，而且测试不需要天线。TEM CELL是一个宽带测试设备，但TEM CELL中的可用测试空间比较小（因为其高端截止频率与结构尺寸成反比），更适合模块、印制电路板或小型设备的测试。

GTEM CELL（吉赫兹横电磁波室）是一种由TEM CELL与电波暗室混合而成的结构形式，能够解决TEM CELL存在的频率和尺寸受限问题，但造价昂贵复杂，能够消除其他几种测试系统所固有的反射和谐振现象，工作频率可达1GHz以上，可实现产品的快速测试，既可以在实验室中使用，也可以用于产品生产阶段的质量控制。与电波暗室比，它只需要较小的功率就能产生同样的场强。

（4）场强监视系统

测量试验中天线在 EUT 上产生的电磁场的场强大小具备各向同性，测量范围满足试验要求，能覆盖标准所规定的频率范围。

通过监测试验中场强探头所测量的 EUT 上产生的电磁场的场强大小来调节射频信号发生器送到功率放大器的信号幅度，使 EUT 上的电磁场大小维持在标准规定的范围。

（5）功率监视系统

能覆盖标准所规定的频率范围，包括功率计和双通道定向耦合器。通过功率监测系统实时测量功率放大器的状态，同时监测入射功率和反射功率以满足 EUT 上的场强的要求。

（6）EMI 滤波器

应确保滤波器在连接线路上不会引起谐振效应。

上述试验设备中，最重要的就是信号发生器、功率放大器和发射天线。

2. 测试场地（试验设施）**及环境要求**

测试场地为安装有吸波材料的屏蔽室，且屏蔽室应具有足够的空间以安放 EUT，并对试验场强有充分的控制能力，包括电波暗室或调整后的半电波暗室。图 3.15.1 给出了一个示例。相关屏蔽室应适合于安放发生场强的设备、监视设备和遥控 EUT 的装置。大多数采集数据的设备对抗干扰试验过程中所产生的电磁场很敏感，因此需要用屏蔽室在 EUT 与测试仪器之间提供一层"屏障"。应注意确保穿过屏蔽室的连线的传导和辐射有充分的衰减，以保证 EUT 的信号和功率响应的真实性。电波暗室在低频时效不佳，应特别注意确保低频时产生场强的均匀性。

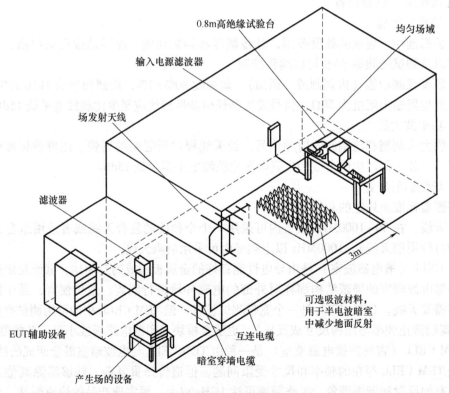

注：图中为了简明而省略了墙上和顶部的吸波材料。

图 3.15.1 射频电磁场辐射抗扰度布置示意图（来源：GB/T 17626.3—2016）

实验室的气候条件应符合 EUT 和测试设备各自制造商规定的运行条件，如果湿度太高以至于 EUT 和测试设备上出现结露，则测试不能进行。推荐的气候条件如下：

环境温度：15~35℃

相对湿度：25%~75%

大气压力：86~106kPa

实验室的电磁环境应保证 EUT 正常运行，且不影响测试结果。

测试前宜检查校正场强的强度，以确认测试设备/系统处于正常工作状态。场均匀性的校准目的是保证 EUT 周围场的均匀性以确保测试结果的有效性。

三、辐射抗扰度测试方法

1. 半电波暗室法

采用半电波暗室进行辐射抗扰度测试。测试面场均匀性是衡量半电波暗室性能的非常重要的指标，也是保证 EUT 在电磁辐射抗扰度试验中测量结果的可靠性和重复性的关键。暗室的尺寸和射频吸波材料的选择主要由 EUT 的外形尺寸和测试要求决定，分 3m 法或 10m 法。暗室越大，建造成本上升越多。

除了半电波暗室，还可以采用 TEM CELL、GTEM CELL 等，GTEM CELL 的工作频率范围可以从直流到数 GHz，内部可用场区较大，造价比较低，是用来替代电波暗室做辐射抗扰度测试的理想方案。

2. 辐射抗扰度试验场地的校准

试验场地校准的目的是为确保试样周围的场充分均匀，以保证试验结果的有效性。场地校准中用到的均匀场是一个假想的垂直平面，在该平面中电磁场的变化足够小，其面积为1.5m×1.5m。对于半电波暗室，由于无法在接近参考地平面处建立均匀场，因此假想的均匀场离参考地面的高度不得低于 0.8m，实际辐射抗扰度测试过程中，EUT 也尽可能放在同样的高度。为了保证试验区场的均匀一致，在天线与校准面之间需铺设吸波材料，尽可能减少电磁波的地面反射。

场校准的具体要求如下：场地均匀性校准的另一目的是为今后试验时天线和 EUT 的距离提供依据，优先采用 3m 法。场地均匀性校准是在 EUT 没有放入的情况下进行的，否则场的均匀性会因为 EUT 的存在而产生畸变，场校准时的布置如图 3.15.2 所示。

场地均匀性校准时，信号发生器不用 1kHz 正弦波 80% 幅度进行，而是直接将信号发生器产生的射频信号送到功率放大器放大后经天线发到测试场地。场地均匀性校准时用各向同性的场强探头放在 1.5m 见方的假想平面上，每隔 0.5m 作为一个测试点，总共 16 个点，如图 3.15.3 所示的场均匀性区域。要求在整个频率范围内记录所有 16 个点的场强，标准要求其中至少要有 12 个点的场强容差 0~+6dB 的范围以内，则认为在规定的区域内 75% 的表面场的幅值之差为 6dB，校准时所用的场强就作为实际测试时采用的场强。如果 EUT 表面大于1.5m×1.5m，那么可以采用局部照射法或者将发射天线在不同的位置进行校准，使得组合后的校准区域能够完全覆盖 EUT 的表面。

按照图 3.15.2 的布置对半电波暗室进行场均匀性校准，校准时可以采用恒定场强校准法和恒定功率校准法的任意一种，使用未调制的载波信号对水平和垂直极化分别进行校准。校准时使用的场强至少为将要施加给 EUT 的场强 1.8 倍，以确保放大器能处理调制信号而不饱和。两种校准方法所得的结果是相同的。

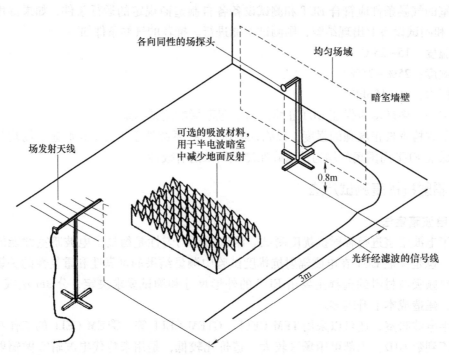

图 3.15.2 场地均匀性校准（来源：GB/T 17626.3—2016）

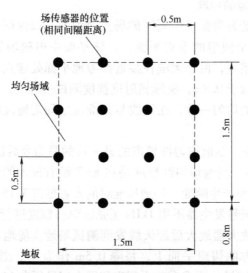

图 3.15.3 场均匀性区域的尺寸（来源：GB/T 17626.3—2016）

3. 试验布置以及测试方法

（1）辐射抗扰度试验布置

台式 EUT 应放在一个 0.8m 高的绝缘试验桌上，落地式 EUT 应放在参考地平面上面 0.1m（标准定义为 0.05~0.15m）高的绝缘支架上。如果 EUT 被设计为安装在一个面板、支架和机柜上，那么它应该在这种配置下进行测试。当需要用一种方式支撑 EUT 时，这种支撑应由非金属、非导电材料构成，以防止引起场的畸变。

EUT 应尽可能在实际工作状态下运行，EUT 布线应按照生产厂推荐的方式。如果厂商没有规定，测试时应当使用非屏蔽平行导线，从 EUT 引出的连线在电磁场中暴露的距离为 1m。过长的导线应捆扎成 1m 长的感应较小的线束。

EUT 与发射天线的距离优先采用 3m，该距离是指 EUT 表面到双锥天线的中心或对数周期天线的顶端的距离。辐射抗扰度试验在对测量结果有异议的情况下，优先采用 3m 距离测试。

（2）辐射抗扰度测试方法

试验前应当用场强探头检查所建立侧场强是否满足测试要求，发射天线、吸波材料和电缆的位置是否与场校准的布置一致。验证合格后可以使用场校准中得到的数据来产生试验场强。

依次将 EUT 的每个侧面放在场校准的平面位置（EUT 最好能放在转台上），分水平和垂直极化对 EUT 施加测试场强，也就是 EUT 在每个朝向天线的面上要做两次测试，一次是天线处在垂直位置上，另一次处在水平位置上。如果 EUT 由几个部分组成，当从各个侧面进行试验时，无需改变内部任一部件的位置。

用 1kHz 正弦波对射频信号进行 80% 的幅度调制后，在选定的频率范围内进行扫频测试，在每个频点上，调制后的射频信号扫描的驻留时间不应小于 EUT 动作响应所需要的时间，而且不得短于 0.5s。对敏感点则应个别考虑。

（3）测试结果判定

依照 EUT 所在的产品类标准给出的性能判据进行判定，当没有合适的标准可用时，也可由制造商和用户方协商决定。

四、辐射抗扰度测试实例

以电场辐射敏感度测量为例进行说明。

1. EUT： 空调器用触摸屏

2. 测试仪器

序号	设备名称	厂家	型号	系列号
1	信号发生器	R&S	SML100A	102710
2	功率放大器	BONN Elektronik	BLWA 0810-160/100D	149644
3	各向同性场强探头	Narda	EP-601	511WX30620
4	功率计	Feankonia	PMS1084	108B1289
5	堆叠逻辑对数周期天线	Schwarzbeck	STLP 9128E	078

3. 试验布置

按本项目"三、辐射抗扰度测试方法"的要求进行试验布置，将 EUT 置于使其某个面与校准的平面相重合的位置。

4. 场地布置

将发射天线移到校准均匀域的位置，地面铺设 $9m^2$ 铁氧体及吸波材料，与转台边缘、桌面边缘位置平齐，保证测试距离为 3m，如图 3.15.4 所示。

5. 天线位置确定

发射天线标准点应离地面高度为 1.55m，垂直极化，天线前端距离桌面边缘 3m，天线架子其中一脚固定位为铁氧体边缘的中间位置，如图 3.15.5 所示。

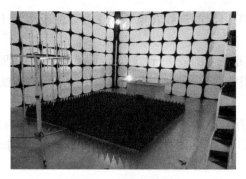
图 3.15.4　场地布置图

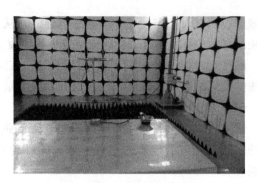
图 3.15.5　确定天线位置

6. 测试流程

将 EUT（触摸屏）通电开机，处于正常工作状态。

1）在计算机桌面找到 EMS-LAB 软件图标，双击打开。进入后，选择电磁抗扰度数据→辐射抗扰度→各类模板→测试模板→选择 RS 80-1G 10Vm 或 RS 80-1G 3Vm 测试模板，如图 3.15.6 所示。其中 10Vm 表示场强为 10V/m（对应试验等级 3），3Vm 表示场强为 3V/m（对应试验等级 2）。此处按 GB/T 4343.2—2020 的要求，选择场强为 3V/m。

2）双击进入，选择需要的测试频率和步进方式。

3）选择测试类型，如图 3.15.7 所示。选择"基于参考校准文件的被测物测试"；如需要在测试中监视场强，将探头置于暗室内，并勾选"读取场探头场强值"；设置限值等级和倍乘因子；测试容差（与校准一致）。

图 3.15.6　选择对应的测试模板

图 3.15.7　选择测试类型

4）选择调制方式。按标准要求设置调制方式，使用 1kHz 80% 幅度调制后输出，如图 3.15.8 所示。

图 3.15.8　选择调制方式

5）设置测试选项。输入 EUT 名称和频率范围，测试频率范围可在此修改。

选择天线极化方向。选择参考校准文件，测试 10V 则选择 10V 的校准文件，测试 3V 则选择 3V 的校准文件，如图 3.15.9 所示。

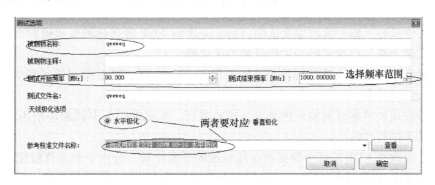

图 3.15.9　设置测试选项

6）单击 ▶ 按钮开始测试，如图 3.15.10 所示。

7. 结果与评定

测试过程通过视频监控观察 EUT 的变化，发现触摸屏受到干扰时出现屏幕闪烁、复位重启现象（做好记录）。

触摸屏属于 GB/T 4343.2—2020 定义的 Ⅲ 类器具，射频电磁场抗扰度的性能判据为 A，因此判定本次测试不合格。

8. 注意事项

1）测试计算机上的所有 USB 端口不要随意插拔或更改端口位置，软件中已设置相应端口的端口号，若有更改将导致软件无法和设备通信。

2）测试中，密切注意 EUT 的工作状态，发生异常，立即断电，停止测试。

五、小结

源自电台、无线电发射台以及各种工业辐射源产生的 80～2000MHz 以上频率会影响电气

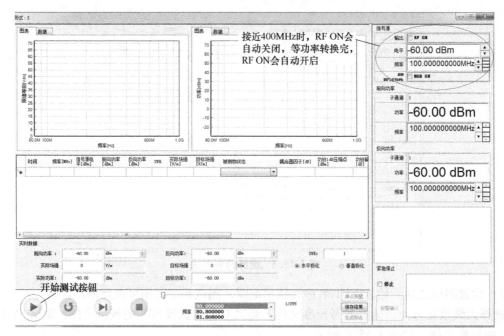

图 3.15.10 开始测试

电子设备的正常运行。辐射抗扰度测试的目的，是考察 EUT 遭受此类射频辐射源骚扰时的性能表现，其实质上是与辐射发射测试相反的测试过程。

辐射抗扰度测试采用的基础标准是 GB/T 17626.3—2016，需要使用信号发生器、功率放大器和发射天线等设备。

测试通常在电波暗室或调整后的半电波暗室进行。测试前需要对试验场地场均匀性校准，以保证试验结果的有效性。

测试时，依次将 EUT 的每个侧面放在场校准的平面位置，分水平和垂直极化对 EUT 施加测试场强（也就是 EUT 在每个朝向天线的面上要做两次测试）。依照标准规定的布置和制定的测试流程，配合测试软件进行操作，记录 EUT 的变化，最后依据产品类标准的性能判据来判定 EUT 是否合格。

思考与练习

1. 判断题

（1）辐射抗扰度是测试电子产品工作时辐射场强的大小。（   ）

（2）辐射抗扰度测试前需要对试验场地场均匀性进行校准。（   ）

（3）基础标准为 GB/T 17626.3—2016，产品类标准则规定了具体 EUT 的试验要求、试验等级以及性能判据。（   ）

2. 简答题

（1）辐射抗扰度测试的基础标准是什么？一般试验等级要求的频率范围是多少？

（2）辐射抗扰度测试需要用到哪些仪器设备？

（3）简述辐射抗扰度测试的过程。

（4）如何判定辐射抗扰度测试的结果？

电压跌落与中断抗扰度测试

16

一、电压跌落与中断抗扰度测试基础知识

1. 电压跌落与中断的定义以及产生的原因

电压瞬时跌落也叫作电压暂降,是指供电电压突然下降,经过半个周期到几秒钟的短暂持续期又恢复正常。图 3.16.1 是电压跌落示意图,电压跌落到 70%,持续 25 个周期,在过零处开始跌落。

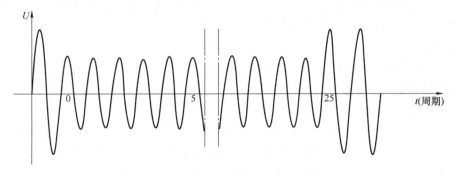

图 3.16.1　电压跌落示意图(来源:GB/T 17626.11—2008)

短时中断是指供电电压消失一段时间(一般不超过 1min),可认为是 100% 的电压跌落。实际上,从 0 到 20% 额定电压的电压等级,都可认为是完全中断。

电压跌落和短时中断是由供电网络或用电设备的故障引起的,或者由突发的、大的负载变化导致的。在特定情况下,可能会发生多次跌落或中断。但这些现象在本质上都是随机的。

电压跌落和短时中断不总是突变的,因为与供电网络相连的大型电源网络被切断电源时,由于在该网络上连接有大量的电机设备,这些电机在短时间内将充当发动机运行,并为电网输送电力,使得电网电压以渐变方式下降,这种情况称为电压渐变。电压渐变也可以是由电网上连续变化的负载所导致的。

图 3.16.2 为电压渐变示意图,其中 t_d 为电压下降所需的时间,t_i 为电压上升所需的时间,t_s 为电压降低后的持续时间。

电气电子设备会受到电源电压跌落、短时中断或电压渐变的影响,可能造成设备停止工作、零部件损坏、接触器跳闸、误动作、计算机或嵌入式系统数据丢失等后果。

有些设备对电压渐变比对电压跌落或短时中断更敏感。为了保护和存储内部数据,大多数数据处理设备都有断点检测装置,以便在断电时及时给出信号,让数据处理设备利用电源失效前的几毫秒时间,及时保护或存储数据。一旦电源恢复供电,设备将会按正确的方式启动。然而,

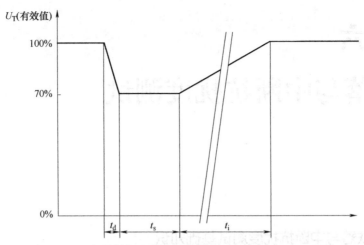

图 3.16.2　电压渐变示意图（来源：GB/T 17626.11—2008）

有些设备没有断电检测装置或者这些装置对于电源电压的变化不能做出快速反应，当电源电压降低到设备的最低工作电压以下，将导致数据丢失，这样的设备应该配置不间断电源（UPS）。

近年来，全球范围内因电网电压瞬间跌落、短时中断等电压变化产生的危害日益严重，经济损失巨大，使得这类问题受到广泛的关注，成为现代电能质量的重要部分，电力市场的发展对电压瞬间跌落提出更加严格的限制。

2. 测试目的

考察电气电子设备对电网电压变化的抗干扰能力。

3. 测试标准和试验等级

（1）测试标准

电压瞬时跌落、短时中断抗扰度测试的基础标准为 GB/T 17626.11—2008《电磁兼容　试验和测量技术　电压暂降、短时中断和电压变化的抗扰度试验》（等同采用 IEC 60001-4-11：2004）。该标准于 2008 年 5 月 20 日发布，2009 年 1 月 1 日起施行。

注意，该标准仅适用于额定输入电流每相不超过 16A 的电气电子设备，不适用由直流及 400Hz 网络供电的设备。

同样，产品类标准规定了具体 EUT 的试验要求、试验等级以及合格性能判据等。

（2）试验等级

标准中规定的试验电压，是以设备的额定工作电压 U_T 为基准的。

① 电压跌落

电压跌落试验等级以跌落后的电压占额定工作电压的百分比表示，有 $0\%U_T$、$40\%U_T$、$70\%U_T$ 和 $80\%U_T$，相当于额定电压瞬时跌落了 100%、60%、30% 和 20%。

优先采用的试验等级和试验持续时间见表 3.16.1。

表 3.16.1　电压跌落优先采用的试验等级和试验持续时间

类别[①]	电压跌落的试验电压和持续时间 t_s（50/60Hz）		
1类	根据设备要求依次进行		
2类	0% 持续时间 0.5 周期	0% 持续时间 1 周期	70% 持续时间 25/30 周期

（续）

类别[1]	电压跌落的试验电压和持续时间 t_s（50/60Hz）				
3 类	0% 持续时间 0.5 周期	0% 持续时间 1 周期	40% 持续时间 10/12 周期	70% 持续时间 25/30 周期	80% 持续时间 250/300 周期[3]
X 类[2]	特定	特定	特定	特定	特定

[1] 类别依据 GB/T 18039.4，见该标准的附录 B。

[2] "X 类"由有关的标准化技术委员会定义，对于直接或间接连接到公共网络的设备，严酷等级不能低于 2 类的要求。

[3] "10/12 周期"是指 50Hz 的市电采用 10 周期，60Hz 的市电采用 12 周期，"25/30 周期"和"250/300 周期"依此类推。

表 3.16.1 规定了不同类别的电磁环境，以及 EUT 进行电压跌落试验的试验电压和持续时间。

1 类：适用于受保护的供电电源，其兼容水平低于公用供电系统。它涉及对电源骚扰很敏感的设备（如实验室的仪器、某些自动控制和保护设备及计算机等）的使用。在这种环境下的设备，通常都是精度很高，特别容易受到电磁骚扰；或者用于重要场合不能断电，需要重点保护。（安装在 1 类环境中的设备要求有保护装置，如 UPS、滤波器或浪涌抑制器等。）

2 类：一般适用于商用环境的公共耦合点（PCC）和工业环境的内部耦合点（IPC）。该类的兼容水平与公用供电系统的相同。因此涉及用于公用系统的元件也适用于这类工业环境。前面说的居住、商用以及轻工业环境就属于这一类。

3 类：仅适用于工业环境中的 IPC。该类某些骚扰现象的兼容水平要高于 2 类。这类环境有较大的电磁骚扰，要求在这类环境工作的设备具有较高的抗干扰能力。

举例来说，对于 1 类环境，敏感设备是否会因为外界电压的影响，取决于 UPS 的性能，因此没有具体的技术等级。对于工作在 2 类环境的 EUT，电源频率 50Hz（周期为 20ms），应分别进行"0% U_T，10ms""0% U_T，20ms"和"70% U_T，500ms"三种等级的电压跌落试验。而对于工作中 3 类环境的 EUT，应根据表 3.16.1 的要求，进行 5 种等级的电压跌落试验。

注意，不能片面理解"0%，持续时间 1 周期"的条件一定比"0%，持续时间 0.5 周期"严苛，毕竟，对于 EUT 来说，跌落持续时间只是影响因素之一，跌落后电压的回升频率，也会影响 EUT 的表现，两者产生的后果可能不一样。

X 类为开放等级，有关的标准化技术委员会（通常指产品类标准的制定组织）可以选择用其中某个试验等级。但对于接入公共网络（市电）的设备，起码要满足 2 类的要求。例如，家电类的抗扰度产品标准 GB/T 4343.2—2020 中，电压跌落采用 3 类试验等级，要求进行"0%，0.5 周期""40%，10 周期"和"70%，25 周期"三种等级的试验。因为 3 类对应的工业电磁环境，对家电而言，相当于加严了测试条件。而照明灯具的抗扰度产品标准 GB/T 18595—2014 中，电压跌落采用 2 类试验等级，要求进行"0%，0.5 周期"和"70%，25 周期"试验，采用的就是 2 类环境的等级要求，而"0%，1 周期"不做要求。

② 短时中断

电压短时中断试验优先采用的试验等级和试验持续时间见表 3.16.2。

表 3.16.2　短时中断试验优先采用的试验等级和试验持续时间

类别[1]	短时中断的试验电压和持续时间 t_s（50/60Hz）
1 类	根据设备要求依次进行
2 类	0% 持续时间 250/300 周期[3]

（续）

类别①	短时中断的试验电压和持续时间 t_s（50/60Hz）
3类	0% 持续时间 250/300 周期③
X类②	特定

① 类别依据 GB/T 18039.4，见该标准的附录 B。
② "X类"由有关的标准化技术委员会定义，对于直接或间接连接到公共网络的设备，严酷等级不能低于 2 类的要求。
③ "250/300 周期"是指 50Hz 的市电采用 250 周期，60Hz 的市电采用 300 周期。

③ 电压渐变

标准对电压渐变作为一种形式试验做了说明。电压渐变测试优先采用的电压变化所需的时间和电压降低后的持续时间以及试验电压见表 3.16.3。

表 3.16.3　短期供电电压变化的时间设定

电压试验等级	电压降低所需的时间（t_d）	降低后电压维持时间（t_s）	电压增加所需时间（t_i）
70%	突变	1 周期	25/30 周期②
X①	特定	特定	特定

① "X类"由有关的标准化技术委员会定义。
② "25/30 周期"是指 50Hz 的市电采用 25 周期，60Hz 的市电采用 30 周期。

二、电压跌落与中断抗扰度测试仪器和试验布置

1. 使用的仪器设备

电压暂降和短时中断抗扰度试验，使用的仪器是电压暂降和中断发生器。目前，很多公司都在设计生产符合 GB/T 17626.11 和 IEC 60001-4-11 标准要求的发生器。例如，苏州泰思特电子科技有限公司生产单相电压跌落发生器 VDG-1105G 和三相电压跌落发生器 VDG-1130G，均满足标准 IEC 61000-4-11 和 IEC/EN 61000-4-34、GB/T 17626.11、IEC/EN 61000-6-1/8-2 的要求，广泛用于电磁兼容实验室进行电压跌落试验。

2. 布置要求

电源试验电压的频率在额定频率±2%以内。

用 EUT 厂商规定的最短的电源电缆，把 EUT 连接到电压跌落发生器的输出端进行试验。如果厂商对电缆长度没有规定，则使用适合 EUT 的最短电缆。根据经验，电源线一般在 0.8~1.5m 比较合适。

电压跌落发生器和试验配置的举例，可以参考标准 GB/T 17626.11—2008 的附录 C。

试验应在实验室进行，实验室的气候条件应满足 EUT 和试验仪器供应商给出的任何限制。如果相对湿度很高，以至于在 EUT 和试验仪器上产生凝雾，则不应进行试验。

实验室的电磁条件应能保证 EUT 正常运行，并保证试验结果不受影响。

三、电压跌落与中断抗扰度测试方法

1. 测试方法与注意事项

1）将电压跌落发生器以及 EUT 按标准的规定进行布置和连接。然后将设备开始预热，将 EUT 按典型的工作状态投入工作。

2）根据产品要求确定试验程序，包括试验电压等级、持续时间等。

3）EUT 按每一种选定的试验电压和持续时间组合，按顺序进行三次电压跌落或中断试

验，两次试验之间的最小时间间隔 10s（保证有足够时间观察 EUT 的表现，并且确保在下次跌落时，EUT 能恢复到正常工作的状态），应在每个典型的工作模式下进行试验。

4）对于电压暂降，电源电压的变化发生在电压过零处，以及由有关专业标准化技术委员会或个别产品规范中认为需要附加测试的几个角度，每相优先选择 45°、90°、135°、180°、225°、270°和 315°。对于短时中断，由有关专业标准化技术委员会根据最坏情况来规定角度，如果没有规定，建议任选一相，在相位角为 0°时进行测试。

5）对于三相系统的短时中断试验，三相应同时进行试验。对于具有中线的三相系统的电压暂降试验，根据条款每次单独测量一个电压（相-线，相-相），这意味着进行六个不同系统的试验。对于不具有中线的三相系统的电压暂降试验，每次单独对相-相电压进行试验，这意味着进行三个不同系列的试验。

6）对于带有一根以上电源线的 EUT，在每根电源线都应单独进行试验。

7）测试完成后，关闭测试设备和 EUT 的电源。

8）对每一项试验，应记录任何性能降低的情况，根据记录来对试验结果进行评定。注意，标准要求"监视设备应能显示试验中和试验后 EUT 运行的状态"。例如，一个电炉在烧水，跌落前全功率工作，跌落期间电炉以半功率工作，跌落完后电炉有无恢复全功率工作，人眼无法看出来，这时就应借助仪器（如功率计）清楚看到产品消耗的功率，以此判断其功能是否正常。

9）每组试验后，应进行一次全面的性能检查。例如，家电类 EUT，要求做 3 个等级的检测（0%、40%和 70%），不要等全部做完后再检查，而应该做完 0%跌落后检查一次，然后再做 40%的跌落，以此类推，以便明确问题（一旦出现）的发生条件。

2. 结果评定方法

与其他抗扰度试验类似，电压暂降、短时中断和电压变化抗扰度试验结果的评定，参考以下 4 个性能判据等级：

1）在制造商、委托方或购买方规定的限值内性能正常。

2）功能或性能暂时丧失或降低，但在骚扰停止后能自行恢复，不需要操作者干预。

3）功能或性能暂时丧失或降低，但需操作人员干预才能恢复。

4）因设备硬件或软件损坏，或数据丢失而造成不能恢复的功能丧失或性能降低。

通常在产品类标准中，都明确定义要达到的性能等级，例如，GB/T 18595—2014 对一般照明用设备的性能等级分为以下三级：

性能等级 A：在测试期间光强不应该发生变化。如 EUT 具有调节控制器，在测试过程中应该处于工作状态。

性能等级 B：在测试期间光强可任意变化，但应在测试结束后的 1min 内恢复到初始值。在测试期间，调节控制器无需工作。如在测试过程中没有给出状态转换指令，那么测试前后的控制状态应保持一致。

性能等级 C：在测试期间及结束后允许光强有任意变化，灯也可以熄灭，在测试结束后 30min 内所有功能应恢复到正常状态（如需要，可暂时中断主电源或进行调控操作），带有启动装置的照明设备的附加要求是，测试后关闭电源，半小时后开启，EUT 应能正常启动和工作。

如果某类 EUT 没有合适的通用标准、产品标准或产品类标准时，由供应商和买方协商确定。

四、工程实例：电压跌落与中断抗扰度测试

1. EUT 名称：LED 台灯

2. 型号：欧普 12-HY-58920（6W）

3. 测试日期：2019 年 10 月 28 日

4. 测试时供电电压：220V，频率：50Hz

5. 测试端口：交流端口

6. 试验等级（%UT）（依据 GB/T 18595—2014）

跌落：70%，10 周期

中断：0%，0.5 周期

7. 要求达到的性能等级（依据 GB/T 18595—2014）

跌落：C；中断：B

8. 样品工作模式：正常亮灯（全功率）

9. 测试仪器：泰思特单相电压跌落发生器 VDG-1105G

10. 测试环境

温度：24℃；相对湿度：45%；大气压：102kPa

11. 测试记录

过零点（电压相位 0°）			过零点（电压相位 180°）		
测试等级（%UT）	持续时间（周期）	EUT 现象	测试等级（%UT）	持续时间（周期）	EUT 现象
70%	10	亮度变暗，电压恢复后可立刻恢复正常亮度	70%	10	亮度变暗，电压恢复后可立刻恢复正常亮度
0	0.5	亮度变暗，电压恢复后可立刻恢复正常亮度	0	0.5	轻微闪烁

12. 测试结果：合格

五、小结

电网电压的暂时下降、短时中断和变化，可以造成用电设备停止工作、零部件损坏、误动作、数据丢失等后果。本测试的目的是考察电气电子设备对电网电压变化的抗干扰能力。测试采用的基础标准为 GB/T 17626.11—2018。

使用电压跌落发生器对 EUT 进行测试，按标准的规定进行布置和连接，按产品要求确定试验程序，包括试验电压等级、持续时间等，EUT 按每一种选定的试验电压和持续时间组合，按顺序进行三次电压跌落或中断试验，两次试验之间的最小时间间隔为 10s，应在每个典型的工作模式下进行试验。

测试过程记录 EUT 的表现，最后按产品类标准的性能依据判定测试结果是否合格。

思考与练习

1. 电压跌落和短时中断的含义是什么？

2. 电压跌落和短时中断对电气电子设备有何危害？

3. 电压跌落和短时中断抗扰度试验的国家标准是什么？如何选择试验等级？举例说明。

4. 电压跌落和短时中断抗扰度试验有哪些基本要求？

第四单元

安规检验技术

项目一

安规基础知识

一、产品安全与安规基础知识

1. 安全的基本准则

电子电气设备或产品在使用过程中，可能会对用户及其周围环境带来危险。这些危险包括：

（1）触电（电击）

电子电气设备属于用电设备，用户在使用时可能存在触电危险。触电是电流流经人体造成的反应，毫安级的电流就可以对人体产生直接或间接的危害。

因此，防触电是安全标准中应当首先考虑的问题，也是产品安全设计的重要内容。产品在结构上应保证用户不会触电，例如，无论在正常工作条件，还是在故障条件下使用产品，用户均不会触及带有超过规定电压的带电体，以保证人体与带电体和大地之间形成回路时，流过人体的电流不超过规定的限值。

（2）能量冲击的危险

能量冲击发生在可以供应大电流或高电压的线路的相邻两端子间。在短路的情形下，可能造成大电流泄放；或者产生电弧放电，甚至在燃烧中射出熔化的金属。

即使属于低压电路，也可能造成能量冲击的危险。例如，一个带有 35V 电压的 3300μF 电容，拥有 $\frac{1}{2}CV^2 = \frac{1}{2} \times 3300 \times 10^{-6} \times 35^2 \text{J} \approx 2\text{J}$ 的能量，一旦发生短路，有可能产生过量的能量释放，乃至发生爆炸。

（3）火灾或发热的危险

在短路、过载（过电流）、零件失效、绝缘崩溃或是连接器松脱的情形下，所造成的异常高温可能引起火灾。

用户因触碰到高温零件造成伤害；设备中的元器件长期处于过高温环境，对其性能和寿命产生负面影响；绝缘材料在高温的环境中，会发生绝缘性能下降甚至熔解或燃烧的危险。

（4）机械的危险

结构上锐利的边缘容易割伤或刺伤人体；运动部件（如风扇的叶片）如可触及，会对用户造成伤害；设备的机构或结构不稳定可能导致零件或结构变形、移动，从而伤及用户或周围环境；外壳材料强度不够，易受力破裂而造成危险；带电部件可触及电源线固定不可靠，会造成触电危险。

（5）辐射源的危险

辐射的形式可能为音频、射频、红外线、高强度可见光（尤其是短波长的蓝光和紫光）、紫外线、离子化辐射等，造成高强度噪声或高频电磁波的生物危害。

（6）化学物的危险

有毒化学物质本身及其蒸气、液体、粉尘等，可以给人体或周围环境带来直接或间接伤害。设备应避免在正常操作及不正常操作的情况下，产生此类化学危险。

基于上述危险因素，产品在设计和生产中应避免这些危险的发生，这是安全的基本准则。

2. 安规的概念

安规是产品安全规范的简称，也是产品认证中对产品安全的要求。

电子电气产品的安规标准，是为了保证人身安全和使用环境不受任何危害而制定的，是产品在设计、制造时必须遵照执行的标准文件。严格执行标准中的各项规定，产品的安全就有了可靠保证。贯彻实施一系列的安规标准（国家标准或国际标准），对提高产品质量及其安全性能将产生极大影响。

安规的英文解释为"Production Compliance"，是指产品在整个生命周期（从设计、制造、销售到终端用户使用）内相对于销售地的法律、法规及标准的产品安全符合性。广义的安规不仅包含普通意义上的产品安全，同时还包括产品的电磁兼容与辐射、节能环保、食品卫生等方面的要求，是贯穿产品生命周期的一种产品安全责任和活动。

例如，家用电器都是在通电后才能工作，而且大多数家用电器使用的都是 220V 交流电，属于非安全电压。此外，有的家用电器工作时能产生上万伏电压（如 CRT 电视机），人体一旦接触这样高的电压，就会发生触电，危及生命；有些电器中的电池、电解电容存在爆炸危险。因此，安全性是衡量家用电器的首要质量指标。在 GB 4706.1—2005《家用和类似用途电器的安全 第 1 部分：通用要求》标准中，要求家用电器必须有良好的绝缘性能和防护措施，以保护消费者使用的安全。例如，规定了防触电保护，过载保护，防辐射、毒性和类似危害的措施。上述标准还规定，家用电器的设计和制造应保证在正常使用中安全可靠地运行，即使在使用中可能出现误操作，也不会给用户和周围环境带来危害。

二、电气安全与安规的相关术语和重要概念

各种安规标准中，都包含有"术语"的章节，清楚地定义了相关名词术语。了解和掌握这些术语，以及安规设计、检验、结果评定等工作，以及阅读理解安规标准的内容及其测试报告，有着非常重要的意义。

本节列举一些重要及容易引起误解的名词，按不同的大类分组，解释如下。

1. 绝缘结构类

绝缘指使用不导电的物质将带电体隔离或包裹起来，以对触电起保护作用的一种安全措施。良好的绝缘是保证电气设备与线路安全运行，防止人身触电事故的最基本的和最可靠的手段。

（1）基本绝缘（Basic Insulation）

施加在带电部件上提供防止触电的基本保护的绝缘。在电器中的带电部件上，用绝缘材料将带电部件封闭起来，对防触电起基本保护作用，如套有绝缘材料的铜、铝等金属导线。从结构上，这种绝缘都置于带电部件上，直接与带电部件接触。

（2）附加绝缘（Supplementary Insulation）

当基本绝缘失效时为防止触电而提供保护，另外施加于基本绝缘的独立绝缘，如电热毯、

电热丝外包覆的塑料套管。

（3）双重绝缘（Double Insulation）

由基本绝缘和附加绝缘构成的绝缘系统。同时具有基本绝缘和附加绝缘对防触电的保护作用，一旦基本绝缘失效，由附加绝缘起保护作用。

以具有两层护套的电源线（如电视机电源线）为例，电源线中的单根电线有基本绝缘，外面再套一层纤维管或热缩管，这一层绝缘叫作附加绝缘。因此，这类电源线就属于双重绝缘，如图 4.1.1 所示。

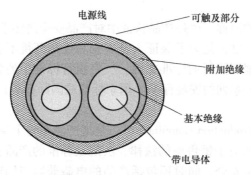

图 4.1.1　双重绝缘示意图

（4）加强绝缘（Reinforced Insulation）

加强绝缘是提供与双重绝缘等效的防电击等级而施加于带电部件的单一绝缘。它提供的防触电保护程度相当于双重绝缘，但它是一种单独的绝缘结构，可以由几个不能像基本绝缘或附加绝缘那样单独试验的绝缘层组成。

加强绝缘从形式上看是一层绝缘，但其绝缘效果相当于双重绝缘，两者的区别如图 4.1.2 所示。

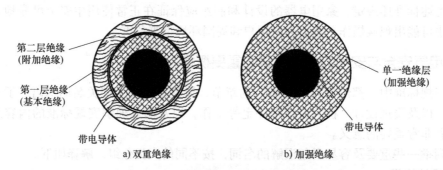

a) 双重绝缘　　　　　　　b) 加强绝缘

图 4.1.2　双重绝缘与加强绝缘的区别

多数情况下，加强绝缘的效果等同于双重绝缘，但严格来说，两者不完全等同。因为加强绝缘属于单层绝缘系统，绝缘材料的性能，与材料的密度、厚度、重量等都密切相关，其绝缘崩溃的概率大于同等条件的双重绝缘。形象地说，一层绝缘系统通一个洞（绝缘崩溃）的概率，高于双重绝缘系统通的洞叠加在一起形成一个通洞的概率。

2. 爬电距离和电气间隙

（1）爬电距离

爬电距离是指带电部件之间或带电部件与可接触表面之间沿绝缘体表面的最短距离，如图 4.1.3 所示。

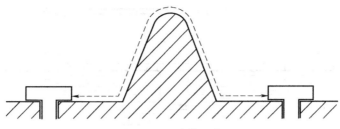

图 4.1.3 爬电距离

（2）电气间隙

电气间隙是指带电部件之间或带电部件与可接触表面之间的最短距离，如图 4.1.4 所示。

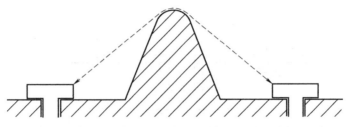

图 4.1.4 电气间隙

显然，爬电距离和电气间隙的大小都会影响产品的绝缘性能和电气安全，但是两者的防范对象和考察目的不同。GB 4943.1—2011《信息技术设备安全 第 1 部分：通用要求》2.10条指出，电气间隙的尺寸应当确保过电压、包括可能进入设备的瞬态电压和可能在设备内部产生的峰值电压不会击穿该电气间隙；爬电距离的尺寸应当确保在给定的工作电压和污秽等级下不会出现绝缘闪络或绝缘击穿（例如，由于电痕化引起的）。由此可见，电气间隙防范的是瞬态过电压或峰值电压；而爬电距离是考察绝缘在给定的工作电压和污染等级下的耐受能力。

爬电距离和电气间隙测试，实际应用中有以下几种常见规则，如图 4.1.5～图 4.1.8 所示。其中的尺寸 X 是根据相应的污染等级所确定的最小值，见表 4.1.1。

表 4.1.1 污染等级对应的尺寸 X 的最小值

污染等级	尺寸 X 的最小值/mm
1	0.25
2	1.0
3	1.5

如果某个位置的总电气间隙小于 3mm，则尺寸 X 的最小值可减小至该电气间隙的 1/3。

一般情况下污染等级取 2，也就是 X 取 1.0mm。因此，宽度小于 1 mm 的槽口，其爬电距离仅计算槽口的宽度。小于 1 mm 宽的任何空气间隙，在计算总电气间隙时忽略不计。

3. 防触电类别

（1）0 类器具（class 0 appliance）

电击防护依赖于基本绝缘的器具。如果该基本绝缘失效，电击防护则依赖于环境。这类电器主要用于人们接触不到的地方，如荧光灯的整流器等。一旦基本绝缘失效，则因为电器悬挂较高（一般要求大于 2.4m，且天花板与地绝缘），不会对正常活动的人员造成电击。

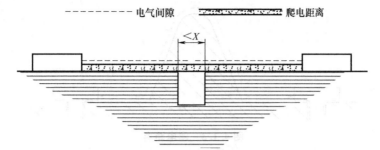

——————— 电气间隙　　▨▨▨▨▨ 爬电距离

条件：所考虑的路径包括宽度小于X而深度为任意的平行边或收敛形边的槽。
规则：爬电距离和电气间隙如图所示，直接跨过槽测量。

图 4.1.5　爬电距离和电气间隙测试规则 1

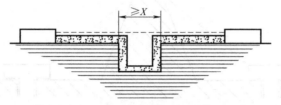

条件：所考虑的路径包括任意深度而宽度等于或大于X的平行边的槽。
规则：电气间隙是"虚线"距离，爬电路径沿着槽的轮廓。

图 4.1.6　爬电距离和电气间隙测试规则 2

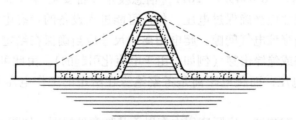

条件：所考虑的路径包括一条筋。
规则：电气间隙是通过筋顶的最短直接空气途径。
　　　爬电路径沿着筋的轮廓。

图 4.1.7　爬电距离和电气间隙测试规则 3

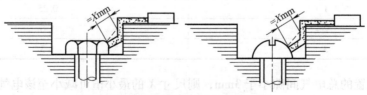

螺钉头与凹壁之间的间隙过分窄小而不被考虑。
当距离等于X时，测量从螺钉至壁的爬电距离。

图 4.1.8　爬电距离和电气间隙测试规则 4

0 类器具有以下几个特点：
1）器具可以是直接接线到电源，也可以是用插头插座。
2）器具的电源导线可以是基本绝缘的导线。
3）器具没有接地端子和接地导线。

4）使用说明书一般要求 0 类器具在比较干燥的使用场所或与地绝缘较好的场所使用，如木地板上等。

（2）Ⅰ类器具（class Ⅰ appliance）

通过基本绝缘加上保护接地实现触电防护的器具。也就是说，Ⅰ类器具的主要特征是器具（电器）的外壳，通过保护导体接地来防止电击的危害，如图 4.1.9 所示。

Ⅰ类器具有以下几个特点：

1）Ⅰ类器具的电源插头是三插（带有接地端子）。

2）器具外壳很多是金属外壳（或部分金属外壳）。

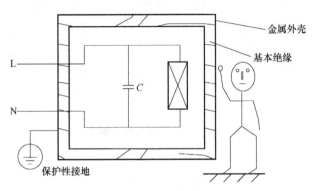

图 4.1.9 Ⅰ类器具示意图

3）外壳有接地端子（在接地端子处有接地标志），器具内的带电部件的金属外壳均通过接地线连接到外壳的接地端子。

4）Ⅰ类器具中允许有双重绝缘和加强绝缘隔离的部件，也可以有安全特低电压供电的部件。

（3）0Ⅰ类器具（class 0Ⅰ appliance）

至少整体具有基本绝缘并带有一个接地端子的器具。

其接地线单独引出，不与电源引线一起。

（4）Ⅱ类器具（class Ⅱ appliance）

其电击防护不仅依靠基本绝缘，而且提供如双重绝缘或加强绝缘那样的附加安全防护措施的器具。

也就是说，Ⅱ类器具通过基本绝缘加上附加绝缘或加强绝缘实现触电防护，如图 4.1.10 所示。

Ⅱ类器具有以下几个特点：

1）器具的插头是二插（对单相交流电而言，只有零线和相线端子）。

2）没有接地端子和接地导线。

3）器具的铭牌上有"回"字形符号（标志），如图 4.1.11 所示。

4）器具使用双层绝缘的导线。

5）Ⅱ类器具中不允许有Ⅰ类结构，即不允许有接地的部件。

6）对不带接地端子或接地线的器具，如果器具的说明书中没有特别说明，从对用户的安全角度考虑，应按Ⅱ类器具的要求对产品进行检验。

（5）Ⅱ类结构（class Ⅱ construction）

器具的一部分，它依靠双重绝缘或加强绝缘来提供对电击的保护。

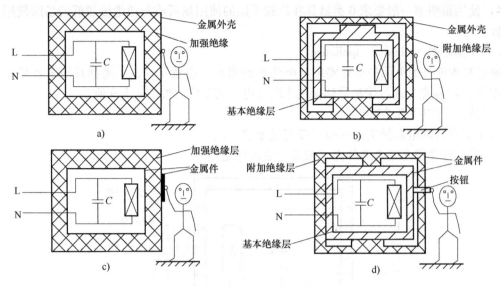

图 4.1.10 Ⅱ类器具示意图

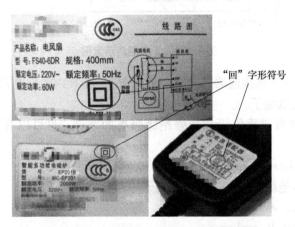

图 4.1.11 器具铭牌上的"回"字形符号

Ⅱ类结构一般出现在Ⅰ类器具或 0Ⅰ类器具上,是器具中的电气零部件,由于不方便接地,则该零部件对电击的保护依靠双重绝缘或加强绝缘。

(6)Ⅲ类器具（class Ⅲ appliance）

通过安全特低电压（SELV）实现触电防护的器具。

其电击保护是依靠安全特低电压（≤40V）电源来供电的器具,且其内部不产生比安全特低电压高的电压,如笔记本电脑、电动剃须刀等。

(7)Ⅲ类结构（class Ⅲ construction）

器具的一部分,它的电击防护依靠安全特低电压,并且在其内部不产生高于安全特低电压的电压。

Ⅲ类结构可以是Ⅰ类器具的一部分,也可以是Ⅱ类器具的一部分。

(8)安全特低电压（Safety Extra-Low Voltage,SELV）

导线之间,以及导线与地之间不超过 42V 的电压,其空载电压不超过 50V。

当安全特低电压从电网获得时,应通过安全隔离变压器或带分离绕组的转换器,并且安全隔离变压器和转换器的绝缘应符合双重绝缘或加强绝缘的要求。

（9）安全隔离变压器

向一个器具或电路提供安全特低电压，且至少用与双重绝缘或加强绝缘等效的绝缘将其输入绕组与输出绕组进行电气隔离的变压器。

以上各种类型器具的定义和特点对比，如图4.1.12所示。

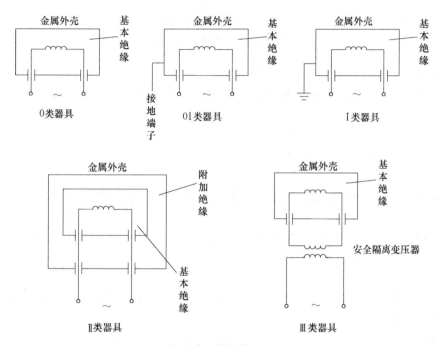

图4.1.12　各种类型器具的定义和特点对比

0类器具和Ⅱ类器具都没有接地端子和接地导线，可以根据以下方式进行辨识：

1）电源线：Ⅱ类器具使用双层绝缘的导线，而0类器具仅使用基本绝缘的导线。

2）标志：Ⅱ类器具的铭牌上有"回"字形符号，而0类器具没有此符号。

3）使用说明书：0类器具要求器具在比较干燥和使用场所与地绝缘较好的场所使用，如木地板上等；而Ⅱ类器具没有这些方面的要求。

4）如果根据上述检查还不能确定是0类器具还是Ⅱ类器具，则应按GB 4706.1—2005等标准条款对电器产品进行全面检查。一般对这类不带接地端子或接地线的器具，如果器具的说明书中没有特别说明，从对用户的安全角度考虑，应按Ⅱ类器具的要求对产品进行检验。

Ⅰ类和0Ⅰ类器具中允许有双重绝缘和加强绝缘隔离的部件，也可以有安全特低电压供电的部件。但Ⅱ类器具中不允许有Ⅰ类结构，即不允许有接地的部件。如果有此类部件，则器具属于Ⅰ类器具或0Ⅰ类器具，而不能按Ⅱ类器具考察。

4. 电源软线及其连接方式

（1）电源软线

固定到器具上，用于供电的软线，如图4.1.13所示。

（2）X连接（type X attachment）

能够容易更换电源软线的连接方法。因为电源软线一端是与插座连接的插头，另一端要与带电体连接，这种连接有各种不同的型式，标准对不同的连接型式有不同的要求。X连接的特点如下：

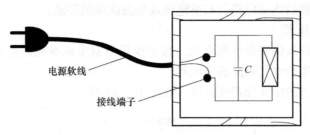

电源软线

接线端子

图 4.1.13　电源软线示意图

1）更换电源软线不需要使用工具（如插拔）。

2）如果需要工具才能更换电源软线，则工具应是普通工具，如常见的一字或十字螺丝刀。

（3）Y 连接（type Y attachment）

需要由制造厂及其服务机构或类似的具有资格的人员来更换电源软线的连接方法。Y 连接的特点如下：

1）必须使用特殊工具才能更换电源软线；说明书上说明必须由专业人员才能更换电源软线。

2）比较常见，像家用电风扇/电视机等，电源线引进机器内部，在外壳处有进线孔和固线器。

（4）Z 连接（type Z attachment）

不打碎或不损坏器具就无法更换电源软线的连接方式。Z 连接器具的电源软线一旦损坏，只有连同器具一同报废。

5. 试验分类

（1）型式试验（Type Test）

对一个有代表性的样品按标准进行的测试。通常，在产品认证环节，送到认证机构指定的实验室进行检测，即属于型式试验。

（2）抽样试验（Sampling Test）

从一批产品中随机抽取的一部分样品进行试验。

（3）例行试验（Routing Test）

100%检测，主要用于生产线上。

6. IP 等级

IP 等级用来描述设备对固体物质和水的防护程度，在 IP 字母后面跟两个特征数字（阿拉伯数字）表示，即 IPXX。

第一个特征数字表示对固体异物的防护程度，用 0~6 表示，各等级含义如下：

0—无防护，即对固体异物无任何防护性能；

1—防止直径为 50mm 及以上的固体物质进入；

2—防止直径为 12mm 及以上的固体物质进入；

3—防止直径为 2.5mm 及以上的固体物质进入；

4—防止直径为 1.0mm 及以上的固体物质进入；

5—防尘，不能完全防止尘土的进入，但进入的尘土的量不会影响设备的正常工作；

6—密封防尘，即无尘土进入。

第二个特征数字表示对水的防护程度，用 0~9 表示，各等级含义如下：

0 —无防护，即对水无任何防护性能；

1 —防滴水，即水滴（垂直下落的水滴）无危害影响；

2 —防淋雨，倾斜 15°，淋雨试验无危害影响；

3 —防洒水，即水由与垂直方向成 60°角洒下时无危害影响；

4 —防溅水，即水由各个方向（360°）溅在外壳上时无危害影响；

5 —防喷水，即用喷管由各个方向对外壳喷水时无危害影响；

6 —防猛烈喷水；

7 —防短时间浸水影响，即当产品浸没在水中规定时间后外壳进水量不致达有害程度；

8 —防持续浸水影响，即该设备在生产厂规定的条件下连续浸没在水中外壳进水量不致达有害程度；

9—高温高压喷水，要求在 0°、30°、60°、90°四个方向分别连续高压喷水 30s（水温 80℃），设备（产品）能正常工作且关键部位无进水。

注意，2018 年 2 月 1 日起正式实施的新版国家标准 GB/T 4208—2017《外壳防护等级（IP 代码）》（等同采用 IEC 60529：2013），相比于上一版本（GB/T 4208—2008），增加了第 9 级防水要求（之前防水等级最高为 8 级）。

IP 等级越高，说明防固体或防水的能力越强。例如，室内照明灯具为 IP20 等级，但室外的泛光灯或路灯就要求达到 IP66 或 IP67，水下用灯需要达到 IP68，并且需要注明水下安装深度。

7. 其他

1）受试设备：含义与电磁兼容部分相同（见第三单元项目一"四、电磁兼容检测常用术语"）。

2）试验（Test）：含义与电磁兼容部分相同（见第三单元项目一"四、电磁兼容检测常用术语"）。

三、触电的原因及安规设计规范

触电（电击）是由于电流流经人体所造成的，只要有毫安级的电流就能在健康的人体内产生反应，导致直接或间接的危害。

1. 电击原因分析

造成触电（电击）的原因有很多，常见的有以下几种。

（1）正常工作条件下，触及带电件

触及带电件通常有两种情况。一种是由于功能上需要，连接端子带电，而连接端子又没有防触及措施，如扩音机的输入输出端子。另一种是外壳上的开孔（如散热孔、预调孔等）设计不周，使用人员有可能触及机内带电零部件，如图 4.1.14 所示。

针对这种电击危险的设计预防措施有以下几种：

1）降低输出到端子上的电压（但并非所有产品都能做到）。

2）设置保护盖，使得在正常工作条件下的带电端子不可触及。保护盖可以是带电件的罩，也可以是整机产品的外壳（此时外壳须符合电气防护外壳的所有要求）。

以上两种措施如图 4.1.15 所示。

3）使用安全联锁装置，在出现可能接触带电端子的危险时切断危险电压。

4）控制外壳开孔尺寸，以防止触及机内带电件。

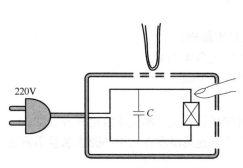

图 4.1.14　外壳上的开孔引起触电示意图

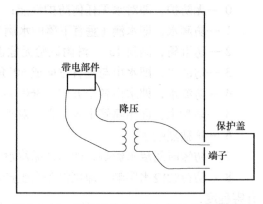

图 4.1.15　降低端子电压和加保护盖的设计措施

（2）危险带电件与可触及件之间的绝缘被击穿

"击穿"是指当绝缘承受的电压足够高而使得绝缘电阻无法再限制电流的增大，也就是在施加电压的两个极之间发生放电现象。"击穿"的途径可能是穿过固体绝缘材料内部，可能是沿着两个电极之间的绝缘体表面（所谓"爬电"），也可能是沿着两电极之间最短的空间路径（对应"电气间隙"）。

如果击穿路径是穿过固体绝缘材料内部，对已被击穿的固体绝缘材料再施加电压，则一般在较低电压下，曾经被击穿过的部位会再次被击穿。

为避免击穿引起的电击，对绝缘系统有结构上的相应要求：

1）有足够的绝缘穿透距离，防止穿过绝缘材料内部击穿。

2）有足够的空气间隙，以防止沿着两电极间最短的空气间隙发生放电。

3）有足够的爬电距离，以防止在相应的污染环境条件下沿着支撑两电极的绝缘材料表面发生爬电。

（3）Ⅰ类设备中承载保护导体电流的保护接地连接失效

Ⅰ类设备（器具）主要依赖接地来实现防触电保护，一旦接地回路断开或接地电阻增大，设备可触及金属或带电体的电压就会显著升高，从而引起触电的风险。

作为设计预防措施，Ⅰ类器具（产品）中的保护接地要可靠连接。为避免这个问题，应注意，接地端子材料、结构、接地端子与其他金属件接触时的防电化学腐蚀、接地端子的连接线、接地线的截面积、安全接地线颜色、接地电阻等，都有相应要求。

（4）储能电容放电

当接在电源回路的电容容量较大，产品工作时此电容充有较多电能而未能及时释放，拔出电源插头后又接触到电容的电极或与之相连的零部件时，就有可能产生电击危险。

作为设计预防措施，尽可能降低电容容量（如降到小于 0.1μF）或者设置时间常数足够小的放电回路。

2. 电器产品的安全设计基础

（1）对设备或产品的要求

1）设备在正常工作条件下，不对使用人员以及周围环境造成安全危险。

2）设备在使用疏忽的情况下（单一故障），不对使用人员以及周围环境造成安全危险。

3）设备在预期的各种环境应力条件下，不会由于受外界影响而变得不安全。

（2）设备安全要求的原则

进行安全设计时，通常需要考虑以下几个安全原则：防电击、防能量危险、防着火危险、防过高温、防机械危险、防辐射、防化学危险。

3. 防电击保护设计

（1）掌握防电击保护设计的原则

防触电最主要的是与带电部件保持足够的距离，可以是空间距离或实体相隔。

设计上应使产品在正常工作条件下或在单一故障条件下，不会引起触电危险。通常应设置两道防触电防线：基本绝缘加附加保护措施。万一基本绝缘失效，附加保护措施将起到防电击的作用。

注意，绝不能由于采取了附加保护措施而降低对基本绝缘的要求。从"绝缘"的构成上说，"绝缘"可以是固体材料，可以是液体材料，也可以是满足一定要求的空气间隙/爬电距离。

（2）防绝缘击穿的设计措施——"两道防线"

Ⅰ类设备的措施：

第一道防线为带电件的基本绝缘；第二道防线是安全接地措施。

Ⅱ类设备的措施：

危险带电件与可触及件之间采用加强绝缘或双重绝缘。

对于双重绝缘，第一道防线是带电件的基本绝缘，第二道防线是附加绝缘。

对于加强绝缘，在防电击上与双重绝缘是同等级别的，所以它相当于两道防线。

Ⅲ类设备的措施：

采用安全特低电压（SELV）供电，并且 SELV 电路采用适当的办法与其他电路隔离。

1）用双重绝缘或加强绝缘将 SELV 电路与带危险电压零部件隔离。

2）用接地的导电屏蔽层将 SELV 电路与其他电路隔离。

3）将 SELV 电路接地。

四、小结

安规是产品安全规范的简称，也是产品认证中对产品安全的要求，包括防止触电、能量冲击、过量发热和火灾、机械危险、化学危险、辐射危险等。

绝缘的类型和质量是安规的要素。按绝缘的类型分，产品可以分为 0 类器具、Ⅰ类器具、0Ⅰ类器具、Ⅱ类器具、Ⅲ类器具等类型。

触电的原因可以分为直接碰触带电体、绝缘击穿、接地失效以及电容放电四种类型。为此，安规设计时应根据不同类型的产品，设置两道防线防止触电。

安规只是检测领域的其中一类，在电器方面还有 EMC、环境可靠性、能效等领域。

✒ **思考与练习**

1. 单选题

一个带有保护性接地的吊扇，可能属于下列哪类产品？（　　　）

A. 0 类器具　　　　　　　　　B. 0Ⅰ 类器具

C. Ⅰ 类器具　　　　　　　　　D. 驻立式器具

2. 判断题

（1）Ⅰ类器具，可以允许在铭牌上增加"回"字形标志。　　　　　　　　（　　　）

(2) Ⅱ类器具，必须在铭牌上增加"回"字形标志。 （ ）

(3) 0类、Ⅱ类和Ⅲ类器具，不应有接地措施。 （ ）

(4) 爬电距离一定比电气间隙大。 （ ）

(5) 安全特低电压是指导线之间，以及导线与地之间不超36V的电压，其空载电压不超过50V。 （ ）

(6) IP等级达到IP66的灯具，可以安装在水下。 （ ）

3. 简答题

(1) 什么叫安规？安规的含义包括哪些？

(2) 按防触电类型分，电器产品可以分成哪几类？

(3) Ⅰ类器具的特点是什么？与0Ⅰ类器具的区别是什么？

(4) 什么叫安全特低电压（SELV）？

(5) 简述IP等级的含义。

(6) 电击（触电）的四种原因分别是什么？

项目二

安规标准

一、安规标准概述

1. 标准的概念

标准是对重复性事物和概念所做的统一规定，它以科学、技术和实践经验的综合为基础，经过有关方面协商一致，由主管机构批准，以特定的形式发布，作为共同遵守的准则和依据。标准的产生是多方利益的妥协（折中）的产物。工厂、销售商希望成本低，用户希望价廉物美，所以要在成本（Cost）和安全（Safety）方面达到平衡。

按使用的范围分，标准分为 3 个等级：

国际标准：如国际电工委员会（IEC）制定的标准，如 IEC 60335-1、IEC 60335-2-9。

地区标准：如欧洲标准（欧洲电工标准化委员会制定）EN 60335-1、EN 60335-2-9。

国家标准：由某个国家的相关机构制定，如 DIN EN 60335-2-9、BS EN 60335-2-9、GB 4706.1。我国的强制性国家标准由国务院有关行政主管部门依据职责提出、组织起草、征求意见和技术审查，由国务院标准化行政主管部门负责立项、编号和对外通报，由国务院批准发布或授权发布；推荐性国家标准由国务院标准化行政主管部门制定。

《中华人民共和国标准化法》将我国标准分为国家标准、行业标准、地方标准、企业标准四级。国家标准、行业标准又分为强制性标准和推荐性标准（见《中华人民共和国标准化法实施条例》第 18 条）。

强制性国家标准以 GB 开头，推荐性国家标准以 GB/T 开头（"T"是推荐的意思）。由于安规标准涉及电气设备的安全、环保、卫生等，因此，一般都属于强制性标准。

2. 国内外电气安全标准化组织

电器产品的安全标准是为了保证人身安全和使用环境不受危害而制定的，是电器产品在设计、制造时必须遵照执行的标准文件。严格执行标准中的各项规定，电器产品的安全就能得到可靠保证。在国际上，美国是最早关注电气安全的国家，我国从 1982 年开始制定各类电气安全标准，逐步与国际标准接轨。

与其他领域的标准一样，很多安规标准都是由知名的国际标准化组织制定的，而各国的标准化管理组织，则负责制定和管理本国的安规标准。以下是一些制定安规标准的组织简介。

（1）国际电工委员会（International Electrotechnical Commission，IEC）

成立于 1906 年，是世界上最早的国际性电工标准化机构、非政府性的国际标准化组织，总部设在日内瓦。目前有 67 个成员国，称为 IEC 国家委员会，每个国家只能有一个机构作为其成员。凡要求参加 IEC 的国家，应先在其国内成立国家电工委员会，并承认其章程和议事规则。被接纳为 IEC 成员后，该电工委员会就成为这个国家委员会，代表本国参加 IEC 的各项活动。每一个国家只能有一个组织作为该国 IEC 国家委员会，参加 IEC 的各项活动。我国于 1957 年 8 月正式加入 IEC。

(2) 德国电气工程师协会（VDE）

德国 VDE 是世界上著名的电气工程与科学技术专业机构，是德国电工领域的重要学术团体，成立于 1893 年，现总部设在法兰克福。

VDE 的宗旨是促进电工科学技术的发展，通过研究、制定并推广电工安全标准，保护人们的人身和财产安全，消除贸易技术壁垒，其主要活动是制定电气设备的制造规程、安全操作规程以及检测与试验方法标准等。

VDE 检测和认证研究所成立于 1920 年，是欧洲最有检测经验的认证和检测机构之一，是获欧盟授权的 CE 公告机构及国际 CB 组织成员。评估的产品非常广泛，包括家用及类似用途的电器、照明器具、电动工具、电子消费产品、电气医疗设备、信息及通信技术设备、机械设备、激光产品、安装材料、电线电缆、绝缘材料、抗无线电干扰设备、电子元器件等。目前世界上已有 20 多万种产品（型号）获得了 VDE 检测标记。VDE 检测标记作为商标在 30 多个国家受到保护。全球 50 多个国家的制造商在其产品上使用 VDE 电气技术安全标记。在许多国家，它是进口产品必备的标记。

位于奥芬巴赫的 VDE 检测和认证研究所是 VDE 下属的一个研究所。作为一个中立、独立的机构，VDE 在奥芬巴赫拥有自己的实验室，根据申请按照 VDE 规范或其他公认的技术标准对电工产品进行检测和认证，向公众提供了一种保护性服务，避免电器在使用时造成人身伤害和产生无线电干扰。

(3) 美国保险商实验室（UL）

美国保险商实验室（UL）成立于 1894 年，当时是为电工保险而设的实验室，发展到今日已成为世界上历史最悠久的安全试验机构。UL 总部设在芝加哥，全美有 5 个试验站，且是一个民间公共安全机构，其宗旨为保护消费者的生命和财产安全，使其避免遭受燃烧、电击或爆炸等危险。UL 制定的标准或试验方法本身虽不具备法律效力，但被美国《消费品安全法》及其执行机构消费品安全委员会承认和采用，并得到国家承认。凡是不符合 UL 标准的产品均不得申请保险、出售和出口。

(4) 日本的电气安全标准化组织

日本电器产品的安全认证原本由电气设备和材料控制的政府执法组织批准，1994 年日本法律改革，转变为自我声明和由第三方认证的形式，从而使日本的电器产品安全认证形式与国际惯例接轨。1994 年 12 月，日本成立了电气设备认证协会，旨在向第三方认证机构提出建设性意见。日本电气设备认证协会的会员有制造商、用户、高等研究所以及认证机构。

(5) 中国的电气安全标准化组织

我国分别于 1957 年和 1978 年加入了国际电工委员会（IEC）和国际标准化组织（ISO）。1982 年，由当时的国家标准局组织，原机械部与轻工部等参加，制定了家用电器安全标准。第一个家用电器安全标准是 GB 3046—1982《交流电风扇和调速器的安全要求》，1983 年成立了全国电气安全标准化技术委员会电工分会，其任务之一是制定家用电器产品的安全标准。

从 1984 年开始，我国首先在家电、电动工具、灯具 3 类电气设备上等同采用 IEC 标准，制定了 GB 4706.1—1984《家用和类似用途电器的安全通用要求》、GB 3883.1—1983《手持式电工工具的一般安全要求》、GB 7000—1986《灯具通用安全要求及试验》。

3. 安规标准的概念

安规标准是为了规范各种电气设备的设计和制造，保证人身安全和使用环境不受任何危害而制定的，标准中规定了防触电保护、过载保护、发热、机械强度、耐久性、内部布线和接线端子、螺钉和连接、爬电距离和电气间隙、防腐防潮、耐热耐燃和耐漏电起痕、防电磁辐射、防毒性等安全要求。

电器制造商要按照安规标准的要求对其设计制造的产品进行测试与检验，检查产品或设备是否存在对操作者的人身安全或者环境的危害或潜在危害。在取得相关的认可（例如 3C 认证）后方可将其产品投放市场，而且按照认证的要求，每一台电器均必须通过规定的安规例行试验（检验）方可出厂。

4. 我国常用的电器产品安规标准

我国常用的电器产品安规标准有：

GB 4706.1—2005《家用和类似用途电器的安全　第 1 部分：通用要求》。

GB 8898—2011《音频、视频及类似电子设备安全要求》。

GB 4943.1—2022《信息技术设备安全　第 1 部分：通用要求》。

GB 7000.1—2015《灯具　第 1 部分：一般要求与试验》。

下面以 LED 照明灯具和家电为例，对安规标准的相关内容做介绍。

二、LED 照明灯具安全要求

1. GB 7000.1 概述

GB 7000.1《灯具　第 1 部分：一般要求与试验》是我国照明灯具安全的强制性基础标准。最新版本（现行版本）是 GB 7000.1—2015，2015 年 12 月 31 日发布，2017 年 1 月 1 日正式实施。

截至目前，我国已经发布了 5 版灯具安全基础标准，分别是 GB 7000.1—1986、GB 7000.1—1996、GB 7000.1—2002、GB 7000.1—2007（等同采用 IEC 60598-1：2003）和 GB 7000.1—2015（等同采用 IEC 60598-1：2014）。

随着 LED 技术的不断发展，成本持续降低，LED 光源替代传统光源已成为市场的主流。LED 照明灯的安全要求，现行标准大部分都是适用的，只是 LED 灯具的一些已知的特性在2007 版标准中尚无具体体现。为此，在 2007 版的基础上，GB 7000.1—2015 增加了许多适应LED 灯具的要求，这对我国 LED 灯具产品的认证检测、国际互认起到了很大的作用。

GB 7000.1—2015 是灯具所有标准中最基础的标准，重点是强调安全。每一种灯具大类的通用标准及具体灯具产品的标准，都是以 GB 7000.1 为准绳的。该标准有 15 大技术要求和规定，每个方面都很重要。电气安全不仅仅是解决电器产品的漏电问题，在实际使用中，电器产品铭牌上一个小的错误标识也会带来致命的安全问题，例如，如果将Ⅰ类电器产品标识为Ⅱ类，带来的后果将会是用户在接线时少接了地线，从而引起触电的潜在危险。

GB 7000.1 涵盖了所有涉及灯具的安全性要求。该标准对产品的分类，包括标记、结构、内外部的接线、接地、防触电保护、IP 的防水、防尘、绝缘电阻和电气强度、爬电距离、耐热、耐火等方面进行了相应的明确的要求。

2. GB 7000.1—2015 各章节简介

（0）一般介绍

本标准的适用范围、引用文献等。其中，2015 版比 2007 版增加了多个引用标准（0.2条），这些都是由于 LED 灯具的出现，在标准中增加的考核要求。

（1）术语和定义

给出了适用于灯具的通用定义。其中，IEC/TR 62778 标准，是新版标准中首次提出需要满足的蓝光危害测试标准。

特低电压（ELV），及安全特低电压（SELV），也是 LED 的灯具大量出现后，针对 LED 灯具提出的要求。

接触电流、保护导体电流、电灼伤，是新版标准首次提出的定义，替代原来旧版标准中的泄漏电流。

（2）灯具的分类

规定了灯具的分类。按防触电保护形式、防尘、防固体异物和防水等级、安装表面材料以及使用环境进行分类。

（3）标记

规定了应该标注在灯具上或说明书上应该给出的信息。

新版（2015 版）标准中，对可以安装在普通可燃材料表面的灯具不再要求标记 F 符号，改为形象化的图案警示标记，见表 4.2.1。

表 4.2.1　GB 7000.1—2015 的标记图案

适宜于直接安装在普通可燃材料表面的灯具 ▽F	—	删除
仅适宜于直接安装在非可燃材料表面的灯具 ▽̸	灯具不适宜直接安装在普通可燃材料表面（仅适宜于安装在非可燃材料表面）	修改
当隔热材料可能盖住灯具时适宜于直接安装在普通可燃材料表面上（内）的灯具 ▽	—	删除
—	灯具不适于被隔热材料覆盖	增加
—	内装式熔断器的灯具 —□—	增加
—	不要注视亮着的光源	增加
—	警告：触电危险 ⚡（来源：IEC 60417—6042（2011-11））	增加

LED 灯具按照 IEC/TR 62778 蓝光危害测试标准试验后，如果分类为有阈值照度，那么在相应标志和说明书上标识对应的警告语"不要注视亮着的光源"以及符号。

（4）结构

规定了灯具的一般结构要求。

新版标准需要按照 IEC/TR 62778 进行视网膜蓝光危害测试。现在测试一般为 RG0、RG1、RG2 等级。不宜使用蓝光危险组别大于 RG2 的光源。

带有不可替换光源的灯具，或者带有非用户替换光源的灯具，需要满足以结构方面的要求，例如在非用户替换光源上使用防护罩来提供防触电保护，而且罩子上标着"警告，触电危险"符号。

另外，结构方面还增加了较多电路间的绝缘要求。

大多数 LED 模组均在直流下工作，这与传统光源的工作状况不同，很显然针对 LED 灯具的电气绝缘特性也会发生变化。新版标准主要从爬电距离、电气间隙、电气强度以及相关的结构要求去适应此种变化。

2015 版标准对灯具的爬电距离与电气间隙要求呈现放宽趋势，首先不再区分普通灯具与非普通灯具（IPX1 以上），认为只要外壳防护能够合格，灯具腔体内就相当于 IP20 的环境。同时对直流电压下的爬电距离和电气间隙做出了明确的规定：对于爬电距离，等效的直流电压等于正弦交流电压的有效值，对于电气间隙，等效的直流电压等于交流电压的峰值。这意味着爬电距离的限值直接把直流电压视作交流有效值进行查表计算即可，同时电气间隙有一个峰值和有效值的转换。

伴随着爬电距离和电气间隙要求的降低，电气强度试验的电压值也呈下降趋势。附加绝缘降低为等同于基本绝缘的要求 $2U+1000V$，双重绝缘或加强绝缘降低为 $4U+2000V$（U 表示受试设备额定工作电压），一些小体积的 LED 灯具内部由于空间有限，极间间距、极与壳的间距都较小，由于该条款的放宽，此类灯具无疑更容易通过测试。

LED 灯具还具有可编程的特性，可与智慧照明紧密相关，故 LED 灯具相比传统灯具会出现很多控制线路、调光线路等，新版标准也增加了各类线路之间的绝缘要求，例如 SELV 电路与 LV 电源之间，SELV 电路与 FELV（功能特低电压）电路之间等。详情可参考标准的附录 X，规定了各类灯具中电路的有源部件与可触及导电部件的绝缘要求。

（5）外部接线和内部接线

规定了灯具到电源的电气连接和灯具内部接线的一般要求。

LED 灯具的结构不同于传统灯具，出于散热、体积限制、可控操作等方面的原因，LED 灯具使用的内外部接线也会发生较为明显的变化。

传统光源的灯具，其外部接线一般仅有电源线（不可拆卸的软缆或软线）和互联电缆线，内部则有很多导线连接灯座、镇流器、触发器、电容器、辉光启动器座。LED 灯具仅需光源引出的导线连接至 LED 控制装置，偶尔增加一些杂类电路（调光电路、恒流电路等），不再需要容纳大量元器件的腔体，故 LED 灯具的内部线时常贯穿在灯具腔体外，或暴露在户外环境中。

新标准主要放宽了 SELV 电路的外部电缆线径要求。在 2007 版标准中，对于暴露在非普通灯具外部的导线，标准均要求使用 60245 IEC 57 的橡皮线，并且要求线径至少为 $1.0mm^2$。由于 LED 灯具大量使用安全隔离控制装置，存在很多安全特低电压电路，新版标准（2015版）对这部分电路用线规格进行了放宽：只要满足 SELV，并且电压在 25V 交流或 60V 直流以下，可以使用最小截面积为 $0.4mm^2$ 的导线，同时对绝缘层材质没有要求。

5.2.2 条规定，如果有足够的机械特性度和载流能力，Ⅲ类灯具中的外部电缆或灯具中的 SELV 电路，或其他类型灯具用于部件之间的 Ⅲ类连接，最大额定电流不超过 2A 的电路中的导线截面积可以小于 $0.75mm^2$ 或 $1.0mm^2$，但不得小于 $0.4mm^2$。

（6）不使用（空白）

（7）接地规定

规定了灯具的接地要求。例如，7.2.3 条规定了接地电阻的试验方法：将从空载电压不超过 12V 产生的至少为 10A 的电流依次在接地端子或接地触点与各个可触及金属部件之间流过，通入电流至少 1min。测量电压降，并由电流和电压降算出电阻，电阻不超过 0.5Ω。

（8）防触电保护

规定了灯具防触电保护要求。

（9）防尘、防固体异物和防水

规定了分类为防尘、防固体异物和防水的灯具（包含普通灯具在内）的要求和试验。

（10）绝缘电阻和电气强度、接触电流和保护导体电流

规定了灯具的绝缘电阻、电气强度、接触电流和保护导体电流的要求和试验。

例如，10.2.1条规定，绝缘电阻应在施加约500V直流电压后1min测得。

2015版标准，接触电流、保护导体电流替代了2007版标准中的泄漏电流。包括试验项目、试验方法、试验设备、试验限值等都进行了修改。

（11）爬电距离和电气间隙

规定了灯具内爬电距离和电气间隙的最低要求。

2015版标准中，爬电距离和电气间隙的限值有所降低。

（12）耐久性试验和热试验

规定了与灯具的耐久性试验和热试验有关的要求。

（13）耐热、耐火和耐起痕

规定了灯具某些用绝缘材料制成的部件的耐热、耐火和耐起痕的要求和试验。

（14）螺纹接线端子

规定了灯具中使用的所有型式的螺纹接线端子的要求。

（15）无螺纹连接端子和电气连接件

规定了各种型式不带螺纹连接端子和电气连接件的要求，它们用于灯具内部接线以及连接灯具外部接线的截面积不超过2.5mm^{2}的实心或绞合铜导体。

三、家电产品安全要求

1. 家电安规标准 GB 4706.1 概述

家用电器主要指在家庭及类似场所中使用的各种电气和电子器具，又称民用电器、日用电器。

GB 4706.1—2005《家用和类似用途电器的安全　第1部分：通用要求》是家用电器安规的基础标准，等效采用IEC 60335-1：2004（Ed4.1），上一版本GB 4706.1—1998目前已作废。

GB 4706.1—2005正文共有32章，规定了标志和说明、防触电保护、过载保护、防辐射、毒性和类似危害的措施，以保护消费者使用的安全，标准还规定了家用电器的设计和制造，应保证在正常使用中安全可靠地运行，即使在使用中可能出现误操作，也不会给用户和周围环境带来危害。

2. GB 4706.1—2005 标题和内容摘录

以下内容是GB 4706.1—2005各章节的标题和部分内容，目的是让读者从整体结构上对标准有个了解。详细内容请自行参考标准原文。

（1）范围

本标准涉及的是单相器具额定电压不超过250V，其他器具额定电压不超过480V的家用和类似用途电器的安全。

（2）规范性引用文件

（3）定义

给出了适用于家用和类似用途电器安全相关的通用定义。如额定电压、工作电压、X连接、安全特低电压等，参考本单元项目一"二、电气安全和安规的相关术语和重要概念"。

（4）一般要求

器具的结构应使其在正常使用中能安全地工作，即使在正常使用中出现可能的疏忽时，

也不引起对人员和周围环境的危险。

（5）试验的一般条件

按本标准进行的试验为型式试验。

（6）分类

在电击防护方面，器具应属于下列各类别之一：0 类、0I 类、I 类、II 类、III 类。通过视检和有关的试验来检查其合格性。

器具应具有对水有害浸入的适当防护等级。通过视检和有关的试验来检查其合格性。

（7）标志和说明

器具应有含下述内容的标志：

——额定电压或额定电压范围（单位：V）；

——电源性质的符号，标有额定频率的除外；

——额定输入功率（单位：W 或 kW）或额定电流（单位：A）；

——制造商或责任承销商的名称、商标或识别标记；

——器具型号、规格；

——II 类结构的符号，仅在 II 类器具上标出；

——按其防水等级的 IP 代码，IPX0 不标出。

通过视检，检查其合格性。

（8）对触及带电部件的防护

器具的结构和外壳应使其对意外触及带电部件有足够的防护。

（9）电动器具的启动

必要时，在产品的特殊安全要求标准中规定要求和试验。

（10）输入功率和电流

器具在额定电压且在正常工作温度下，其输入功率对其额定输入功率的偏离不应大于该标准中表 1 所示的偏差。

如果器具标有额定电流，则其在正常工作温度下的电流对额定电流的偏离，不应超过该标准中表 2 所示的相应偏差值。

（11）发热

在正常使用中，器具和其周围环境不应达到过高的温度。

通过在 11.2~11.7 条规定的条件下确定各部件的温升来检查其合格性。

电热器具在正常工作状态下以 1.15 倍额定输入功率工作。

电动器具以 0.94 倍和 1.06 倍额定电压之间的最不利电压供电，在正常工作状态下工作。

组合型器具以 0.94 倍和 1.06 倍额定电压之间的最不利电压供电，在正常工作状态下工作。

器具工作的时间一直延续至正常使用时那些最不利条件产生所对应的时间。

（12）空章

（13）工作温度下的泄漏电流和电气强度

在工作温度下，器具的泄漏电流不应过大，而且其电气强度应符合规定的要求。

通过 13.2 条和 13.3 条的试验检查其合格性。

（14）瞬态过电压

器具应能承受其可能经受的瞬态过电压。通过每一个小于该标准中表 16 规定值的电气间隙进行脉冲电压试验，确定其是否合格。

（15）耐潮湿

器具外壳应按器具分类提供相应的防水等级。

按 15.1.1 条的规定，并考虑 15.1.2 条来检查其合格性，此时的器具不连接电源。

然后器具应立即经受 16.3 条中规定的电气强度试验，并且检查在绝缘上没有能导致爬电距离和电气间隙降低到低于第 29 章规定限值的水迹。

（16）泄漏电流和电气强度

器具的泄漏电流不应过大，并且其电气强度应符合规定的要求。通过 16.2 条和 16.3 条的试验检查其合格性。

在进行试验前，保护阻抗要从带电部件上断开。

使器具处于室温，且不连接电源的情况下进行该试验。

器具进行完泄漏电流试验之后，马上断开电源，对相应绝缘施加 1min 的高电压（电压频率为 50Hz 或 60Hz 正弦波）。

注意，第 13 章和第 16 章都是泄漏电流和电气强度，但是前者是在工作温度下测试（使器具工作至温升稳定后断电马上测），模拟的是产品在正常工作状态下元器件的温升全部稳定后，考核产品的绝缘性能。后者是室温并且经过耐潮湿试验后测试，模拟的是产品由于某些原因放置一定时间以后，考察再使用时产品的绝缘性能。

（17）变压器和相关电路的过载保护

器具带有由变压器供电的电路时，其结构应使得在正常使用中可能发生的短路万一出现，其变压器或与变压器相关的电路内，不出现过高的温度。

通过施加最不利的短路，或是在正常使用中可能出现的过载来检查其合格性。此时器具要以 1.06 倍或 0.94 倍的额定电压两者中较为不利的电压来供电。

（18）耐久性

需要时，在产品的特殊安全要求标准中规定要求和试验。

（19）非正常工作

器具的结构，应可消除非正常工作或误操作导致的火灾危险、有损安全或电击防护的机械性损坏。

电子电路的设计和应用，应使其任何一个故障情况都不对器具在有关电击、火灾危险、机械危险或危险性功能失效方面产生不安全。

（20）稳定性和机械危险

除固定式器具和手持式器具以外，打算用在例如地面或桌面等一个表面上的器具，应有足够的稳定性。

（21）机械强度

器具应具有足够的机械强度，并且其结构应经受住在正常使用中可能会出现的粗鲁对待和处置。

（22）结构

如果器具标有 IP 代码的第一特征数字，则应满足 GB 4208（等同于 IEC 60529）的有关要求。通过有关的试验检查其合格性。

（23）内部布线

布线槽应光滑，而且无锐利棱边。布线的保护应使它们不与那些可引起绝缘损坏的毛刺、冷却用翅片或类似的棱缘接触。其内通过绝缘线的金属软管，应有平整、圆滑的表面或带有衬套。应有效地防止布线与运动部件接触。通过视检，检查其合格性。

黄/绿组合双色标识的导线，应只用作接地保护导线。通过检视，确定其是否合格。铝线不应用于内部布线。

（24）元件

只要是在元件合理应用的条件下，应符合各有关国家标准或 IEC 标准中规定的安全要求。通过视检，并通过 24.1.1~24.1.6 条的试验，来检查其合格性。

（25）电源连接和外部软线

不打算永久性连接到固定布线的器具，应对其提供有下述的电源连接装置之一：

——装有一个插头的电源软线；

——至少与器具要求的防水等级相同的器具输入插口；

——用来插入到输出插座的插脚。

通过视检，检查其合格性。

（26）外部导线用接线端子

带 X 型连接的器具和连接到固定布线的器具，应提供用螺钉、螺母或等效装置进行连接的接线端子。

本要求不适用于带电源引线的器具，或带有使用专门制备软线的 X 型连接的器具。

螺钉和螺母不应用来固定任何其他元件，但如果内部导线的设置使得其在装配电源导线时不可能移位，则也可以用来夹紧内部导线。

通过检视，检查其合格性。

（27）接地措施

万一绝缘失效可能带电的 0I 类和 I 类器具的易触及金属部件，应永久并可靠地连接到器具内的一个接地端子，或器具输入插口的接地触点。接地端子和接地触点不应连接到中性接线端子。

0 类、Ⅱ类和Ⅲ类器具，不应有接地措施。

通过视检，检查其合格性。

（28）螺钉和连接

失效可能会影响符合本标准的紧固装置、电气连接和提供接地连续性的连接，应能承受在正常使用中出现的机械应力。

（29）爬电距离、电气间隙和固体绝缘

器具的结构应使爬电距离、电气间隙和固体绝缘足够承受器具可能经受的电气应力。

通过 29.1~29.3 条的要求和试验确定其是否合格。

（30）耐热和耐燃

对于由非金属材料制成的外部零件、用来支撑带电部件（包括连接）的绝缘材料零件以及提供附加绝缘或加强绝缘的热塑材料零件，其恶化可导致器具不符合本标准，应充分耐热。

（31）防锈

生锈可能导致器具不能符合本标准要求的铁质零件，应具有足够的防锈能力。

注：必要时，在产品的特殊安全要求中规定试验。

（32）辐射、毒性和类似危险

器具不应放出有害的射线，或出现毒性或类似的危险。

注：必要时，在产品的特殊安全要求中规定试验。

四、安规测试项目概述

不同类型产品的安规标准，定义了不同的要求，这些要求对应着不同的测试项目。例如，GB 7000.1《灯具 第1部分：一般安全要求与试验》规定了灯具的标志、灯具的结构、灯具的外部接线和内部接线、接地电阻、灯具的防触电保护、灯具的防潮湿试验、灯具的绝缘电阻和电气强度、泄漏电流、灯具的爬电距离和电气间隙、灯具的耐热和耐燃、温升测试、故障测试等测试项目，包括测试方法、限值和评定方法等内容。

对电器产品（设备）来说，比较常见的安规测试项目有：电气强度、绝缘电阻、泄漏电流、接地电阻、爬电距离和电气间隙、耐热和耐燃等。

1. 电气强度

电气强度测试又称为高压测试（Hipot Test）或耐电压测试（试验），是国际安规认证机构所要求的必测项目，目的是考察设备或产品的抗电性能，验证其电气绝缘是否符合标准所规范的最小要求。

测试方法是将一高于正常工作电压的异常电压加在产品上，持续一段时间，根据有无绝缘崩溃情形判定此项测试是否合格。

2. 绝缘电阻

绝缘电阻测试用于考察产品的绝缘性能，包括绝缘受潮及污染情况，还用于检查绝缘是否能够承受耐电压试验，通常各种试验标准均规定，在耐电压试验前，先测量绝缘电阻。

测试方法是在产品相关的两点施加直流电压，通常为500V（最高可达1000V），检测流过的电流，根据欧姆定律计算绝缘电阻值，超过设定标准值则判定测试不合格。

3. 泄漏电流

泄漏电流是指产品通电工作时，电气中相互绝缘的金属零件之间，或带电零件与接地零件之间，通过其周围介质或绝缘表面所形成的电流。泄漏电流是电器产品引发安全事故和危害的重要原因之一。在企业产品的出厂试验中，对许多电器产品，泄漏电流测试都是必检项目。测试的目的是考察产品的泄漏电流是否满足相应安规标准的要求。

泄漏电流依据电流流经对象身体产生的效应存在不同的分类，在进行泄漏电流测试时，首先要对产品及泄漏电流类别进行判定，进而选择正确的测量网络进行测试。

4. 接地电阻

接地电阻测试考察的是产品接地回路是否安全可靠。为测试产品的接地情况，在产品的外壳或金属部分与产品接地线（通常是插头的接地点）之间，施加一个恒流电源来测试两点间的阻抗大小。电流大小依不同产品标准而定，家电产品的安规标准GB 4706.1中，规定测试电流为25A，阻抗不得大于0.1Ω；照明灯具类则要求采用10A电流。接地电阻测试可检测出接地点螺钉未锁紧、接地线径太小、接地线路断路等问题。

5. 爬电距离和电气间隙

电器产品体积越小，意味着产品内导电部件之间的距离越小，引发安全事故的可能性也越大。多种产品的安规检测标准中均有专门针对导电部件之间距离要求的章节，即爬电距离和电气间隙，如GB/T 16935.1—2008、GB 4706.1—2005、IEC 61058-1：2008、IEC 60884-1：2006等标准。爬电距离与电气间隙的测量也都需要考虑环境污染条件，因为它们的数值可能很小，环境污染物的存在可能对它们造成很大的影响，这是不能忽视的影响。由于爬电距离是沿着绝缘材料表面的，故还需要考虑绝缘材料的耐起痕指数（PTI），指数不同的材料对爬电距离的要求也是不同的，对于PTI较低的材料，在爬电距离长度上要求更高，因为PTI低，电痕化可能性就大，就需要更大的距离来让导电件之间隔开以保证安全性。

不同的产品，安全标准中对于爬电距离与电气间隙的要求是有差别的，这与产品的额定电压、绝缘等级、污染等级、海拔、材料 PTI 等均有关系。产品额定电压越高，需要带电件之间的距离越大，才能更好地防止引起电弧和电痕化等问题。通过测量得出产品的爬电距离之后，需要结合产品的额定电压、污染等级、材料组别（根据 PTI 值划分），从标准中的表格内得出最小爬电距离，再根据此数据与测量得出的数据进行比较（实际测量得出的数据必须大于或等于最小爬电距离）。同时，还应注意，不同的绝缘等级，对于爬电距离的要求也是不同的，绝缘等级越高，对爬电距离的要求也越高。同样，通过测量得出电气间隙之后，也需要根据产品的额定电压得出额定脉冲耐电压，再结合海拔及污染等级，从标准中的表格内得出最小电气间隙，用此数据与测量得出的数据进行比较，判断是否符合要求。

6. 耐热和耐燃

温度直接影响着非金属材料的性能。在高温或者温度骤变的条件下，其性能通常会劣化，如软化、熔融等，从而导致爬电距离、电气间隙减小，严重时可能导致电击、火灾等事故。材料耐燃性能的高低也会对器具的着火产生影响，器具使用的非金属材料零件，对点燃和火焰蔓延应具有足够的抵抗力。

GB 4706.1、GB 7000.1 等多个安规标准对耐热、耐燃提出了相应的要求和试验方法。例如，GB 4706.1 提到，绝缘材料、外壳和支撑带电件的部件必须能承受在正常工作中和非正常工作中产生的温度（不能软化），通过球压试验来检查材料承受这些温度的能力。而耐燃试验的目的是禁止使用猛烈燃烧的材料；确保不良的载流连接不会引燃支撑物或者引燃靠近这些连接的非金属材料。

通过灼热丝试验、针焰试验和不同的燃烧速率试验（水平的和垂直的燃烧速率）来检查这些要求。

此外，为了保证产品的安规性能，安规的测试与检验应涵盖产品的整个生命周期，包括：

设计阶段：确定是否按安规的要求和规范进行产品设计，并对定型后的产品进行型式试验，确认是否满足安规的要求。

生产阶段：对每一台产品进行规定的安规检验（例行试验），确认生产的产品能达到安规的要求。

品管阶段：确认产品的品质能符合安规的标准。

售后阶段：确认维修后的产品能符合安规的标准。

五、小结

标准是对重复性事物和概念所做的统一规定，经过有关方面协商一致，由主管机构批准，以特定的形式发布，作为共同遵守的准则和依据。

安规标准是为了规范各种电气设备的设计和制造，保证人身安全和使用环境不受任何危害而制定的标准，规定了防触电保护、过载保护、发热、机械强度、爬电距离和电气间隙、耐热和耐燃等安全要求。

电器制造商要按照安规标准的要求对其设计制造的产品进行测试与检验，在取得相关的认证后方可将其产品投放市场，而且每一台电器均必须通过规定的安规例行试验（检验）方可出厂。

我国常用的电器产品安规标准包括 GB 4706.1 、GB 8898 、GB 4943.1 、GB 7000.1 等。

对电器产品（设备）来说，比较常见的安规测试项目包括电气强度、绝缘电阻、泄漏电流、接地电阻、爬电距离和电气间隙、耐热和耐燃等。

✎ **思考与练习**

1. 多项选择题

(1) 标准化法将我国标准分成哪几类?(   )

A. 国家标准   B. 行业标准   C. 地方标准

D. 强制性标准   E. 企业标准

(2) 对电器产品(设备)来说,以下属于比较常见的安规测试项目是(   )。

A. 电气强度   B. 绝缘电阻   C. 可靠性试验

D. 泄漏电流   E. 接地电阻

2. 判断题

(1) 电器均必须通过规定的安规例行试验(检验)方可出厂。(   )

(2) 安规标准规定了防触电保护、过载保护、发热、机械强度、爬电距离和电气间隙、耐热和耐燃等安全要求。(   )

(3) 器具内部所使用的地线必须为黄绿色。(   )

3. 简答题

(1) 什么叫标准?

(2) 什么叫安规标准?为什么安规标准通常都是强制性标准?

(3) 现行家电类和照明电器类产品的安规基础标准的编号分别是什么?

项目三

电气强度测试

一、电气强度测试基础知识

电气强度测试也称为耐电压测试（Hipot Test），俗称"打高压"，是产品安规检测中常见的电气测试项目之一。

1. 电气强度的概念

任何材料的绝缘都是相对的，与施加电压的高低有关。当外加电压不断升高，材料内部的电场强度不断增强，束缚在原子核周围的电子就有可能获得足够的能量，克服原子核的引力成为自由电子，从而形成导电性。这种由绝缘体变成导体的过程，称为绝缘崩溃。

若绝缘是以固体形式存在，通常发生绝缘崩溃后将无法再继续提供原有的绝缘功能。若绝缘是以气体或液体形式存在，其绝缘性能可以在绝缘崩溃发生后再恢复，条件是外加电场降低至该绝缘的崩溃场强以下，因此气体或液体绝缘常被称为可恢复的绝缘。

绝缘的崩溃电压通常受材料的成分、厚度、环境条件及电极形状、布置等因素影响。材料抵抗电场作用的能力通常以介电强度来表示。匀强电场下，介电强度定义为样品崩溃电压与其厚度之比，单位为 MV/m。例如，石英材料的介电强度可达 8MV/m，而空气一般则分布于 0.4MV/m（针状电极）~3.1MV/m（平板电极）之间。当材料中含有水分或杂质时，可使得崩溃电压降低。

电气强度是指材料或产品的绝缘能够承受过电压的能力，是衡量材料或产品绝缘性能的重要指标，也是决定电子电气设备使用寿命的关键因素。

2. 电气强度测试的意义

电子电气设备或产品在长期工作中，不仅要承受额定工作电压的作用，还要承受操作过程中引起的短时间高于额定电压的过电压作用（过电压值可能会高于额定电压好几倍）。在这些电压的作用下，电气绝缘材料的内部结构将发生变化。当过电压强度达到某一定值时，就会使材料的绝缘击穿（崩溃），设备将不能正常运行，操作者就可能触电，危及人身安全。

电气强度测试的目的是检验设备或产品的抗电性能，验证其电气绝缘是否符合标准所规范的最小要求，确保产品稳定安全工作，同时确保用户的安全。

电气强度测试也常常运用于机械性测试或故障模拟测试之后，以确认绝缘能力是否依然存在。

设备或产品生产过程中，可能因工艺不合理或操作失误产生机械性绝缘受损（如电线绝缘层被刺破或刮损），也可能有异物进入，这些可能导致绝缘下降的因素，通过生产过程的电气强度测试即可发现，并进行排除。

电气强度测试还可以检验绝缘的电气间隙和爬电距离；排除因原材料、加工或运输对绝缘的损伤，降低产品早期失效率；检验绝缘材料本身的绝缘强度。

二、测试仪器及使用方法

1. 测试仪器

电气强度测试通常采用耐电压测试仪，又称电气绝缘强度试验仪，能产生规定的交流或直流高压，能预设报警电流、测试时间等参数，显示试验电压、泄漏电流、测试时间等，并能进行声光报警。

耐电压测试仪的框图如图 4.3.1 所示，包括稳压和升压电路、电流检测电路、控制电路（控制升压、定时、报警等）以及显示电路等。当收到启动信号时，仪器立即接通升压电路，产生高压输出；当被测回路电流超过设定值时，控制电路立即发出声光报警，并切断升压回路电源；当收到复位信号或者测试时间到达预设值时，仪器立即切断升压回路电源。

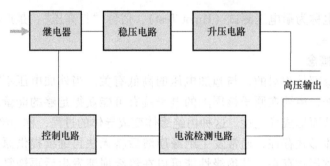

图 4.3.1 耐电压测试仪的框图

选用耐电压测试仪最重要的指标是"最大输出电压"及"最大报警电流"。测试时施加的电压越高，设定的报警电流越大，那么，测试仪内部升压变压器要求的功率就越大。一般耐电压测试仪升压变压器容量有 0.2kVA、0.5kVA、1kVA、2kVA、3kVA 等，最高电压可以到几万伏，最大报警电流为 500~1000mA 等。安规标准中规定了施加高压值及报警判定电流值。耐电压测试仪的功率选得太大就会造成浪费，选得太小则耐电压试验不能正确判断是否合格。比较科学的方法是根据 GB 6738—1986（或 IEC 414-73）的规定选择耐电压测试仪的功率。

2. 耐电压测试仪使用方法

以日本菊水公司 TOS5051A 耐电压测试仪为例进行说明，实物如图 4.3.2 所示。

图 4.3.2 TOS5051A 耐电压测试仪实物图

使用方法如下：

1）接通电源：确定"电压调节"旋钮已置"0"位，然后打开电源开关。

2）根据产品要求设定"泄漏电流"值。

3）连接被测件（受试设备）：根据被测件的需要，将测试线和被测件连接好。

4）"定时测试"：将定时开关置在"定时"位置，设定所需的定时时间，例如60s。

5）按下"启动"开关，并调节"电压调节"旋钮使输出电压至所需值。

6）在测试过程中，如果检测到的"泄漏电流"值超过设定的"泄漏电流"预置值时，仪器会自动报警并切断输出电压。这时只要按下"复位"开关即可，仪器回到待测试状态（若采用外控测试超漏时，应松开测试棒上的"启动"开关方可继续进行测试）。

7）如果检测到的"泄漏电流"没有超过设定值，则设定时间到或按下"复位"开关后，仪器回到待测试状态。

8）遥控测试：将遥控测试棒上的五芯插头插入仪器上的插座内，按下测试棒上的开关即可进行测试。注意，在使用遥控测试棒测试时，仪器的定时功能无效。

三、电气强度测试方法

1. 测试原理

如图4.3.3所示，由耐电压测试仪提供一个恒定的交流或者直流电压源（对于该电压的大小，基本的规定是两倍于受试设备额定工作电压+1000V（即$2U+1000V$），具体参照受试设备的安规标准），并施加在受试设备上，在持续规定的一段时间后，根据泄漏电流的大小，即有无绝缘崩溃情形，来确定试验是否合格（设备在正常条件下的运行是否安全）。

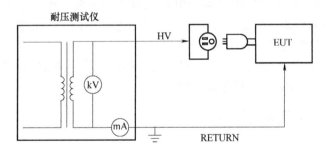

图4.3.3 电气强度测试原理

试验电压的频率为受试设备的工作电源频率，即市电频率（也称为工频）。

对一般设备来说，耐电压测试是测试零、相线与机壳之间的泄漏电流。具体的测试部位与判定标准，须参照与各个产品相关的安规标准并视绝缘等级而制定。

通常使用交流电压，或者根据受试设备承受电气应力的形式而定，例如，变压器正常承受的交流电压，所以应以交流电压来实施。若有电容器类元件横跨于待测绝缘上，则建议使用直流电压做测试，但测试电压须为$\sqrt{2}$倍的交流测试电压。

2. 测试方法

以GB 4706.1—2005《家用和类似用途电器的安全 第1部分：通用要求》为例，电气强度测试的方法和步骤如下。

1）测试准备。在进行测试前，将保护阻抗从带电部件上断开，使受试设备（器具）处于室温，且不连接电源的情况下进行测试。

2）设置泄漏电流值。将耐电压测试仪与受试设备连接，接通耐电压测试仪电源开关，根据受试设备的安规标准设置泄漏电流值。如标准没有规定具体泄漏电流报警值，则推荐按下式计算：

$$I_z = K_p \frac{U}{R}$$

式中，I_z 为泄漏电流报警值（A），U 为试验电压（V），R 为允许最小绝缘电阻值（Ω）；K_p 为动作系数，一般取 $1.2 \sim 1.5$。例如，某电器规定其最小绝缘电阻为 2MΩ，试验电压为 1500V，按公式计算 $I_z \approx 1mA$。

3）在受试设备的易触及表面贴上面积不超过 20cm×10cm 的金属箔，要求良好接触。然后将交流试验电压施加在受试设备的零、相线以及连接了金属箔的外壳易触及金属部件之间。试验初始，施加的电压不超过规定电压值的一半，然后平缓地升高到规定值，并保持 1min。

4）观察和记录仪器显示的泄漏电流和受试设备的状态。

3. 合格判定

在试验期间如果泄漏电流超过设定值，仪器会自动报警并切断输出电压，说明测试"不合格"，按下"复位"键使仪器恢复到初始状态。如泄漏电流未超过设定值，到达定时时间后仪器自动复位，表示测试"合格"。

4. 注意事项

在进行电气强度试验时，应注意下列事项：

1）耐电压测试仪能产生很高的电压，须确保仪器要安全可靠接地，避免受到电击。试验前后应注意放电。

2）操作仪器的时候，一定要带上绝缘手套。

3）电气强度试验应在绝缘电阻（电动电器）或泄漏电流（电热电器）测试合格后才能进行，以免过大的泄漏电流导致受试设备损坏。对家电产品而言，要求在工作温度下和耐潮湿试验后都要进行电气强度测试。

4）试验电压应按标准规定选定，施加试验电压部位，需严格遵守标准规定。

5）每次试验后，应使调压旋钮返回零位。

四、工程实例：电气强度测试

1. 待测器具

LED 筒灯，灯具类型：二类灯具。

2. 试验依据

GB 7000.1—2015《灯具 第 1 部分：一般要求与试验》。

3. 测试条件

测试电压为（AC）3kV，泄漏电流最大值为 100mA，定时时间为 60s。

4. 测试仪器

TOS5051A 型耐电压测试仪。

5. 测试步骤

1）检查仪器的"电压调节"旋钮是否逆时针旋转到底，如没有，则将它旋转到底。

2）将仪器的电源线插好，并打开仪器的电源开关。

3）选择合适的电压量程：将电压量程开关设置在"5kV"位置。

4）选择合适的交直流电压测量档：将"AC/DC"开关设置在"AC"和"5"位置，如图 4.3.4 所示。

图 4.3.4 设置输出电压量程及 AC 开关

5）选择合适的泄漏电流量程：将泄漏电流量程开关设置在"100mA"档位置。

6）预置泄漏电流值：按下"泄漏电流预置"开关，将其设置在"预置"位置，然后调节"泄漏电流预置"电位器，使得电流值为 100mA，然后将此开关弹起，使其在"测试"位置，如图 4.3.5 所示。

图 4.3.5 设置泄漏电流量程及泄漏电流值

7）定时时间设置：将"定时/手动"开关设置在"定时"位置，调节定时按键并将其设置在 60s，如图 4.3.6 所示。

图 4.3.6 设置定时时间

8）将高压测试棒插入仪器的交流电压输出端，另一根黑色线的挂钩和仪器的黑色接线端子（地线端）接好，如图 4.3.7 所示。

9）将高压测试棒、地线和受试设备连接好。一般的连接方法是，黑色夹子（地线端）接灯具金属外壳包裹的金属箔（灯具外壳需用金属箔包裹），高压端接灯具电源输入端的 L 或 N。带外置驱动电源的灯具需将电源一起随机测试。注意，受试设备要放在绝缘的工作台面上，如图 4.3.8 所示。

图 4.3.7　接入高压测试棒

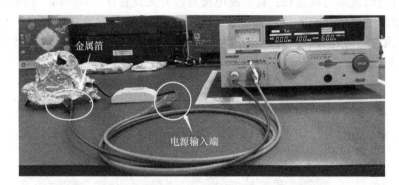

图 4.3.8　高压测试棒、地线和受试设备连接示意图

10）检查仪器设置和连接无误后开始进行测试。

按下仪器绿色的"启动"开关，缓慢调节"电压调节"旋钮开始升压，开始时施加的电压不超过规定值的一半（在显示屏观察电压值），然后逐渐升至 3.00kV。此时，仪器显示屏显示的泄漏电流值也在上升，观察并记录泄漏电流值。到达定时时间后仪器自动复位，如图 4.3.9 所示。

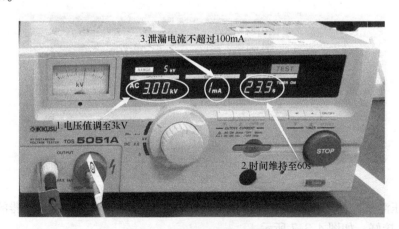

图 4.3.9　测试过程示意图

照明灯具的安规标准 GB 7000.1—2015 提到，如在试验期间被测物出现闪络或击穿现象，表明被测样品不合格，反之则合格。如果仪器内的释放器在规定的测试电压未达到或刚达到时迅速动作，一般是样品击穿了。如果释放器没有动作，但电流比较大，仪器上显示的输出电压有明显的降低，样品没有出现烧焦迹象，应该检查是否还有保护装置未断开，断开后再进行测试。

6. 测试结果

本次测试泄漏电流为 1mA，仪器未报警，说明测试合格。

五、小结

电气强度测试也称为耐电压测试，目的是检验设备或产品的抗电性能，验证其电气绝缘是否符合标准的要求，从而确保产品稳定安全工作，确保用户的安全，同时也能排除因原材料、加工或运输对绝缘的损伤，降低产品早期失效率。

电气强度测试主要使用耐电压测试仪，能产生规定的交流或直流高压，能预设报警电流、测试时间等参数。耐电压测试仪的主要指标是最大输出电压及最大报警电流，必须大于测试所要求的参数值。

电气强度测试必须按照一定的步骤，主要环节包括试验准备、设定泄漏电流等参数、启动测试、复位、结果评定等。

测试过程必须遵循安全注意事项。

思考与练习

1. 判断题

（1）电气强度测试的目的是检验设备或产品的抗电性能，验证其电气绝缘是否符合标准所规范的最小要求，确保产品稳定安全工作，同时确保用户的安全。　　　（　　）

（2）电气强度测试必须按照一定的步骤，主要环节包括试验准备、设定泄漏电流等参数、启动测试、复位等。　　　（　　）

（3）GB 7000.1—2015《灯具　第 1 部分：一般要求与试验》测试 LED 筒灯电气强度的测试电压值是 3kV。　　　（　　）

2. 简答题

（1）简述电气强度测试的基本原理。

（2）泄漏电流报警值是根据什么原则来设置的？

项目四

绝缘电阻测试

4

一、绝缘电阻测试基础知识

1. 绝缘电阻的概念

绝缘电阻（Insulation Resistance）是指用绝缘材料隔开的两个导体之间，在规定条件下的电阻。根据欧姆定律，如果在与受试设备两个不同位置相接触的两个电极之间施加一个直流电压，则绝缘电阻等于该电压除以流过两电极的总电流所得的商，它取决于设备的体电阻和表面电阻。绝缘电阻不够高（达不到相应标准的要求），意味着设备的绝缘不好，容易发生触电等安全事故。

2. 绝缘电阻测试的目的和意义

绝缘电阻是考察设备绝缘性能的重要安全指标。进行绝缘电阻测试，可以：

1) 了解绝缘结构的绝缘性能。

2) 了解设备绝缘处理质量。绝缘处理不佳，其绝缘性能将明显下降。

3) 了解绝缘受潮及污染情况。当电气设备的绝缘受潮及受污染后，其绝缘电阻通常会明显下降。

4) 检查绝缘是否能够承受耐电压试验（电气强度测试）。若在电气设备的绝缘电阻低于某一限值时进行耐电压测试，将会产生较大的试验电流，造成热击穿而损坏电气设备的绝缘。因此，通常各种试验标准均规定在耐电压试验前，先测量绝缘电阻。

3. 绝缘电阻的测试原理

绝缘电阻的测量原理如图 4.4.1 所示。图中 R_x 为试品（受试设备）的等效绝缘电阻；R_o 为采样电阻，R_m 为当 R_x 较小时用作限流和滤波的附加电阻，两者组成采样电路对流经试品的电流进行采样；E_s 表示高压测试电压源，R_i 为其等效内阻。测试电源输出正端接 E，负端接 G，L 端的电位接近 G 端。根据基尔霍夫电压定律，采样电阻 R_o 上的电压为

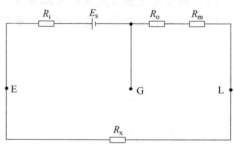

图 4.4.1 绝缘电阻测试原理图

$$U_o = \frac{E_s}{R_i + R_x + R_o + R_m} R_o$$

因此，试品的绝缘电阻为

$$R_{x} = \frac{E_{s}}{U_{o}}R_{o} - (R_{i} + R_{o} + R_{m})$$

通常 $R_{x} \gg R_{i} + R_{o} + R_{m}$，因此 $R_{x} \approx \frac{E_{s}}{U_{o}}R_{o}$。测量仪器测出电压 U_{o}（相当于测量流过试品的电流），即可计算 R_{x} 的大小。

进行一般测量时，只要把被测绝缘电阻接在"L"和"E"之间即可，E 代表接地端（Earth），因此 E 端子接试品的外壳；L 代表线端（Line），L 端子接试品的待测导体（例如相线或零线）。通常绝缘电阻的阻值很大，如果试品表面受潮或者受污染，则会在表面出现较大的泄漏电流，加大测试误差。为了测量准确，此时必须使用 G 端子。G 端子又叫屏蔽端子（Guard），是用来屏蔽表面电流的。如图 4.4.2 所示，在试品表面加上金属屏蔽环，通过仪器的 G 端将试品表面泄漏的电流旁路，使泄漏电流不经过仪表的测试回路，消除泄漏电流引起的误差。

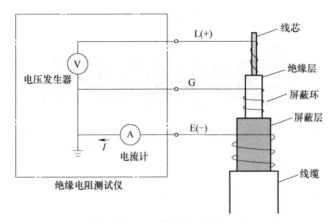

图 4.4.2　G 端子的作用和接法

二、测试仪器及使用方法

1. 测试仪器

普通电阻的测量通常有低电压下测量和高电压下测量两种方式。而绝缘电阻由于阻值较高（一般为兆欧级），在低电压下的测量值不能反映在高电压条件下工作的真正绝缘电阻值。

绝缘电阻表也叫兆欧表，是测量绝缘电阻最常用的仪表。它在测量绝缘电阻时本身就拥有高电压电源，这是它与普通欧姆表或万用表的不同之处。绝缘电阻表用于测量绝缘电阻既方便又可靠，但如果使用不当，将给测量带来不必要的误差，因此，必须正确使用。

根据受试设备的额定工作电压来选择相对应的绝缘电阻表。绝缘电阻表常用的电压等级有 250V、500V、1000V、2500V、5000V 等多种。一般来说，额定电压低于 500V 的，选 500V 绝缘电阻表；高于 500V 且低于 3300V 的，选 1000V 绝缘电阻表；高于 3300V 的，选 2500V 绝缘电阻表。我国交流供电大多为三相 380V（单相 220V），因此一般选用 500V 绝缘电阻表，这是广大电工及家电维修人员必备的测量仪表。而 1000V、2500V、5000V 绝缘电阻表主要用于工作电压较高的电气设备线路上，供电气测试专门人员使用。

产品认证上的绝缘电阻测试，通常使用 500V 或 1000V 的直流电压，具体要求参见相应的产品类标准。

传统的手摇式绝缘电阻表由于使用不便，容易造成测量误差，除了一些特殊场合，已经很少使用，取而代之的是数字式绝缘电阻表。数字式绝缘电阻表由机内电池作为电源，经DC/DC变换产生直流高压，施加到受试设备，采用电流电压法测量原理，采集流经受试设备的电流，进行分析处理，再变换成相应的绝缘电阻值，由模拟式指针表头或数字表显示。

随着计算机技术的普及，数字式绝缘电阻表，尤其是实验室使用的绝缘电阻测试仪，与传统的指针式绝缘电阻表有了很大的不同，可以同时设置两个或两个以上的输出电压，有两个以上的输出短路电流，可以根据不同的受试设备对电流和电压进行相应的调整，可以显示时间、绝缘电阻值，可以对吸收比和极化指数进行计算后显示，可以对上述数据进行记录存储、自动判定等。同时，这些参数还可以通过RS232或USB接口输出到计算机进行处理和保存。数字式绝缘电阻表还有放电回路，能自动对被试品放电，避免受到电击。

2. 绝缘电阻测试仪使用方法

以日本菊水公司TOS7200绝缘电阻测试仪为例，实物的面板如图4.4.3所示。

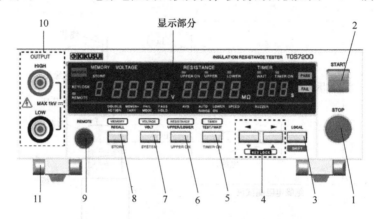

图4.4.3　TOS7200绝缘电阻测试仪实物图

1—STOP开关　2—START开关　3—LOCAL（SHIFT）键　4—◀键以及▶键（▼键以及▲键）
5—TEST/WAIT（TIMER ON）键　6—UPPER/LOWER（UPPER ON）键　7—VOLT（SYSTEM）键
8—RECALL（STORE）键　9—REMOTE端子　10—OUTPUT端子　11—支撑脚

使用方法如下：

1）接通电源。

2）根据产品要求设定"测试电压"值。

3）计时器功能设定为ON，再根据产品标准要求设定测试时间，例如60s。

4）设定上下限判定基准值。

5）连接被测件：根据被测件的需要，将测试线和被测件连接好。

6）按下"启动"开关。

7）测试开始后，DANGER指示灯将点亮，在电压表、电阻表上将显示测量值，在计时器上将显示时间。如果在测试过程中，检测出小于下限基准值的电阻，则判定为FAIL，切断输出，结束测试；经过测试时间后，若没有报警，则判定为PASS，并结束测试。判定为PASS时，PASS指示灯将点亮，蜂鸣器将鸣响。

8）要停止FAIL判定，需按下STOP开关（FAIL判定在STOP开关被按下之前，将持续输出，测量结果将持续显示）。

三、绝缘电阻测试方法

1. 基本原理与连接方法

由绝缘电阻测试仪提供一个恒定的直流电压源（该电压根据受试设备是否是安全特低电压和绝缘等级而定，具体参照对应的安规标准），并施加在受试设备的带电部件（相线、零线）和金属表面（外壳）之间，如图 4.4.4 所示。在持续规定的一段时间后，采集流过的电流大小，根据欧姆定律换算成相应的绝缘电阻值，由仪器显示出来，确定测试是否合格。

对一般设备来说，绝缘电阻测试是测试设备的载流部件之间，或电源线（相线和零线）与机壳之间的绝缘电阻值。具体的测试部位与判定标准，须参照与各个产品相关的安规标准并视绝缘等级而定。

2. 测试方法

以 GB 7000.1—2015《灯具 第 1 部分：一般要求与试验》为例，绝缘电阻测试的方法和步骤如下：

1）绝缘电阻在使样品达到规定温度的潮湿箱或房间内，且在不连接电源的情况下进行试验。

2）设定测试电压值为直流 500V，测试时间为 1min；对于灯具的安全特低电压部件的绝缘，用于测量的直流电压为 100V。

3）测试仪与被测物按要求连接好引线，要求接触良好，并将直流试验电压施加在被测物的载流部件之间以及载流部件与易触及金属部件之间。测量不同极性载流部件之间的绝缘电阻时，需要将一些旁路电容、保护装置、扼流线圈等部件断开。

4）开始测试后，经过设定的测试时间（1min），如果绝缘电阻值低于设定值，测试仪会自动报警并切断输出电压，显示"FAIL"，判定测试"不合格"，按下"STOP"键使仪器恢复到初始状态。如果绝缘电阻值高于设定值，仪器将自动结束测试，显示"PASS"，判定测试"合格"。

a) 与接地的被测试物（受试设备）连接

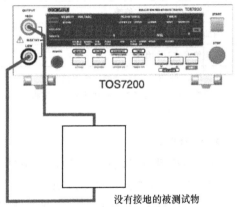

b) 与没有接地的被测试物（受试设备）连接

图 4.4.4 绝缘电阻测试接线图

3. 合格判定

绝缘电阻不应低于表 4.4.1 规定的数值。

表 4.4.1 灯具的绝缘电阻限值（来源：GB 7000.1—2015）

绝缘部件	最小绝缘电阻/MΩ		
	I 类灯具	II 类灯具	III 类灯具
SELV：			
不同极性载流部件之间	a	a	a

(续)

绝缘部件	最小绝缘电阻/MΩ		
	Ⅰ类灯具	Ⅱ类灯具	Ⅲ类灯具
载流部件与安装表面之间①	a	a	a
载流部件与灯具的金属部件之间	a	a	a
夹在软线固定架上的软缆或软线外表面与可触及金属部件之间	a	a	a
GB 7000.1—2015 第 5 章规定的绝缘衬套	a	a	a
非 SELV：			
不同极性带电部件之间	b	b	
带电部件与安装表面之间①	b	b 和 c，或 d	—
带电部件与灯具的金属部件之间	b	b 和 c，或 d	—
通过开关动作可以成为不同极性的带电部件之间	b②	b②	—
夹在软线固定架上的软缆或软线外表面与可触及金属部件之间	b	c	
GB 7000.1—2015 第 5 章规定的绝缘衬套	b	c	
a SELV 电压的基本绝缘	1		
b 非 SELV 电压的基本绝缘	2		
c 附加绝缘	2		
d 双重绝缘或附加绝缘	4		

① 进行本试验时，安装表面用金属箔覆盖。

② 试验期间，开关可能影响到结果。如有根据 IEC 61058-1：2000 的 7.1.11 条电子断开或微断开，可能有必要从电路中移开开关。

4. 注意事项

在进行绝缘电阻试验时，应注意下列事项：

1）确保仪器要安全可靠接地，避免受到电击。试验前后应注意放电。

2）操作仪器时，一定要带上绝缘手套。测试过程中，不可用手触碰被测物、测试引线、探针、输出端子周围的高压带电部分，否则会产生危险。

3）每次试验后，应使调压器返回零位。

4）绝缘电阻试验是指潮湿状态下的试验，是紧跟在耐潮湿处理以后在潮湿箱或在使样品达到规定温度的房间内所进行的试验，不是在常态或者热态下所进行的试验。

5）试验电压应按标准规定选取，施加试验电压部位，必须严格遵守标准规定。受试部件的绝缘电阻，根据部件是安全特低电压还是非安全特低电压以及该部件是基本绝缘、附加绝缘还是双重绝缘或加强绝缘而定。

6）绝缘电阻测量时应注意在直流电压施加 1min 后测定。因为在绝缘电阻上施加直流电压后，流过绝缘电阻的电流随时间延长而逐渐减小，而绝缘电阻的直流电阻率是根据稳态传导电流而确定的，且不同材料的绝缘电阻，通过它的电流的衰减时间也不同。实验证明，绝大多数绝缘材料上的电流 1min 已趋于稳定，所以标准规定以施加电压 1min 后的绝缘电阻值来确定材料绝缘性能的好坏。

7）测量具有大电容设备的绝缘电阻，测完读数后应首先断开测试线，然后再停止测试，避免已充电的大电容对测量仪器放电导致仪器损坏，并注意不得触及试品的导电部件，以免遭受电击。

四、工程实例：绝缘电阻测试

1. 待测样品（受试设备）

LED 吸顶灯，灯具类型：一类灯具。

2. 试验依据

GB 7000.1—2015《灯具　第 1 部分：一般要求与试验》。

3. 测试条件

测试电压：DC 500V，定时时间 60s（1min）。

4. 测试仪器

TOS7200 型绝缘电阻测试仪。

5. 测试步骤

1）将仪器的电源线插好，并打开仪器电源开关。测试仪进行自检，确认前面板所有 LED 灯点亮，特别是 DANGER 指示灯。

2）设定测试电压为 DC 500V。按 VOLT 键，将光标移至电压表的七段 LED 灯上。最右侧的 LED 灯将闪烁，表示光标即位于该位。按◄键或者►键，将光标移动至需设定的数位。一边按着 SHIFT 键，一边按▼键或者▲键，则将变更数值，如图 4.4.5 所示。

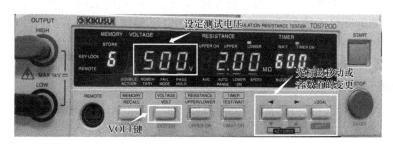

图 4.4.5　设置测试电压

3）将下限判定功能设定为 ON，下限基准值设定为 2MΩ，如图 4.4.6 所示。

图 4.4.6　下限基准值设置

下限判定功能设定：一边按 SHIFT 键，一边按 VOLT 键，则将进入系统模式。电压表最左侧的数位（印有 DOUBLE ACTION 字样的数位）将闪烁，表示光标即位于该位。按◄键或者►键，将光标移动至 LOWER ON 的位置。一边按着 SHIFT 键，一边按▼键或者▲键，则将变更设定。显示数据中，0 表示 OFF，1 表示 ON。按 STOP 开关，即退出系统模式。

下限基准值设定：按 UPPER/LOWER 键，将光标移动至电阻表的七段 LED 灯上。最右侧的 LED 灯闪烁，表示光标即位于该位。确认 LOWER LED 灯已经点亮。当 LOWER LED 灯点亮时，将显示下限基准值。如果 UPPER LED 灯点亮，则显示的是上限基准值。再次按 UPPER/LOWER 键，则 LOWER LED 灯将点亮。按◀键或者▶键，将光标移动至需设定的数位。一边按着 SHIFT 键，一边按▼键或者▲键，则将变更数值。

4）设定计时器功能为 ON，测试时间为 60s。设置如图 4.4.7 所示。

图 4.4.7 设定测试时间

计时器设定：一边按 SHIFT 键，一边按 TEST/WAIT（TIMER ON）键，则可以交替选择计时器功能的 ON 和 OFF。当计时器功能设定为 ON 时，TIMER ON LED 灯将点亮。

测试时间设定：按 TEST/WAIT 键，将光标移动至计时器的七段 LED 灯上。最右侧的 LED 灯将闪烁，表示光标即位于该位。确认 WAIT LED 灯已经熄灭。当 WAIT LED 灯熄灭时，将显示测试时间。如果 WAIT LED 灯点亮，则显示的是判定等待时间。再次按 TEST/WAIT 键，WAIT LED 灯熄灭。按◀键或者▶键，将光标移动至需设定的数位。一边按着 SHIFT 键，一边按▼键或者▲键，则将变更数值。

5）参照图 4.4.8，将测试仪的测试线和被测样品连接好。将测试仪的 LOW 端子连接被测样品的可接触金属部件或接地端子，HIGH 端子连接被测试样品的载流部件 AC LINE（电源接线端）。

图 4.4.8 绝缘电阻测试仪与被测样品连接

表 4.4.1 中的其他部件可参照图 4.4.8 接线测试。

6）按 START 键开始测试。测试开始后，DANGER 指示灯将点亮，在电压表、电阻表上将显示测量值，在计时器上将显示时间，显示设定时间的剩余时间，如图 4.4.9 所示。

6. 测试结果

经过预设的测试时间（60s）后，PASS 指示灯点亮，蜂鸣器鸣响，判定为 PASS（合格），结束测试，如图 4.4.10 所示。

图 4.4.9 开始测试后 DANGER 灯点亮

图 4.4.10 测试结果为 PASS 时的显示

提示：如果在测试过程中，检测出小于下限基准值的电阻，则判定为 FAIL，FAIL 指示灯点亮，切断输出，结束测试，如图 4.4.11 所示。按动 STOP 开关，可停止 FAIL 判定（STOP 开关按动之前，FAIL 判定将持续输出，测量结果将持续显示）。

图 4.4.11 测试结果为 FAIL 时的显示

五、小结

绝缘电阻是电气设备最基本的绝缘指标，用于考察电气设备的绝缘性能，是在规定的温度、湿度、压力条件下，对绝缘部分施加规定的电压，从而测量出来的电阻值。这个电阻值的高低，直接关系着设备本身的安全以及用户的安全。

绝缘电阻测试主要使用绝缘电阻测试仪，能产生规定的直流高压，能预设测试电压、测试时间等参数。数字式绝缘电阻表采用 DC/DC 变换技术产生直流高压电源，施加在受试设备上，通过采样电阻采集流经受试设备的电流，进行分析处理，再变换成相应的绝缘电阻值。

绝缘电阻测试必须按照一定的步骤，主要环节包括试验准备、设定测试电压和测试时间等参数、启动测试、结果评定、复位和放电等。

测试过程必须遵循安全注意事项。

✎ 思考与练习

1. 判断题

（1）GB 7000.1—2015 规定测试绝缘电阻的测试电压值为直流 500V。 （   ）

（2）GB 7000.1—2015 规定测试绝缘电阻在连接电源的情况下进行试验。 （   ）

（3）测量绝缘电阻最常用的仪表是万用表。 （   ）

2. 简答题

（1）简述设备或产品绝缘电阻的概念。

（2）简述绝缘电阻测试的基本原理。

（3）绝缘电阻测试要注意哪些事项？

项目五

泄漏电流测试

5

一、泄漏电流测试基础知识

1. 泄漏电流的概念

绝缘体通常是不导电的，但任何绝缘体的绝缘都是相对的，如果在其两端施加电压，总会有一定的电流通过，这种电流的有功分量叫作泄漏电流，这种现象也叫作绝缘体的泄漏。在 GB/T 17045—2020《电击防护装置和设备的通用部分》（IEC 61140：2016）中，泄漏电流定义为"正常运行状态下，在不期望的可导电路径内流过的电流"。就安全而言，泄漏电流主要考察的是流过人体的有害电流。

对于电子电气设备，泄漏电流是指在没有故障和施加电压的情况下，电气中相互绝缘的金属零件之间，或带电零件与接地零件之间，通过其周围介质或绝缘表面所形成的电流。因此，它是衡量设备绝缘性能好坏的重要标志之一，是设备安全性能的主要指标。将泄漏电流限制在一个很小值，对提高产品安全性能具有重要意义。

2. 泄漏电流测试的目的

泄漏电流是电器产品引发安全事故和危害的重要原因之一，大多数电器产品的安规标准都有泄漏电流或接触电流方面的要求，属于必检项目。

在世界各国或地区的安全认证中，美国 UL、加拿大 CSA、德国 VDE 都要求对产品进行泄漏电流测试，我国的 CCC 认证也提出了同样的要求。

泄漏电流测试的目的，就是考察电子电气产品的泄漏电流是否满足相应安规标准的要求。

3. 两种电流的定义

泄漏电流包含两种电流：接触电流和保护导体电流。在 GB/T 17045—2020 中，接触电流定义为"当人或家畜触及电气装置或电气设备的一个或多个可触及部分时，通过其躯体的电流"。保护导体电流定义为"出现在保护导体中的电流，如泄漏电流或由于绝缘损坏产生的电流"，即通常所说的地线（例如 I 类器具的接地极）电流。保护导体电流过大除了会使器具（设备或产品）的漏电保护开关动作，影响供电系统的正常工作外，还可能造成保护导体上的电压降变大、发热增加和地线电位增高等、进而对供电造成一定的影响。

以灯具产品为例，两种电流的含义如图 4.5.1 所示。

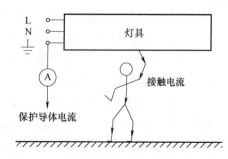

图 4.5.1　接触电流和保护导体电流示意图

由此可见，人体效应主要由接触电流导致。GB/T 13870.1—2008《电流对人和家畜的效应 第 1 部分：通用部分》（等同采用 IEC/TS 60479-1：2005）中介绍了连续波形电流对人体最重要的几种效应。根据接触电流对人体的效应不同，接触电流又可分为感知电流、反应电流、摆脱电流和电灼伤电流。

感知电流阈值是指通过人体能引起任何感觉的接触电流的最小值，一般为 0.7mA 峰值的正弦电流。

反应电流阈值是指能引起肌肉不自觉收缩的接触电流的最小值，反应电流阈值一般为 0.5mA 的有效值。

摆脱电流阈值是指人手握电极能自行摆脱电极时接触电流的最大值。该电流的阈值取决于若干参数，如接触面积、电极的形状和尺寸，以及个人的生理特性。例如，成年男性摆脱电流约为 10mA，通常约 5mA 适用于所有人。

电灼伤（Electric Burn）电流是由于电流流过或穿过人体表皮而引起的皮肤或器官的灼伤（>70mA 有效值）。

这四种人体效应中任一种都具有唯一的阈值。其中，感知、反应和摆脱电流的阈值与接触电流的峰值有关，也随电流频率产生差异性变化；而电灼伤电流的阈值与接触电流的有效值有关，与频率无关。

二、测试仪器及使用方法

1. 测试仪器

泄漏电流测试需要用到泄漏电流测试仪，主要由阻抗变换、量程转换、交直流转换、指示装置、超限报警电路和实验电压调节装置组成。

阻抗变换部分主要模拟人体对泄漏电流的感知特性，完全模拟人体阻抗；量程转换部分可方便用户根据实际负载大小选择合适的量程；交直流转换部分将交流电压和电流信号转换成直流电压和电流信号；指示装置显示测试电压和实际泄漏电流以及测试时间；超限报警电路完成对不合格品的报警和指示，并自动切断高压；实验电压调节装置可以根据不同的标准调节合适的测试电压。

2. 泄漏电流测试仪使用方法

以日本菊水公司 TOS3200 泄漏电流测试仪为例，面板如图 4.5.2 所示。

使用方法如下：

1）按下电源开关使仪器处于开机状态。

2）用面板测量端子的测试连接线连接好被测体（受试设备），此时指示灯需熄灭并使仪器接地良好。

3）按 MANUAL 键后将显示接触电流测量画面（TC1/2）。

4）根据产品防触电类型设定图 4.5.6 中开关闭合的测试顺序。

5）设定接触电流的上限值和测试时间。

6）选择接触电流测量网络。

7）当显示"READY"状态时，按 START 开关，状态变成"TEST"，测试开始。测试时间结束时，若测量值未超过上限值，状态变成"PASS"；在测试时间结束前，若测量值超过上限值，状态变成"FAIL"，并且蜂鸣器响起。

8）测试结束后，DANGER 指示灯将熄灭，将受试设备的电源线断开。

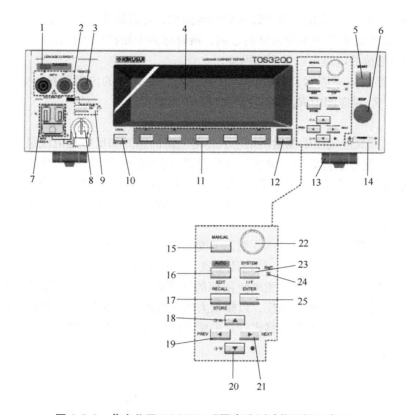

图 4.5.2 菊水公司 TOS3200 泄漏电流测试仪面板示意图

1—DANGER 指示灯　2—A/B 测量端子　3—REMOTE 接口　4—显示器　5—START 开始键
6—STOP 停止键　7—EUT 供电插座　8—接地端子　9—EUT 供电输出键　10—LOCAL 键
11—F1~F5 功能键　12—SHIFT 键　13—支撑脚　14—POWER 电源开关　15—MANUAL 运行模式
16—AUTO 程序测试键　17—RECALL 调出设定键　18—光标上移键　19—光标左移键
20—光标下移键　21—光标右移键　22—旋钮　23—系统设定键　24—远程运行指示灯　25—确定键

三、泄漏电流测试方法

1. 测量网络（人体阻抗网络）

接触电流测试不可能采用人体进行，因此只能根据不同的接触环境和接触路径，采用适宜的模拟网络来模拟实际触电情况。这种模拟人体阻抗的电路称为"人体阻抗网络"，代表人体在不同情况下的阻抗。

在选用模拟网络时，主要考虑频率因素。随着频率的升高，同样大小的电流对人体的伤害相应减少，高频时对人体效应阈值会增大。

1）未加权的人体阻抗网络。图 4.5.3 为基本人体阻抗网络，网络中 R_B 为模拟人体阻抗，R_S 和 C_S 模拟两接触点间的总皮肤

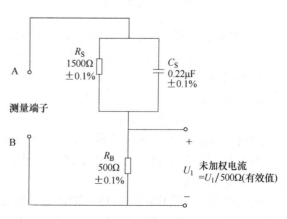

图 4.5.3 未加权的人体阻抗网络

阻抗，C_S 由皮肤接触面积决定，对于较大的接触面积，可以使用较大的值，如 0.33μF。其中频率因数为 1，未考虑电流频率对人体的影响，所以称为未加权接触电流。

测量电灼伤部位的电流可以采用该网络。

注意，由于存在频率因素，总的人体阻抗（Z_r）是人体的内部阻抗（Z_i）与皮肤阻抗（Z_s）的向量和，Z_i 对应图中 R_B，Z_s 对应 R_S 和 C_S，即

$$Z_r = Z_i + Z_s$$

2）感知电流或反应电流的测量网络。人体对电流的感知和反应是由流经人体内部器官的电流引起的。为了测量这些效应，要求对反应随频率的变化进行研究和补偿。对于引起不自主反应的电流，图 4.5.4 给出了人体随频率特性变化的加权测量网络。该网络应用范围广泛，包括家用电器、灯具、信息技术设备、音视频及类似电子设备的感知和反应电流测试，都可采用图 4.5.4 的网络进行。

3）摆脱电流的测量网络。图 4.5.5 给出了模拟人体摆脱物体能力的阻抗网络，该摆脱电流是由流经人体内部（例如通过肌肉）的电流所致，能引起肌肉痉挛（肌肉不自主的收缩），丧失摆脱可握紧的零部件的能力。摆脱电流限值的频率效应不同于感知和反应电流或电灼伤电流的频率效应，该网络额外做了加权，以模拟人体对电流的频率效应，特别是在 1kHz 以上的频率。有可紧握的零部件的 I 类可移式灯具采用该网络（见 GB/T 12113—2003 的 5.1.2 条）。

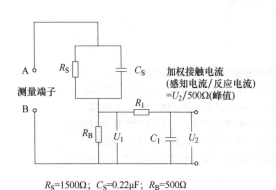

$R_S=1500\Omega$；$C_S=0.22\mu F$；$R_B=500\Omega$

$R_1=10000\Omega$；$C_1=0.022\mu F$

图 4.5.4　加权接触电流（感知电流或反应电流）**的测量网络**

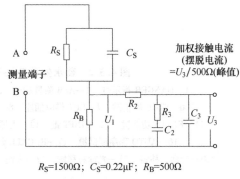

$R_S=1500\Omega$；$C_S=0.22\mu F$；$R_B=500\Omega$

$R_2=10000\Omega$；$C_2=0.0062\mu F$

$R_3=20000\Omega$；$C_3=0.0091\mu F$

图 4.5.5　加权接触电流（摆脱电流）**的测量网络**

综上所述，泄漏电流依据电流流经对象身体产生的效应存在不同的分类，在进行泄漏电流测试时，首先要对产品及泄漏电流类别进行判定，进而选择正确的测量网络（见图 4.5.3~图 4.5.5）进行测试。

2. 试验配置

除非受试设备的标准另有规定，测试电极应是测试夹或代表人手的 10cm×20cm 的金属箔（用于粘合金属箔的胶合剂应是导电的），测试电极连接到测试网络的测量端子 A 和 B 上。

图 4.5.6 描述的测量方法适用于接到星形 TN 或 TT 系统的单相设备，即设备连接在相线 L 和中性线 N 之间。

试验顺序应按照 GB/T 12113—2003 的详细规定来测量。A 端电极应依次施加到每个可触及的零部件上；A 端电极每次接入时，B 端电极应先接到地，然后再依次逐个接到其他的可触及的零部件上。

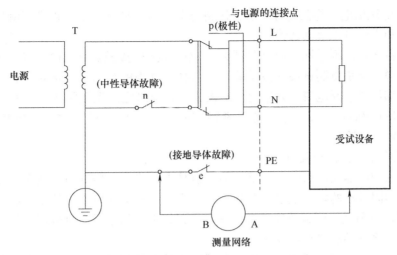

图 4.5.6 接到星形 TN 或 TT 系统的单相设备的试验配置（来源：GB/T 12113—2003）

试验时设备的正常条件和故障条件（参考图 4.5.6）：

① 设备的正常操作

正常操作包括：电源开关的接通、断开、启动、预热。单相设备应在接地导体和中性导体原封不动的情况下，以正常极性和相反极性（图中的开关 p）进行测量。

② 设备和电源的故障条件

应在下列故障条件下进行测量：

a. 没有可靠接地的单相设备应在断开保护接地（图中的开关 e）的情况下，以正常极性和相反极性（图中的开关 p）进行测量。

b. 单相设备应将中性导体断开（图中的开关 n），接地导体原封不动的情况下，以正常极性和相反极性（图的开关 p）进行测量。

对于其他的系统，见 GB/T 12113—2003 的有关部分及相关产品标准。对于多相连接的情况，按照相同的程序进行，且每次只在一相上测量，每相的限值相同。

3. 测试方法

以 GB 4706.1—2005《家用和类似用途电器的安全　第 1 部分：通用要求》为例，说明泄漏电流测试的方法和步骤。

GB 4706.1—2005 涉及的泄漏电流，包括工作温度下的泄漏电流（第 13 章）和潮湿状态下的泄漏电流（第 16 章）。

（1）测试部位的选择

对于 I 类器具，通常是测量电源任一极与外壳的易触及金属部件（接地的）之间，例如器具电源线的相线与地线之间或中线与地线之间。对于 II 类器具，通常是测量电源任一极与外壳的易触及金属部件之间，例如器具电源线的相线与器具易触及外壳之间或中线与外壳之间。

（2）测试条件和测试方法

测量家用电器的泄漏电流时，应注意区别两种测试条件。

① 工作温度下的泄漏电流（第 13 章）

该测试条件主要考核家用电器在正常工作状态后，当人体接触外壳易触及金属部位时，流过人体的电流。这种泄漏电流采用泄漏电流测试仪进行测量，需要配合测量网络。样品在通电情况下进行测试，其中，电热器具以 1.15 倍的额定输入功率工作，电动和组合器具以

1.06 倍的额定电压供电，样品充分发热，达到稳定（温度平衡）状态再进行测试。测试前应断开保护阻抗和无线电干扰滤波器。

测试时，将选定的测量网络通过测试夹（或试验指）接触器具，检测流经网络到大地的电流。具体来说，就是将测试夹（或试验指）与样品外壳的金属部件接触，分别读取相线与中线对该金属部位的泄漏电流。如果附加绝缘或加强绝缘之外无金属部件（例如Ⅱ类器具），则用面积不超过 $10cm \times 20cm$ 的金属箔紧贴在外壳的表面上进行测量。单相器具可参考图 4.5.6 的配置及试验顺序。

② 潮湿状态下的泄漏电流（第 16 章）

主要考核家用电器在经历耐潮湿试验后，器具本身绝缘材料导致的泄漏电流。这种泄漏电流通常采用内阻较小的电流表进行测量，不需要接入测量网络。样品在不连接电源（不工作）的情况下进行测试。试验前应断开保护阻抗，如果样品不是通过隔离变压器供电，则必须与大地绝缘，将样品放置在绝缘垫上。

测试时，在测量电源的任一极与连接金属箔的易触及部件之间施加试验电压，其中，单相器具施加 1.06 倍额定电压，三相器具的试验电压则是 1.06 倍额定电压除以 $\sqrt{3}$，并在施加试验电压后的 5s 内测量泄漏电流。

以上要求是一般电器的通用要求，如产品另有要求，请参考相关产品标准。

注意，GB 4706.1—2005 以上两种场合下所测试的内容表面上都称为泄漏电流，而且两者的判定标准几乎是一样的（例如对于Ⅱ类器具，限值都是 0.25mA），很容易产生混淆，其实在测试目的和测试方法上都有很大的差别，请读者注意甄别。

4. 测试结果判定

泄漏电流测试中，如果所测得电器的泄漏电流不超过下述限值，则判定合格：

对Ⅱ类器具：0.25mA。

对 0 类、0 Ⅰ类和Ⅲ类器具：0.5mA。

对Ⅰ类便携式器具：0.75mA。

对Ⅰ类驻立式电动器具：3.5mA。

对Ⅰ类驻立式电热器具：0.75mA 或 0.75mA/kW（器具的额定输入功率），两者中取较大者，但最大为 5mA。

通常将上述限值设置到测试仪器中，在测试期间如果泄漏电流超过设定值，仪器会自动报警并切断输出电压，说明测试不合格，按下"复位"键使仪器恢复到初始状态。如泄漏电流未超过设定值，到达定时时间后仪器自动复位，说明测试合格。

5. 注意事项

在进行泄漏电流试验时，应注意下列事项：

1）仪器的电源必须有良好的接地，避免用户发生触电事故。

2）被测设备（产品）与大地绝缘，也禁止与测量仪器机壳相碰，影响测量值的准确度。

3）"电压调节"键，在打开电源开关前和不进行测试时，应设置为零位。为确保安全，打开电源后，要按一下"复位"键，否则可能发生直接启动或报警。

4）仪器必须严格按照操作规程使用，否则会损坏仪器或发生危险。

5）每次试验后，应使调压器返回零位。

四、工程实例：LED 灯具接触电流测试

泄漏电流包含两种电流：接触电流和保护导体电流。虽然现行版本的家电安规标准 GB

4706.1—2005 中仍称为"泄漏电流",但实际测试的是接触电流。而照明灯具的安规标准 GB 7000.1—2015,对于所有Ⅱ类灯具以及部分Ⅰ类灯具,给出的是接触电流的限值。因此,本实例称为"接触电流测试"。

1. 受试设备(待测样品)

LED 路灯,灯具类型:Ⅰ类灯具(永久连接类型)。

2. 试验依据:

GB 7000.1—2015《灯具 第 1 部分:一般要求与试验》。

3. 测试条件

灯具在 25℃±5℃ 环境温度以及额定电源电压和额定频率下进行试验时,泄漏电流不应超过 0.7mA,定时时间为 60s。

4. 测试仪器

TOS3200 型泄漏电流测试仪。

5. 测试步骤

1)测试仪设置(详见 TOS3200 型泄漏电流测试仪使用说明书):

① 测试模式选择:灯具的标准一般只测 ENCPE 模式,即外壳-地线之间,如图 4.5.7 所示。

项目		说明	面板操作
PROBE		选择测量端子A与B的连接端。	PROBE (F1) 键
	ENCPE①	外壳 ↔ 地线之间	旋钮
	ENCENC①	外壳 ↔ 外壳之间	
	ENCLIV	外壳 ↔ 电源线(相线)之间	
	ENCNEU	外壳 ↔ 电源线(零线)之间	
POL ②		选择向EUT供电的电源线的极性。	POL NOR/RVS (SHIFT+F1)键
	NORM	正相连接	
	REVS	逆相连接	
COND ②		选择单一故障模式。	CONDITION (SHIFT+F2)键
	NORM	正常状态	
	FLTNEU	电源线(零线)的断线状态	
	FLTPE①	地线的断线状态	

① 对于没有接地线的Class Ⅱ的EUT,以下的组合将无效。

PROBE	COND
ENCPE	FLTPE
ENCENC	FLTPE

② 通过 PROBE项目选择ENCLIV或者ENCNEU的情况下,不能选择该项目。无论当前置于何种设定,将选择NORM。

图 4.5.7 测试模式选择

对应的连线方式见表 4.5.1。

表 4.5.1 测试模式对应测试连线

设定		测试引线的连接端	
PROBE	COND	Class Ⅰ 机器 Class 0Ⅰ 机器	Class Ⅱ 机器

（续）

设定		测试引线的连接端	
ENCPE	NORM	将测试引线 A 连接于未进行保护接地的外壳部分	将测试引线 A 连接于外壳
	FLTNEU		
	FLTPE	将测试引线 A 连接于未进行保护接地的外壳部分 或者连接于进行保护接地的部分	
ENCENC	NORM	将测试引线 A 与 B 连接于未进行保护接地的外壳部分（被隔离的两处）	将测试引线 A 与 B 连接于外壳（被隔离的两处）
	FLTNEU		
	FLTPE	将测试引线 A 与 B 连接于未进行保护接地的外壳部分（被隔离的两处） 或者连接于未进行保护接地的部分和进行了保护接地的部分	
ENCLIV		将测试引线 A 连接于未进行保护接地的外壳部分	将测试引线 A 连接于外壳
ENCNEU			

注：测试引线 A 指测量端子 A 上所连接的测试引线；测试引线 B 指测量端子 B 上所连接的测试引线。

② 泄漏电流上限设置和定时时间设置：Ⅰ 类灯具泄漏电流上限设置为 0.7mA（700μA），测试时间设置为 60s，如图 4.5.8 所示。

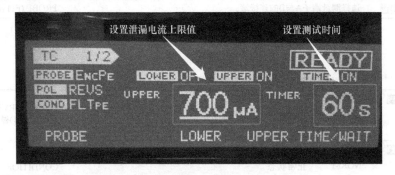

图 4.5.8　泄漏电流上限设置和定时时间设置

③ 测量网络选择：应使用感知或反应加权接触电流的测量网络，电路网 NTWK 用旋钮选择网络 B，如图 4.5.9 所示。

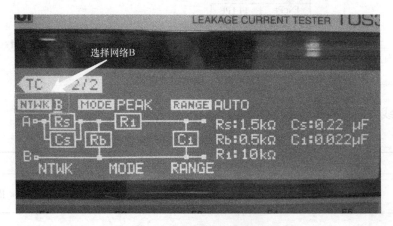

图 4.5.9　测量网络的选择

2）用符合 IEC 60529 的标准试验指作为试具（若用测试夹/针进行测试，因测试夹/针的尺寸比人手小，能测试到人手不可触及的部件），施加到可触及的金属部件；对于灯具壳体的可触及绝缘部件，用 10cm×20cm 金属箔（代表人手）包裹，再用试验指触及金属箔施加信号。

3）按表 4.5.1 定义的接线方式进行接线。端子 A 电极（标准试验指）依次施加到每个可触及部件。每次施加端子 A 电极时，端子 B 电极施加到测量设备的接地端，然后依次施加到每个其他可触及部件。实物接线图如图 4.5.10 所示。

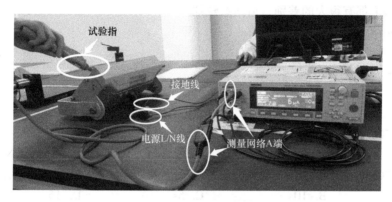

图 4.5.10　实物接线图

因为被测件属于 I 类灯具，试验顺序按照表 4.5.2 规定，记录最大读数。注意，对于 II 类灯具的测量，忽略保护导体（e 断开）。

4）将试验指压在测量点上，按下仪器绿色的"启动"开关，计时器开始倒计时，过程中如果接触电流值超过设定值（0.7mA），仪器会自动报警并切断输出电压，说明该被测件不合格，按下红色"停止"开关使仪器恢复到起始状态。如接触电流未超过设定值，则定时时间到后仪器自动复位，表示该被测件合格。

5）试验结果见表 4.5.2。由于最大泄漏电流均小于限值（0.7mA），故该被测件测试合格。

表 4.5.2　试验结果

灯具型式	测量部位	测量网络	开关位置			限值	最大读数
			e	n	p		
永久连接的 I 类灯具	双重或加强绝缘隔离（仅有 II 类绝缘部件）的 I 类灯具中的金属部件	感知或反应加权接触电流的测量网络	闭合	闭合	正	0.7mA（峰值）	6μA
			闭合	闭合	逆		6μA
			闭合	断开	正		6μA
			闭合	断开	逆		6μA

五、小结

泄漏电流是指设备在正常运行的情况下，在不期望的可导电路径内流过的电流，该电流与电器产品的结构、材料、使用环境条件及用户本身的人体电阻有关。泄漏电流是衡量电器产品绝缘性能好坏的重要依据，是产品安全性能的主要指标。

泄漏电流依据电流流经对象身体产生的效应，对应不同的测量网络（人体模拟网络）。进行泄漏电流测试时，首先要对产品及泄漏电流类别进行判定，再选择正确的测量网络进行测试。

泄漏电流的测试设备是泄漏电流测试仪，能测量流经绝缘部分的电流，能预设报警电流、测试时间等参数。

泄漏电流测试必须按照一定的步骤，主要环节包括试验准备、选择测量网络、设定泄漏电流等参数、启动测试、复位、结果评定等。

家用电器的泄漏电流，包括工作温度下的泄漏电流与潮湿状态下的泄漏电流，两者测试目的和测试方法上都有很大的差别，请注意甄别。

测试过程必须遵循安全注意事项。

 **思考与练习**

1. 单选题

(1) GB 4706.1—2005 对Ⅱ类器具泄漏电流的限值是（　　）。

A. 0.3mA　　　　　B. 0.2mA　　　　　C. 0.1mA　　　　　D. 0.25mA

(2) GB 4706.1—2005 规定，在施加试验电压后（　　）内，测量泄漏电流。

A. 3s　　　　　　　B. 10s　　　　　　　C. 5s　　　　　　　D. 15s

2. 判断题

(1) 泄漏电流由两种电流组成：接触电流和保护导体电流。　　　　　　　　　（　　）

(2) 泄漏电流测试的目的是考察产品的泄漏电流是否满足相应安规标准的要求。（　　）

3. 简答题

(1) 简述设备或产品泄漏电流的概念。

(2) 家用电器的泄漏电流包括哪两种？两者的测试方法主要有哪些区别？

(3) 泄漏电流测试要注意哪些事项？

项目六

接地电阻测试

6

一、接地电阻测试基础知识

1. 接地电阻的概念

广义的接地电阻是指电流由接地装置流入大地再经大地流向另一接地体或向远处扩散所遇到的电阻，是用来衡量接地状态是否良好的一个重要参数，它包括接地线和接地体本身的电阻、接地体与大地之间的接触电阻，以及两接地体之间大地的电阻或接地体到无限远处的大地电阻。

本项目所讨论的接地电阻，是指电器的接地端子或接地触点与电器可触及金属部件之间的电阻，是上述广义接地电阻概念的其中一部分，相当于是电器内部接地回路的电阻。

2. 接地电阻测试的意义

对Ⅰ类器具（电器）来说，防触电依赖的是接地措施。因此，接地电阻是考察这类电器非常重要的安全指标，是保护用户人身安全的一种有效手段。通过测试接地电阻，确认电器产品可靠接地，从而起到人身安全保护作用。

二、测试仪器及使用方法

1. 所需的仪器

接地电阻测试仪用来测量电子电气设备内部的接地电阻，即设备外壳外露可导电部分与设备的总接地端子之间的（接触）电阻。

为了消除接触电阻对测试的影响，接地电阻测试仪采用了四端测量法，即在被测电器的外露可导电部分和总接地端子之间加上一个固定的电流（一般为25A），然后再测量这两端的电压，根据欧姆定律算出其电阻值。

接地电阻测试仪由测试电源、测试电路、显示仪表和报警电路组成，如图4.6.1所示。电流发生器产生测量电流，测量回路将电流信号和流经被测电阻上电流所产生的电压信号进行处理（运算），显示屏显示电流值和电阻值，若被测电阻大于设定的报警值，仪器发出断续的声光报警，若测试电流大于30A，则发出连续的声光报警，并切断测试电流，以保证被测电器的安全。

2. 接地电阻测试仪使用方法

以南京长盛仪器公司 CS2678X 型接地电阻测试仪为例，其面板如图4.6.2所示。

使用方法如下：

1）将两组测量线接入测试仪接口。

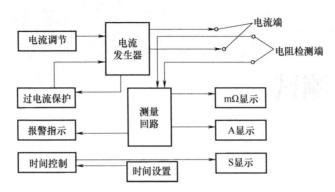

图 4.6.1　接地电阻测试仪组成框图

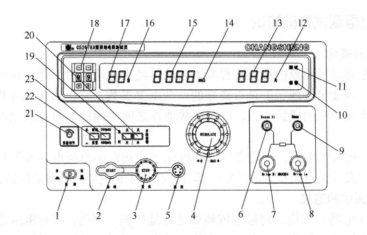

图 4.6.2　CS2678X 型接地电阻测试仪面板

1—电源开关　2—启动钮　3—复位钮　4—电流调节钮　5—遥控接口　6—电阻检测端　7—电流输出端，
若用遥控测试枪，此端接测试枪电流端（粗线端）　8—电流输出端，若用遥控测试枪，
此端接测试枪电流端　9—电阻检测端，若用遥控测试枪，此端接测试枪电阻端　10—超阻和过电流
报警指示灯　11—测试灯　12—电流显示单位 A　13—电流显示　14—电阻显示单位 mΩ　15—电阻显示
16—时间显示单位 s　17—时间显示　18—时间预置拨盘　19—定时开关　20—开路报警开关
21—报警预置调节电位器　22—测试/预置键　23—200mΩ/600mΩ 选择开关

2）接通电源，开启电源开关，显示屏数码管点亮。

3）按需要选择测试量程开关。

4）将电流调节旋钮逆时针旋至零位。

5）将上述两组测量线的夹子端相互短路。

6）仪器处于"复位"状态。

7）将定时器根据需要预置所需的测试时间。

8）设置电流值至所规定的电流值。

9）预置报警电阻值。

10）将测试仪的两组测量线按要求与被测物连接。

11）按动"启动"按钮，"测试"灯亮，调节"电流调节"旋钮至所需的电流值，显示屏即显示接地电阻读数，当被测物的接地电阻大于所设定的接地电阻报警值时，仪器即发出断续声光报警，反之，则不报警。测试时间到，自动切断回路电流，即可将测试夹从被测物上取下，以备下次测量。

三、接地电阻测试方法

1. 测试原理

接地电阻的测量原理如图 4.6.3 所示，图中接地电阻 R 的一端接电器的接地端子或接地触点，另一端分别接电器外壳各可触及金属部件，输入电源 U_i 给接地电阻 R 提供电流 I，测量 R 两端的电压降 U，即可用欧姆定律 $R=U/I$ 计算得到接地电阻。

2. 测试方法

以 GB 7000.1—2015《灯具 第 1 部分：一般要求与试验》为例，接地电阻测试的方法和步骤如下。

1）将接地电阻测试仪与被测物（受试设备）连接，如图 4.6.4 所示。

对一般设备来说，接地电阻测量的是电器接地端子或接地触点与电器可触及金属部件之间的电阻。对具体的测试部位与判定标准，须参照与各个产品相关的安规标准。

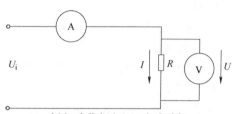

U_i—电源，空载电压≤12V(标准要求)
A—测试电流 I 的电流表，$I \geqslant 10A$(标准要求)
R—接地电阻
V—电压表，测量 R 两端的电压降

图 4.6.3 接地电阻测量原理图

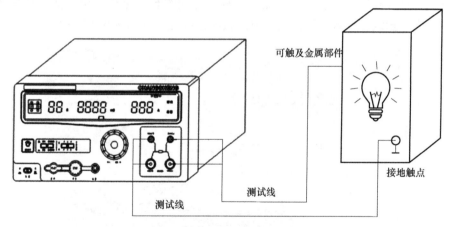

图 4.6.4 接地电阻测试接线图

2）测试仪开机，设定测试电流值为 10A，测试时间为 1min，预置报警电阻值为 0.5Ω。

3）启动测试，将试验电流施加在接地端子或接地触点与电器可触及金属部件之间。

4）经过测试时间（1min）后，如果接地电阻值大于预置报警电阻值，测试仪会自动报警，判定本次测试不合格；如果接地电阻值小于预置报警电阻值，仪器自动切断回路电流，判定本次测试合格。

5）依照标准的要求对测试结果做出判定。

3. 注意事项

在进行接地电阻试验时，应注意下列事项：

1）确保仪器要安全可靠接地，避免受到电击。

2）每次测试前和测试后，应使电流调节旋钮旋至零位。

3）测试仪测量线与被测物连接点，应按具体产品而定。

4）被测物的接地端子或接地触点以及内部连接线应符合相关标准的要求，并按规定目视检验。

5）由于测试接地电阻的电流较大，在测试时要注意达到稳定状态，这样才能真正反映测试部位之间是否允许通过规定的电流，例如，很多标准要求测试时间为 1min，就是经过 1min 后才读取测试数据。

四、工程实例：接地电阻测试

1. 待测器具（受试设备）

LED 路灯，灯具类型：Ⅰ 类灯具。

2. 试验依据

GB 7000.1—2015《灯具　第 1 部分：一般要求与试验》。

3. 测试条件

测试电流为 10A，定时时间为 60s，报警电阻值为 0.5Ω。

4. 测试仪器

南京长盛仪器公司 CS2678X 型接地电阻测试仪。

5. 测试步骤

1）将仪器配备一副（两组）测量线，红线组粗测量线，接入测试仪红色电流接线柱，红线组细测量线，接入测试仪红色电阻检测接线柱；黑线组粗测量线，接入测试仪黑色电流接线柱，黑线组细测量线，接入测试仪黑色电阻检测接线柱，如图 4.6.5 所示。

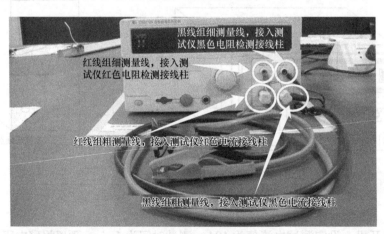

图 4.6.5　测量仪器与连接线

2）接通电源，开启电源开关，显示屏数码管点亮。

3）按下"测试/预置"键，选择"预置"状态，调节"报警电阻调节"电位器，将报警电阻值预置为 500mΩ，并将电流调节旋钮逆时针旋至零位后，将上述两组测量线的夹子端相互短路，如图 4.6.6 和图 4.6.7 所示。

4）预置所需的测试时间。仪器处于"复位"状态，按下"定时"开关至"开"位置，预置测试时间为 60s，如图 4.6.8 所示。

5）按"复位"按钮，切断输出电流，同时将"电流调节"旋钮旋至最小，将测试夹分开，分别接到受试设备的测试点，如图 4.6.9 所示。

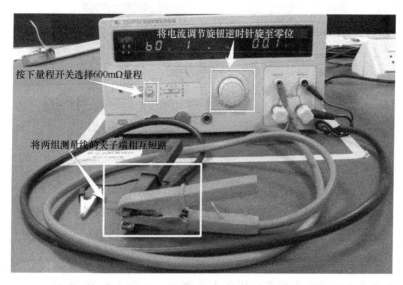

图 4.6.6　将输出电流调节到零位

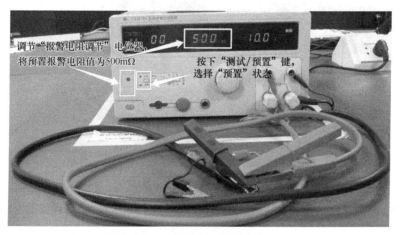

图 4.6.7　将报警电阻预置为 500mΩ

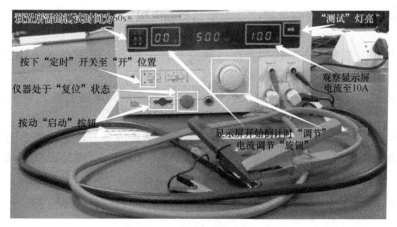

图 4.6.8　预置测试时间为 60s

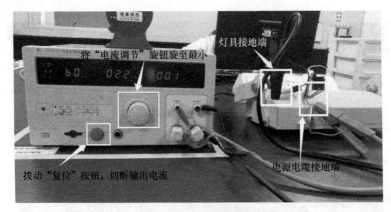

图 4.6.9 将测试夹分别接到受试设备的测试点

6）按"启动"按钮，"测试"灯亮，显示屏时间计数器开始倒计时，调节"电流调节"旋钮并观察显示屏电流值至 10A。显示屏显示接地电阻实测值，测试时间到，自动切断回路电流。即可将测试夹从被测物上取下，以备下次测量，如图 4.6.10 所示。

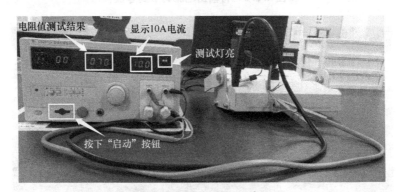

图 4.6.10 测试过程示意图

本例中，实测接地电阻值为 70mΩ，结果合格。

五、小结

本项目所指的接地电阻是指电器产品内部的接地电阻，是衡量各种电器产品安全性能的重要指标之一。

测试原理是在电器产品接地端子或接地触点与各可触及金属部件之间施加规定的电流，根据欧姆定律计算电阻值。

接地电阻测试主要使用接地电阻测试仪，能产生规定的大电流，能预设测试电流、测试时间等参数。

接地电阻测试必须按照一定的步骤，主要环节包括试验准备、设定报警电阻值和测试时间等参数、启动测试、设定至规定电流值、结果评定、复位等。测试过程必须遵循安全注意事项。

思考与练习

1. 单选题

（1）GB 7000.1—2015 对于 I 类的灯具，做接地电阻测试的电流是（　　）。

A. 10A   B. 5A   C. 2A   D. 8A

（2）如果某受试设备的额定电流为20A，测出的电压降为2.5V，请问接地电阻是
（   ）。

A. 0.125Ω   B. 0.1Ω   C. 0.08Ω

2. 判断题

（1）通过测试接地电阻，确认电器产品可靠接地，从而起到人身安全保护作用。   （   ）

（2）接地电阻通常用万用表测量。   （   ）

3. 简答题

（1）简述设备或产品接地电阻的概念。

（2）简述接地电阻测试的基本原理。

项目七

爬电距离和电气间隙测试

7

一、爬电距离和电气间隙测试基础知识

1. 爬电距离和电气间隙的概念

爬电距离是两个导电部分之间沿着绝缘材料表面允许的最短距离。爬电距离过小，有可能使两个导电部分之间的空气发生击穿，在有灰尘或湿度高的情况下，沿着绝缘物表面会形成导电通路，使绝缘失效。

电气间隙是两个导电部件之间或一个导电部件与器具（设备或产品）的易触及表面之间的空间最短距离。不同带电部分之间或者带电部分与大地之间，当电气间隙小到一定程度时，在电场的作用下，空气介质将被击穿，绝缘会失效或暂时失效。

2. 相关概念

（1）过电压

在理想的环境（干燥条件，没有因雷电、开关造成的过电压等情况）下，很小的电气间隙就足以实现绝缘功能。实验表明，在接近海平面处，1mm 的电气间隙可以承受近 2kV 的工频电压而不发生击穿。但是，现实中存在各种过电压情况，电气间隙应该能够承受这些过电压，而不仅仅是电器的额定工作电压。

过电压按照其时间长短可分为瞬态过电压和暂态过电压，瞬态过电压通常是高阻尼的，持续时间只有几毫秒或者更短，表现形式是振荡或非振荡的；而暂态过电压指的是持续时间相对长的工频过电压，通常是由电网波动或线路故障（如供电系统单相接地、断相）而引起的。瞬态过电压可以分为雷电过电压、操作过电压和功能过电压。其中雷电过电压由自然界中的雷电现象引起，包括直接雷击、雷电感应和雷电波侵入三种形式，具有时间短暂（微秒级）、冲击电压高的特点，是危害最大的过电压，可能造成设备短路、触电等危害；操作过电压源于正常的开关操作或线路故障；而功能过电压则是由于功能所需而设置的（如电子灭虫器的高压部分）。在确定电气间隙时，必须考虑这些过电压的影响。

（2）过电压类别

为了限制过电压幅度，通常在供电线路中都安装了过电压的保护装置，如避雷器、放电管等。但是，除了这些保护装置，电器本身也应按照其经受过电压的严酷程度来提供足够的绝缘保护。为了表征经受过电压的严酷程度，将所有的直接由低压电网供电的电气设备分成四个过电压类别：过电压类别Ⅳ、过电压类别Ⅲ、过电压类别Ⅱ和过电压类别Ⅰ。

（3）额定脉冲电压

通常，过电压是以"脉冲电压"的形式来模拟的，因此，要确定电器的电气间隙能承受

多大的过电压，就要确定电器的额定脉冲电压。具有一定形状和极性的脉冲电压最高峰值称为冲击耐电压，制造厂为电器规定的冲击耐电压叫作额定脉冲电压。以 GB 4706.1—2005 标准为例，额定脉冲电压的选取见表 4.7.1（对应该标准中的表 15）。以额定电压 220V 的电冰箱为例，相电压小于 300V，过电压类别为Ⅱ类，其额定脉冲电压为 2500V。

（4）污染等级

在电器的使用过程中，大气中的固体颗粒、尘埃和水能够完全桥接小的电气间隙，而且在潮湿的环境下，非导电性污染也会转化为导电性污染，因此，必须考虑到电器使用环境中的大气污染程度对电气间隙的影响。将电气间隙所处微观环境按照污染等级分为以下 4 级：

污染等级 1。表示无污染或者仅有干燥的、非导电性的污染，该污染没有任何影响。通常，如果有防止污染物沉积的保护措施，例如电路板的隔离放置，可以认为属于该污染等级。

污染等级 2。表示一般仅有非导电性污染，或者有凝露等偶然发生的导电性污染。多数家用电器被认为属于该污染等级。

污染等级 3。表示有导电性污染或者由于预期的凝露使得干燥的非导电性污染变为导电性污染。例如，冰箱中可能承受凝露的某些绝缘材料、风扇加热器中空气流经的绝缘材料、干衣机中的绝缘材料，在特殊要求中，通常会指明哪部分材料属于该污染等级。

污染等级 4。表示会造成持久的导电性污染。例如，由于导电尘埃或雨雪引起的污染。

3. 爬电距离和电气间隙的意义

随着科技的发展和生活方式的改变，人们对电器产品的便携性要求越来越高，体积小、重量轻、易携带的产品越来越受欢迎，是电器产品的发展趋势之一。但是产品体积越小，意味着产品中的导电部件之间的距离变得更短，导电部件之间距离越短，越容易引发绝缘崩溃、绝缘降低（漏电）、放电或电弧，从而引起安全事故。因此，在众多电器产品安规检测标准中，均有专门针对导电部件之间距离要求的章节，即爬电距离和电气间隙。对爬电距离和电气间隙进行检测，确保符合相应产品安规标准的要求，对于产品的安规设计、认证和使用安全，意义重大。

二、测试仪器及使用方法

检测爬电距离和电气间隙，主要使用游标卡尺或量规。这些都属于常见的测量工具，其使用方法不再赘述。

三、爬电距离和电气间隙测试方法

本节以 GB 4706.1—2005《家用和类似用途电器的安全　第 1 部分：通用要求》为例，对爬电距离和电气间隙测试方法进行说明。

1. 测量电气间隙的方法与步骤

1）根据额定工作电压和过电压类型（一般为类别Ⅱ），以及污染等级（一般为等级 2）查表 4.7.1，确定额定脉冲电压。一般我国家用电器工作电压在 220V，所以额定脉冲电压选 2500V。

2）根据额定脉冲电压值，查表 4.7.2，确定电气间隙的最小限值要求。如额定脉冲电压值是 2500V，最小电气间隙值是 1.5mm。

3）确定电气间隙跨接的绝缘类型，依据表 4.7.2 进行判断。

① 基本绝缘，表 4.7.2 的额定脉冲电压值对应的最小电气间隙值是适用的，如额定脉冲电压值是 2500V，最小电气间隙值为 1.5mm。

表4.7.1 额定脉冲电压（来源：GB 4706.1—2005 表15）

额定电压/V	额定脉冲电压/V		
	过电压类别 I	过电压类别 II	过电压类别 III
≤50	330	500	800
>50 且≤150	800	1500	2500
>150 且≤300	1500	2500	4000

注：1. 对于多相器具，以相线对中性线或相线对地线的电压作为额定电压。

2. 这些值是基于器具不会产生高于所规定的过电压的假设。如果产生更高的过电压，电气间隙必须相应增加。

表4.7.2 最小电气间隙（来源：GB 4706.1—2005 表16）

额定脉冲电压/V	最小电气间隙[①]/mm
330	0.5[②③]
500	0.5[②③]
800	0.5[②③]
1500	0.5[③]
2500	1.5
4000	3.0
6000	5.5
8000	8.0
10000	11.0

① 规定值仅适用于空气中电气间隙。

② 出于实际操作的情况，不采用 GB/T 16935.1（idt IEC 60664-1）中规定的更小电气间隙，例如批量产品的公差。

③ 污染等级为3时，该值增加到 0.8mm。

② 附加绝缘，应不小于表4.7.2 对基本绝缘的规定值，如额定脉冲电压值是 2500V，最小电气间隙值为 1.5mm。

③ 加强绝缘，应不小于表4.7.2 对基本绝缘的规定值，但用下一个更高等级的额定脉冲电压作为基准，过电压类别不变。如基本绝缘时，额定脉冲电压值是 2500V，则需选额定脉冲电压值是 4000V，对应的最小电气间隙值为 3.0mm。

④ 功能性绝缘，按表4.7.2 的规定值。

2. 测量爬电距离的方法与步骤

1）确定被考核部位的工作电压。

2）确定被考核部位的材料组别（CTI（相比漏电起痕指数））。

3）确定被考核部位的污染等级（一般为等级2）。

4）按不同的绝缘类型，查表4.7.3，确定在该工作电压、污染等级和材料组别下的爬电距离要求。

① 基本绝缘的爬电距离要求：不小于表4.7.3 中规定值。

② 附加绝缘的爬电距离要求：至少为表4.7.3 中对基本绝缘的规定值。

③ 加强绝缘的爬电距离要求：至少为表4.7.3 中对基本绝缘的规定值的两倍。

④ 功能性绝缘的爬电距离要求：不应小于表4.7.4 中的规定值。

表 4.7.3　基本绝缘的最小爬电距离（来源：GB 4706.1—2005 表 17）

工作电压/V	爬电距离/mm						
	污染等级 1	污染等级 2			污染等级 3		
		材料组			材料组		
		I	II	IIIa/IIIb	I	II	IIIa/IIIb
≤50	0.2	0.6	0.9	1.2	1.5	1.7	1.9①
>50 且 ≤125	0.3	0.8	1.1	1.5	1.9	2.1	2.4
>125 且 ≤250	0.6	1.3	1.8	2.5	3.2	3.6	4.0
>250 且 ≤400	1.0	2.0	2.8	4.0	5.0	5.6	6.3
>400 且 ≤500	1.3	2.5	3.6	5.0	6.3	7.1	8.0
>500 且 ≤800	1.8	3.2	4.5	6.3	8.0	9.0	10.0
>800 且 ≤1000	2.4	4.0	5.6	8.0	10.0	12.0	12.5
>1000 且 ≤1250	3.2	5.0	7.1	10.0	12.5	14.0	16.0
>1250 且 ≤1600	4.2	6.3	9.0	12.5	16.0	18.0	20.0
>1600 且 ≤2000	5.6	8.0	11.0	16.0	20.0	22.0	25.0
>2000 且 ≤2500	7.5	10.0	14.0	20.0	25.0	28.0	32.0
>2500 且 ≤3200	10.0	12.5	18.0	25.0	32.0	36.0	40.0
>3200 且 ≤4000	12.5	16.0	22.0	32.0	40.0	45.0	50.0
>4000 且 ≤5000	16.0	20.0	28.0	40.0	50.0	56.0	63.0
>5000 且 ≤6300	20.0	25.0	36.0	50.0	63.0	71.0	80.0
>6300 且 ≤8000	25.0	32.0	45.0	63.0	80.0	90.0	100.0
>8000 且 ≤10000	32.0	40.0	56.0	80.0	100.0	110.0	125.0
>10000 且 ≤12500	40.0	50.0	71.0	100.0	125.0	140.0	160.0

注：1. 绕组漆包线认为是裸露导线，但考虑到 GB 4706.1—2005 的 29.1.1 条的要求，爬电距离不必大于 GB 4706.1—2005 表 16 规定的相应电气间隙。

2. 对于不会发生漏电起痕的玻璃、陶瓷和其他无机绝缘材料，爬电距离不必大于相应的电气间隙。

3. 除了隔离变压器的次级电路，工作电压不认为小于器具的额定电压。

① 如果工作电压不超过 50V，允许使用材料组 IIIb。

表 4.7.4　功能性绝缘的最小爬电距离（来源：GB 4706.1—2005 表 18）

工作电压/V	爬电距离/mm						
	污染等级 1	污染等级 2			污染等级 3		
		材料组			材料组		
		I	II	IIIa/IIIb	I	II	IIIa/IIIb
≤50	0.2	0.6	0.8	1.1	1.4	1.6	1.8①
>50 且 ≤125	0.3	0.7	1.0	1.4	1.8	2.0	2.2
>125 且 ≤250	0.4	1.0	1.4	2.0	2.5	2.8	3.2
>250 且 ≤400②	0.8	1.6	2.2	3.2	4.0	4.5	5.0
>400 且 ≤500	1.0	2.0	2.8	4.0	5.0	5.6	6.3

（续）

工作电压/V	爬电距离/mm						
	污染等级 1	污染等级 2			污染等级 3		
		材料组			材料组		
		I	II	IIIa/IIIb	I	II	IIIa/IIIb
>500 且 ≤800	1.8	3.2	4.5	6.3	8.0	9.0	10.0
>800 且 ≤1000	2.4	4.0	5.6	8.0	10.0	11.0	12.5
>1000 且 ≤1250	3.2	5.0	7.1	10.0	12.5	14.0	16.0
>1250 且 ≤1600	4.2	6.3	9.0	12.5	16.0	18.0	20.0
>1600 且 ≤2000	5.6	8.0	11.0	16.0	20.0	22.0	25.0
>2000 且 ≤2500	7.5	10.0	14.0	20.0	25.0	28.0	32.0
>2500 且 ≤3200	10.0	12.5	18.0	25.0	32.0	36.0	40.0
>3200 且 ≤4000	12.5	16.0	22.0	32.0	40.0	45.0	50.0
>4000 且 ≤5000	16.0	20.0	28.0	40.0	50.0	56.0	63.0
>5000 且 ≤6300	20.0	25.0	36.0	50.0	63.0	71.0	80.0
>6300 且 ≤8000	25.0	32.0	45.0	63.0	80.0	90.0	100.0
>8000 且 ≤10000	32.0	40.0	56.0	80.0	100.0	110.0	125.0
>10000 且 ≤12500	40.0	50.0	71.0	100.0	125.0	140.0	160.0

注：1. 对于工作电压小于250V且污染等级1和2的PTC电热元件，PTC材料表面上的爬电距离不必大于相应的电气间隙，但其端子间的爬电距离按本表规定。

2. 对于不会发生漏电起痕的玻璃、陶瓷和其他无机绝缘材料，爬电距离不必大于相应的电气间隙。

① 如果工作电压不超过50V，允许使用材料组IIIb。

② 额定电压为380~415V的器具，其相线间工作电压为>250V且≤400V。

3. 注意事项

在进行爬电距离和电气间隙试验时，应注意下列事项：

1）爬电距离不能小于相关的电气间隙，因此最小的爬电距离有可能等于要求的电气间隙。

2）除电热元件的裸露导线外，测量时施加一个作用力于裸露导线和易触及表面以尽量减小爬电距离。该作用力数值为：对裸露导线，为2N；对易触及表面，为30N。

3）根据表4.7.2的不同额定冲击电压的值可以查出基本绝缘、附加绝缘、加强绝缘和功能绝缘的电气间隙要求。但是，对于加强绝缘的电气间隙要求，在表4.7.2中要选高一级别的额定冲击电压对应的限值。

4）过去，电器产品的体积较大，电气间隙有足够多的余量，电气间隙满足要求了，交流耐电压测试（电气强度试验）一般都没有什么问题，因此，人们往往比较关注电气间隙的要求，而忽略交流耐电压测试。现在情况有所不同，电气间隙要求值减少了许多，在考虑电气间隙的同时，还要考虑交流耐电压和冲击电压的测试。有时，最终还需以冲击电压测试为准考核电气间隙（如基本绝缘和功能绝缘），当然前提是结构上还要满足一些附加条件。

四、工程实例：爬电距离和电气间隙测试

1. 待测器具

LED 吸顶灯，灯具类型：Ⅱ类灯具。

2. 试验依据

GB 7000.1—2015《灯具 第1部分：一般要求与试验》。

GB 7000.1—2015 对灯具产品的爬电距离和电气间隙的要求和测试方法，与 GB 4706.1—2005 有所不同，以下进行说明。

3. 测试条件

输入电压为 AC 220V，室温。

4. 测试仪器（工具）

游标卡尺、量规。

5. 测试步骤

1）GB 7000.1—2015 中对于普通灯具爬电距离和电气间隙的规定都是基于以下参数：过电压类型一般为类别Ⅱ，污染等级一般为等级 2。

2）明确测试的部位。依照 GB 7000.1—2015 第 11 章及其附录 M，首先要明确测试部位，分为以下五种情况：

① 不同极性的带电部件之间。

② 带电部件和可触及金属部件之间，以及带电部件和绝缘部件的外部可触及表面之间。

③ Ⅱ类灯具中由于功能绝缘损坏而成为带电的部件和可触及金属部件之间。

④ 软缆或软线的外表面和可触及金属部件之间，该软缆或软线用绝缘材料的软线固定、电线支架和线夹固定。

⑤ 带电部件和其他金属部件之间，它们和支承面（天花板、墙、桌子等）之间，或带电部件和中间无金属隔板的支承面之间。

3）接下来，根据测试部位、工作电压和灯具的防触电型式，查表 4.7.5，确定防触电保护的绝缘类型（基本绝缘、加强绝缘或双重绝缘、附加绝缘）。

表 4.7.5 爬电距离和电气间隙的确定（来源：GB 7000.1—2015 附录 M 中的表 M.1）

爬电距离和电气间隙/mm	Ⅰ类灯具	Ⅱ类灯具	Ⅲ类灯具
最高工作电压（不超过）/V	1000V	1000V	50V 交流或 120V 直流
（1）不同极性的带电部件之间	基本绝缘 爬电距离或电气间隙 PTI≥600 或 PTI<600	基本绝缘 爬电距离或电气间隙 PTI≥600 或 PTI<600	基本绝缘 爬电距离或电气间隙 PTI≥600 或 PTI<600
（2a）带电部件和可触及金属部件	基本绝缘 爬电距离或电气间隙 PTI≥600 或 PTI<600	加强绝缘或双重绝缘 爬电距离或电气间隙 PTI≥600 或 PTI<600	基本绝缘 爬电距离或电气间隙 PTI≥600 或 PTI<600
（2b）带电部件和外部可触及绝缘部件表面	加强绝缘或双重绝缘[①] 爬电距离或电气间隙 PTI≥600 或 PTI<600	加强绝缘或双重绝缘 爬电距离或电气间隙 PTI≥600 或 PTI<600	基本绝缘 爬电距离或电气间隙 PTI≥600 或 PTI<600
（3）Ⅱ类灯具中由于基本绝缘损坏而成为带电的部件和易触及金属部件之间		附加绝缘 爬电距离或电气间隙 PTI≥600 或 PTI<600	

（续）

爬电距离和电气间隙/mm	Ⅰ类灯具	Ⅱ类灯具	Ⅲ类灯具
（4）软缆或软线的防护借助于绝缘材料的线扣、电缆支架或电缆夹时，软缆或软线的外表面和可触及金属部件之间	基本绝缘[②] 爬电距离或电气间隙 PTI≥600 或 PTI<600	附加绝缘 爬电距离或电气间隙 PTI≥600 或 PTI<600	
（5）未使用			
（6）带电部件和其他金属部件之间，这些金属部件位于带电部件和支承面（天花板、墙、桌子等）之间，或带电部件和中间无金属隔板的支承面之间	基本绝缘	加强绝缘或双重绝缘	基本绝缘

① 当Ⅰ类灯具外部绝缘材料表面可以被 GB 7000.1—2015 8.2.1 条规定的试验指（可移式和可调节灯具试验指，其他类型灯具用 IEC 61032 图 1 的 50mm 探针）触及时，要求达到加强绝缘或双重绝缘。

② 当电缆提供了两层绝缘时（导体的绝缘和外部护套），该要求由电缆本身满足。

4）然后，根据防触电保护的绝缘种类和工作电压，查表 4.7.6，确定最小的爬电距离和电气间隙。

表 4.7.6 交流（50/60Hz）正弦电压的最小距离（来源：GB 7000.1—2015 表 11.1）

距离/mm	工作电压有效值不超过/V					
	50	150	250	500	750	1000
爬电距离[②]						
——基本绝缘 PTI[①] ≥600	0.6	0.8	1.5	3	4	5.5
<600	1.2	1.6	2.5	5	8	10
——附加绝缘 PTI[①] ≥600	—	0.8	1.5	3	4	5.5
<600		1.6	2.5	5	8	10
——加强绝缘	—	3.2[④]	5[④]	6	8	11
电气间隙[③]						
——基本绝缘	0.2	0.8	1.5	3	4	5.5
——附加绝缘	—	0.8	1.5	3	4	5.5
——加强绝缘	—	1.6	3	6	8	11

① PTI（耐起痕指数）按照 IEC 60112：2003。

② 对于爬电距离，等效的直流电压等于正弦交流电压的有效值。

③ 对于电气间隙，等效的直流电压等于交流电压的峰值。

④ 对于 PTI≥600 的绝缘材料，此值可减少为该材料基本绝缘数值的两倍。

本例中，吸顶灯工作电压为不超过 1000V；防触电型式为Ⅱ类。查表获得各检测部位最小的爬电距离和电气间隙，以及实测值如下所述。

① 不同极性的带电部件之间，查表 4.7.5 得到绝缘类型为"基本绝缘"，查表 4.7.6 得到爬电距离最小值为 2.5mm（PTI<600），如图 4.7.1 所示。

② 带电部件和可触及金属部件之间，以及带电部件和绝缘部件的外部可触及表面之间，如图 4.7.2 和图 4.7.3 所示。

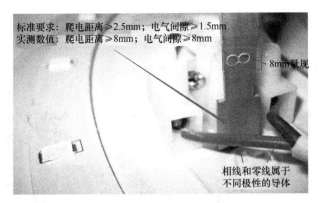

图 4.7.1 不同极性带电部件之间

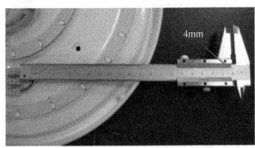

图 4.7.2 带电部件和可触及金属部件之间（1）

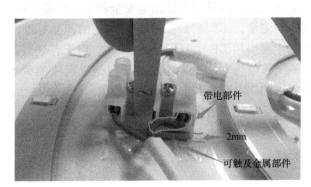

图 4.7.3 带电部件和可触及金属部件之间（2）

③ Ⅱ类灯具中由于功能绝缘损坏而成为带电的部件和可触及金属部件之间，如图 4.7.4 所示。

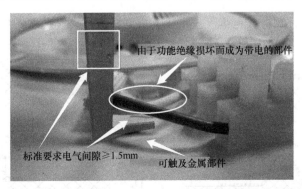

图 4.7.4 由于功能绝缘损坏而成为带电的部件和可触及金属部件之间

④ 软缆或软线的外表面和可触及金属部件之间，该软缆或软线用绝缘材料的软线固定、电线支架和线夹固定，如图 4.7.5 所示。

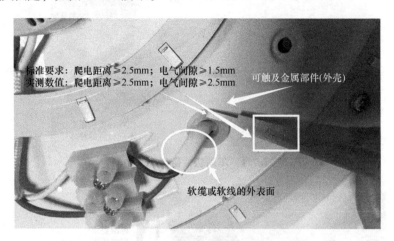

标准要求：爬电距离≥2.5mm；电气间隙≥1.5mm
实测数值：爬电距离≥2.5mm；电气间隙≥2.5mm

可触及金属部件(外壳)

软缆或软线的外表面

图 4.7.5　软缆或软线的外表面和可触及金属部件之间

五、小结

爬电距离和电气间隙实际是两个相关参数，都是针对电气绝缘性能的。需要遵守相关标准的同时，还要按实际的使用环境要求（气压、污染、冲击耐受电压、过电压等相关因素），设定合适的爬电距离和电气间隙，以保障人的用电安全和电气性能的稳定。

爬电距离和电气间隙的测量，不同的产品有各自不同的产品标准，对爬电距离和电气间隙的要求不尽相同，但都主要引用 GB/T 16935.1—2008。对于普通灯具而言，首先确定测试部位；再根据测试部位的工作电压和防触电类型，确定绝缘系统的种类；然后根据绝缘系统的种类和工作电压得到要求的爬电距离和电气间隙最小值。

爬电距离和电气间隙主要是使用游标卡尺测量。

✎ 思考与练习

1. 多项选择题

（1）根据 GB 7000.1—2015 的要求，对于爬电距离和电气间隙的测量，下面哪些图是正确的？（　　）

已知 $X=1.0$mm，方块为带电体，虚线代表爬电距离，实线代表电气间隙。

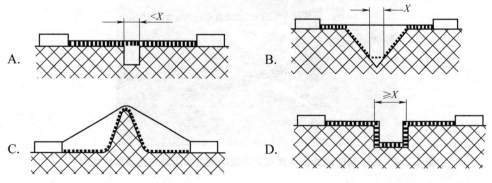

（2）影响电气间隙的因素有（　　）。

A. 冲击耐受电压　　B. 污染等级　　　　C. 温度　　　　　　D. 海拔

2. 简答题

（1）简述 GB 4706.1—2005 中测试电器产品爬电距离的主要步骤。

（2）简述 GB 4706.1—2005 中测试电器产品电气间隙的主要步骤。

产品认证

项目一

产品认证基础知识

一、产品认证的概念和分类

1. 产品认证的概念

产品认证是指依据产品标准和相应技术要求，经认证机构检测确认并通过颁发认证证书和认证标志来证明某一产品符合相应标准和相应技术要求的活动。认证标志可用于获准认证的产品上。

GB/T 27067—2017《合格评定　产品认证基础和产品认证方案指南》对产品认证的概念描述如下：

1）产品认证是对产品满足规定要求的评价和公正的第三方证明。产品认证由产品认证机构实施，机构应满足 GB /T 27065—2015 的要求。产品的规定要求一般包含在标准或其他规范性文件中。

2）产品认证是一种合格评定活动，它为消费者、监管机构、行业和其他相关方提供产品符合规定要求的信心。这些规定要求包括产品的性能、安全、互换性和可持续性等。

3）产品认证能在国家、区域和国际层面促进产品贸易、市场准入、公平竞争和消费者认可。

2. 产品认证的分类

（1）按强制程度分

产品认证分为合格认证和安全认证两种，前者是自愿性认证，后者是强制性认证。依据标准中的性能要求进行认证叫作合格认证；依据标准中的安全要求进行认证叫作安全认证。如我国 CCC 认证、美国 UL 认证、欧盟 CE 认证等均属安全认证。

（2）按认证项目分

产品认证分为安规、电磁兼容、环保、功能、能耗等类型。

此外，与产品认证对应，还有一种认证属于体系认证，两者最大的区别是认证的对象不同，认证的依据、认证证书和标志的使用规则也不同。

体系认证的对象是组织（企业）的管理体系（例如质量管理体系），仅评价组织的管理能力是否达到认证依据标准的要求，认证的依据是相应的体系标准（例如 ISO 9001、ISO 14001 等）。体系认证的作用是能够提高顾客对供方的信任，增加订货，减少顾客对供方的检查评定，有利于顾客选择合格的供方。企业通过某个方面的体系认证，仅证明其管理水平达到了相应认证标准的要求，认证证书只能用于企业宣传，不能用于企业的产品上。

产品认证的对象则是特定产品，认证过程既要对产品做型式试验，以确定产品质量是否符合指定标准要求，又要对组织的质量管理体系进行审查，评定组织是否具有质量保证能力，能否持续稳定地提供合格产品。产品认证的依据除了认证机构确定的质量管理体系要求外，还包括技术依据，即申请认证产品的相关国家或行业产品标准。通过产品认证，企业证明其产品满足相应产品标准要求，除可将产品认证证书用于宣传外，还可根据认证机构的要求在通过认证的产品上使用认证标志。

本单元只涉及产品认证。

3. 产品认证的特点

根据 ISO/IEC 导则 28《典型第三方产品认证制度通则》的明确规定，典型的产品认证制度包括四个基本要素，即型式试验、质量体系审查、监督检验和监督检查。前两个要素是取得认证资格必须具备的条件，后两个要素是认证后的监督措施。

型式试验的原意是针对新产品能否定型量产所进行的检验，是新产品鉴定中不可缺少的环节。其目的是验证新产品是否满足相关技术规范的要求，只有型式试验合格，该产品才具备进入量产的条件。但是对产品认证来说，型式试验指的是对一个或多个具有代表性的产品样品，利用试验手段进行合格评定的过程。

质量体系审查是对产品的制造厂的质量保证能力进行检查和评定。任何企业想有效地保证产品质量持续满足标准的要求，都必须根据企业的特点建立质量体系，使所有影响产品质量的因素均得到控制。确保带有产品认证标志的产品质量可靠并符合标准，是产品质量认证制度得以生存和发展的基础。因此，当产品通过认证后，应能保持产品质量的稳定，确保出厂的产品持续符合标准。

为此，认证机构必须定期对认证产品进行监督检验；对获准认证产品生产工厂的质量体系进行定期或不定期复查，是保证产品质量持续符合标准要求的又一项监督措施。监督检查的内容重点是认证产品一致性检查，以及对初次检查时发现的不合格项和观察项进行跟踪等。

4. 常见的产品认证

1）欧洲产品认证：CE、GS、VDE、TUV、SNDF（SEMKO、NEMKO、DEMKO、FIMKO）、BSI、KEMA、NF、GOST（PCT）、ERP 等。

2）美洲产品认证：UL、ETL、CSA、FCC、IC、Energy-Star、CEC、DLC 等。

3）中国：CCC、CQC、节能认证、标杆体系评测、中国能效标签。

4）亚洲认证：PSE、PSB、KC、SASO 等。

5）非洲认证：SABS。

6）大洋洲认证：SAA、C-Tick、RCM、MEPS。

7）国际认证：CB 认证、ELI 认证（以中国为主导运作的国际性照明产品能效质量认证项目）。

此外，还有环保方面的认证，如 RoHS、WEEE、REACH 等。

二、产品认证的目的和意义

在经济全球化的背景下，大部分国家或地区为确保本国（地区）市场上销售的产品达到安全的要求，都制定了相关法令和标准，只有满足相关法令和标准要求的产品，才能在市场上销售。这相当于实施技术壁垒，也带有限制进口的目的。

而制造商（企业）进行产品认证的目的，首先是为了将产品销售到目标国（市场），为了通关或者满足所在国客户的要求，这是法律法规层面上的需求。产品认证，也是为了提高本企业产品安全要求，获得消费者信赖，提高产品竞争力。毕竟，一份具有国际公信度及知名度的认证证书或报告，能给产品带来附加价值，能增加产品质量方面的可信度及品牌度。

在国家层面，通过产品认证，可以从源头上保证产品质量，提高产品在国内外市场的竞争力，有利于突破国外设立的技术壁垒，有利于国家间的互认，促进外贸增长。

产品认证也是贯彻执行国家标准的有效手段，可对消费者选购放心产品起指导作用，营造公平竞争的市场环境，从根本上遏止假冒伪劣商品，保护消费者的健康和生命安全。

目前，产品认证已成为国际上通行的，用于产品安全、环保等特性评价、监督和管理的有效手段。

三、产品认证的历史

产品认证活动是社会经济发展到一定阶段的产物。早期，顾客确认供方商品质量的方式，主要依赖供方（第一方）的自我评价和需方（第二方）的验收评价。随着产品结构和性能日趋复杂、品质的增加以及交易量的提高，通过不受供需双方利益支配的独立第三方对商品进行公正、科学的检测、评价和监督，成为民众普遍接受和推崇的方式，这便是产品认证的雏形。

早在 19 世纪末，英国就开始了类似认证的工作。1903 年，英国工程标准委员会对英国铁轨进行认证并授予风筝标志（"BS"标志），开创了以政府为信用主体的认证制度的先河。从 20 世纪 30 年代开始，质量认证得到了较快的发展，到了 50 年代，基本上已普及到所有工业发达国家。20 世纪 60 年代起，苏联和东欧国家陆续开展质量认证活动，除印度等极少数国家推行较早外，其他第三世界国家一般是从 20 世纪 70 年代起实行的。

一百多年来，世界各国的产品认证得到广泛的普及，成为工业化社会的一大创举。除了英国的 BS 认证外，法国的 NF 国家标志、德国的 DIN 检验和监督标志、德国电气工程师协会的 VDE 标志、日本的 JIS 标志、美国保险商实验室的 UL 标志以及后来的欧洲 CE 标志，都是世界上很有信誉和权威的产品认证标志。这些标志连同它们的名牌产品深深地印在广大消费者的记忆中，为规范市场秩序、维护消费者利益、推广和保护名牌产品、提高产品质量做出了巨大贡献。

为了在全世界范围内推动产品认证和各国间的相互承认，国际标准化组织（ISO）于 1971 年成立了"认证委员会"（CERTICO），1985 年更名为"合格评定委员会"（CASCO），制定了一系列指导各国开展产品认证的文件，产品认证进入了一个新的发展阶段，并已成为一种世界潮流。

随着时间的推移，认证机构认识到仅靠对产品本身进行检验，只能证明供方提交的样品符合规范的要求，但不能担保供方通过认证后能持续稳定生产合格产品。随后认证机构增加了对供方质量保证能力的检查，以及获证后的定期监督，从而证明供方生产的产品持续符合标准。至 20 世纪 70 年代，质量认证制度出现了单独对供方质量体系进行评定的认证形式。

近年来，随着信息化社会和经济全球化的发展，认证活动不断向广度和深度拓展，以国际标准为依据的国际认证制度在全球范围内得到迅速发展，在法律法规的支撑下，产品认证的权威地位和可信度不断提高。

我国在 1981 年 4 月建立了第一个产品认证机构"中国电子元器件质量认证委员会"，1983 年启动实验室认可制度，1994 年启动认证机构认可制度，1995 年启动认证评审员注册制度。1988 年 12 月《中华人民共和国标准化法》颁布实施，1989 年 8 月颁布《中华人民共和国进出口商品检验法》，1991 年 5 月颁布《中华人民共和国产品质量认证管理条例》，这些法律使我国的质量认证制度纳入法制轨道。1993 年 2 月颁布《中华人民共和国产品质量法》，明确质量认证制度为国家的基本质量监督制度。2001 年国家认证认可监督管理委员会成立；2002 年成立国家级专业认证机构——中国质量认证中心（CQC）；2003 年颁布《中华人民共和国认证认可条例》，同年开始实施中国强制性产品认证（CCC）制度；2009 年颁布《强制性产品认证管理规定》。自此，我国的产品认证走向快速发展的轨道。

四、强制性产品认证基本流程

1. 产品认证的准备

应根据产品计划销售的国家或地区，申请相应的强制性认证，一般认证的时间较长，所需的资料很多，认证的费用不菲，包括申请费、批准与注册费、测试费、工厂审查费等。一些国外的认证，往往规定国外认证机构的专家必须在场指导测试，因而增加了认证的成本。

2. 认证的实施

（1）确定认证机构

产品认证一般通过认证机构来实施，不同的认证机构有不同的特点。以我国的 3C 认证为例，目前社会上的认证机构众多，大致可分为以下 3 种类型：

1）认证发证机构。并非所有的机构都发 3C 证书，目前能发 3C 证书的机构一共有 26 家（不断更新），每家的认证范围也有不同，在国家认证认可监督管理委员会的网站上，罗列了符合资质的认证机构名称和联系方式。

中国质量认证中心（CQC）是国内首家发 3C 证书的机构，涉及的业务范围和地区也是最广的，很多 3C 证书都是 CQC 发的。

2）认证测试机构（俗称出报告机构）。能直接进行样品检测并出具测试报告的机构，这类机构大部分都是一些国家实验室，例如中认英泰、赛宝实验室、计量院、中家院等，这些实验室只负责样机测试并出具报告。

3）认证代理机构。这类机构提供 3C 认证、验厂（工厂审查）辅导等服务，数量众多，但规模都比较小，代理质量比较低。另一类是授权 3C 代理机构，这类代理机构有自己的实验室，并且实验室能力得到测试机构的认可，是获得授权的，他们可以测试并提供数据给测试机构出报告。该类实验室一般有一定规模，代理质量比较高，能够提供产品模具预评估、样机预测试、整改服务、项目跟进以及验厂辅导等服务。

申请者可以在各认证机构的网站上查到他们的业务类型。通常来说，申请认证必须通过"认证发证机构"或"认证代理机构"，测试机构是专业的检测实验室，通常不会直接受理认证申请。最好的方法是找一些信誉度较好的认证机构（例如 CQC）进行咨询办理。

此外，很多国外认证机构在国内都有办事处，可以直接与他们联系；国内的各检验机构与各国的认证部门都有联系，认证之前也可以先咨询这些部门。

（2）提出认证申请

按照选定的认证机构的指引，在其网站填写申请表，提交申请，或提交书面申请材料。

（3）型式试验

按认证机构的要求，提交待认证产品的样品及关键零部件到机构指定的实验室，接受检验检测（型式试验）。

（4）工厂审查

视认证模式而定。需要工厂审查的认证类型，认证机构的审查员与企业联系协商工厂审查的具体安排，审查完成后将报告发回审查机构。

（5）综合评定

认证机构对型式试验报告和工厂审查报告进行审核和综合评定。

（6）颁发证书，批准使用标志

（7）监督管理

图 5.1.1 是中国质量认证中心（CQC）承担强制性产品认证的流程。

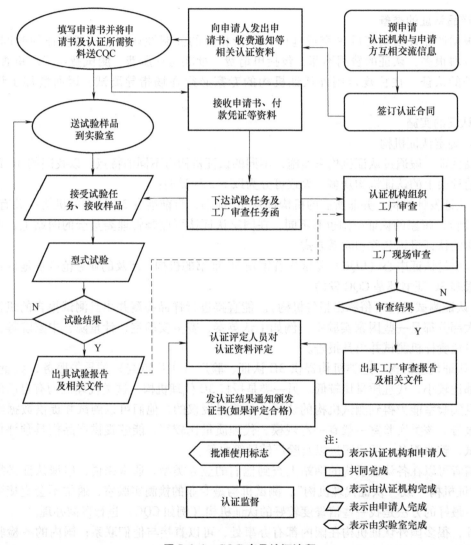

图 5.1.1　CQC 产品认证流程

3. 认证模式（以灯具产品为例）

不同类型的认证，采用不同的认证模式。

（1）认证模式 1：型式试验+工厂审查（如果工厂同类产品已经获得认证，则不需要进行首次审查）

　　适用认证：CCC、CQC、ETL、TUV、GS、VDE、UL、KC、标杆体系评测等。

（2）认证模式 2：型式试验

　　适用认证：CE、SAA、C-TICK、PSE、RoHS、CB、REACH 等。

（3）认证模式3：型式试验+每单验货

适用认证：SASO 认证。

（4）认证模式4：长期老化+ 1000h（或 3000h）报告发证+6000h 报告

适用认证：欧洲能效、节能认证、能源之星。

4. 强制性认证证书及标志的使用

各认证标志均有其严格的式样，必须遵照规定使用。

五、小结

产品认证是对产品满足规定要求的评价和公正的第三方证明，是一种合格评定活动，通过颁发认证证书和认证标志来证明某一产品符合相应标准和相应技术要求。产品认证分为合格认证和安全认证两种，前者是自愿性认证，后者是强制性认证。

产品认证起源于 19 世纪末的英国，现已成为各国（地区）确保产品安全、规范市场秩序、维护消费者利益的重要手段，同时也可作为贸易的技术壁垒。在法律法规的支撑下，产品认证的权威地位和可信度不断提高。

认证的基本流程是，申请→样品检测（型式试验）→工厂审查→综合评定→颁发认证证书→认证后监督。全球的产品认证种类非常多，流程和模式大同小异。

思考与练习

1. 多项选择题

（1）按强制程度分，产品认证分成哪几类？（　　　）

A. 合格认证　　　　　B. 体系认证　　　　　C. 自愿性认证　　　　D. 安全认证

（2）下面属于强制性产品认证的是（　　　）。

A. 3C 认证　　　　　　　　　　　　B. CE 认证

C. UL 认证　　　　　　　　　　　　D. GS 认证

（3）属于我国产品认证的是（　　　）。

A. CQC 认证　　　　　　　　　　　B. CE 认证

C. UL 认证　　　　　　　　　　　　D. 3C 认证

2. 判断题

（1）我国 CCC 认证、美国 UL 认证、欧盟 CE 认证等均属安全认证。　　　　（　　　）

（2）产品认证过程中的工厂审查只是核对样机。　　　　　　　　　　　　　（　　　）

3. 简答题

（1）简述产品认证的含义。

（2）简述产品认证的基本流程。

项目二

中国产品认证体系

一、中国强制性产品认证（CCC 认证）

1. CCC 认证及其背景

中国强制性产品认证（CCC 认证或 3C 认证）是中国政府按照世界贸易组织有关协议和国际通行规则，为保护广大消费者人身和动植物生命安全、保护环境、保护国家安全，依照法律法规实施的一种强制性安全认证制度。产品范围包括家用电器、汽车、安全玻璃、医疗器械、电线电缆、玩具等 20 大类 135 种产品，这些产品在国内销售必须获得相应的 CCC 认证的许可，否则视为非法销售。

为兑现加入世界贸易组织的承诺，2001 年 12 月 3 日中国国家监督检验检疫总局和国家认证认可监督管理委员会联合对外发布了《强制性产品认证管理规定》，对列入目录的 19 类 132 种产品实行"统一目录、统一标准与评定程序、统一标志和统一收费"的强制性认证管理，将原来的 CCIB 认证和长城 CCEE 认证统一为中国强制性产品认证（英文名称为 China Compulsory Certification），其英文缩写为 CCC，这便是我国 3C 认证的起源。

3C 认证从 2002 年 5 月 1 日（后来推迟至 8 月 1 日）起全面实施，有关认证机构正式开始受理申请。原有的产品安全认证制度和进口安全质量许可制度自 2003 年 8 月 1 日起废止。凡列入强制性产品认证目录内的产品，没有获得指定认证机构的 CCC 认证证书，没有按规定加施认证标志，一律不得进口、不得出厂销售和在经营服务场所使用。

2. 强制性认证产品目录

2001 年 12 月发布的《第一批实施强制性产品认证的产品目录》包括电线电缆、开关、低压电器、电动工具、家用电器、轿车轮胎、汽车载重轮胎、音视频设备、信息设备、电信终端、机动车辆、医疗器械、安全防范设备等 19 类 132 种产品。

此后，产品目录做了多次补充调整。2014 年 12 月《强制性产品认证目录描述与界定表》发布以来，CCC 产品目录一直在调整变化，截至 2019 年 7 月的最新 CCC 产品目录包含 21 大类：电线电缆、电路开关及保护或连接用电器装置、低压电器、小功率电动机、电动工具、电焊机、家用和类似用途设备、音视频设备、信息技术设备、照明电器、机动车辆及安全附件、机动车辆轮胎、安全玻璃、农机产品、电信终端设备、消防产品、安全防范产品、装饰装修产品、儿童用品、防爆电气、家用燃气灶具，共 137 种产品，见表 5.2.1。

完整的认证目录可在国家认证认可监督管理委员会网站的"强制性产品认证专栏"查询。

表 5.2.1　最新的 3C 认证产品目录

（截至 2019 年 7 月 31 日，其中加 * 的 20 种可采用自我声明评价方式）

一、电线电缆（4 种）	1. 电线组件
	2. 交流额定电压 3kV 及以下铁路机车车辆用电线电缆
	3. 额定电压 450/750V 及以下橡皮绝缘电线电缆
	4. 额定电压 450/750V 及以下聚氯乙烯绝缘电线电缆
二、电路开关及保护或连接用电器装置（6 种）	1. 插头插座（家用和类似用途）
	2. 家用和类似用途固定式电气装置的开关
	3. 器具耦合器（家用和类似用途）
	4. 热熔断体
	5. 家用和类似用途固定式电气装置电器附件外壳
	6. 小型熔断器的管状熔断体
三、低压电器（9 种）	1. 漏电保护器
	2. 断路器
	3. 熔断器
	4. 低压开关（隔离器、隔离开关、熔断器组合电器）
	5. 其他电路保护装置
	6. 继电器
	7. 其他开关
	8. 其他装置
	*9. 低压成套开关设备
四、小功率电动机（1 种）	*1. 小功率电动机
五、电动工具（6 种）	1. 电钻
	2. 电动螺丝刀和冲击扳手
	3. 电动砂轮机
	4. 砂光机
	5. 圆锯
	6. 电锤
六、电焊机（11 种）	*1. 小型交流弧焊机
	*2. 交流弧焊机
	*3. 直流弧焊机
	*4. TIG 弧焊机
	*5. MIG/MAG 弧焊机
	*6. 埋弧焊机
	*7. 等离子弧切割机
	*8. 等离子弧焊机
	*9. 弧焊变压器防触电装置
	*10. 焊接电缆耦合装置
	*11. 电阻焊机

（续）

七、家用和类似用途设备（19种）	1. 家用电冰箱和食品冷冻箱
	2. 电风扇
	3. 空调器
	＊4. 电动机-压缩机
	5. 家用电动洗衣机
	6. 电热水器
	7. 室内加热器
	8. 真空吸尘器
	9. 皮肤和毛发护理器具
	10. 电熨斗
	11. 电磁灶
	12. 电烤箱（便携式烤架、面包片烘烤器及类似烹调器具）
	13. 电动食品加工器具（食品加工机（厨房机械））
	14. 微波炉
	15. 电灶、灶台、烤炉和类似器具（驻立式电烤箱、固定式烤架及类似烹调器具）
	16. 吸油烟机
	17. 液体加热器和冷热饮水机
	18. 电饭锅
	19. 电热毯
八、音视频设备（10种）	1. 总输出功率在500W（有效值）以下的单扬声器和多扬声器有源音箱
	2. 音频功率放大器
	＊3. 各种广播波段的调谐接收机、收音机
	4. 各类载体形式的音视频录制播放及处理设备（包括各类光盘、磁带、硬盘等载体形式）
	5. 以上四种设备的组合
	6. 音视频设备配套的电源适配器（含充/放电器）
	7. 各种成像方式的彩色电视接收机
	8. 监视器
	9. 录像机
	10. 电子琴
九、信息技术设备（8种）	1. 微型计算机
	2. 便携式计算机
	3. 与计算机连用的显示设备
	4. 与计算机相连的打印设备
	5. 多用途打印复印机
	6. 扫描仪
	7. 计算机内置电源及电源适配器充电器
	8. 服务器

（续）

十、照明电器（2 种）	1. 灯具
	2. 镇流器
十一、机动车辆及安全附件（12 种）	1. 汽车
	2. 摩托车
	3. 汽车安全带
	4. 机动车外部照明及光信号装置
	＊5. 机动车辆间接视野装置
	＊6. 汽车内饰件
	＊7. 汽车门锁及门保持件
	8. 汽车座椅及座椅头枕
	＊9. 汽车行驶记录仪
	＊10. 车身反光标识
	11. 摩托车成员头盔
	12. 电动自行车
十二、机动车辆轮胎（3 种）	1. 轿车轮胎
	2. 载重汽车轮胎
	3. 摩托车轮胎
十三、安全玻璃（3 种）	1. 汽车安全玻璃
	2. 建筑安全玻璃
	3. 铁道车辆安全玻璃
十四、农机产品（2 种）	1. 植物保护机械
	2. 轮式拖拉机
十五、电信终端设备（7 种）	1. 传真机
	2. 固定电话终端及电话机附加装置
	3. 无绳电话终端
	4. 集团电话
	5. 移动用户终端
	6. 数据终端（含卡）
	7. 多媒体终端
十六、消防产品（3 种）	1. 火灾报警产品
	2. 灭火器
	3. 避难逃生产品
十七、安全防范产品（2 种）	1. 入侵探测器
	2. 防盗报警控制器
十八、装饰装修产品（2 种）	1. 溶剂型木器涂料
	2. 瓷质砖

(续)

十九、儿童用品（7种）	1. 童车类产品
	2. 电玩具类产品
	3. 塑胶玩具类产品
	4. 金属玩具类产品
	5. 弹射玩具类产品
	6. 娃娃玩具类产品
	7. 机动车儿童乘员用约束系统
二十、防爆电器（17种）	1. 防爆电机
	2. 防爆电泵
	3. 防爆配电装置类产品
	4. 防爆开关、控制及保护产品
	5. 防爆起动器类产品
	6. 防爆变压器类产品
	7. 防爆电动执行机构、电磁阀类产品
	8. 防爆插接装置
	9. 防爆监控产品
	10. 防爆通信、信号装置
	11. 防爆空调、通风装置
	12. 防爆电加热产品
	13. 防爆附件、Ex 元件
	14. 防爆仪器仪表类产品
	15. 防爆传感器
	16. 安全栅类产品
	17. 防爆仪表箱类产品
二十一、家用燃气器具（3种）	1. 家用燃气灶具
	2. 家用燃气快速热水器
	3. 燃气采暖热水炉

3. CCC 认证标志

CCC 标志分为标准规格 CCC 标志和非标准规格 CCC 标志。CCC 标志椭圆形长短轴外直径比例为 8∶6.3，具体图形比例如图 5.2.1 所示。

CCC 认证标志原本分为四类，如图 5.2.2 所示，分别为

1) CCC+S 安全认证标志。

2) CCC+EMC 电磁兼容类认证标志。

3) CCC+S&E 安全与电磁兼容认证标志。

4) CCC+F 消防认证标志。

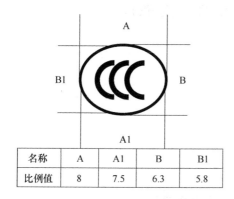

名称	A	A1	B	B1
比例值	8	7.5	6.3	5.8

图 5.2.1 CCC 标志图形比例

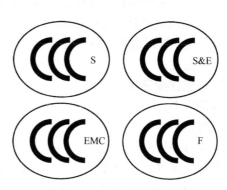

图 5.2.2 CCC 认证标志

2018 年 3 月，国家认证认可监督管理委员会发布了关于强制性产品认证标志改革事项的公告，自 2018 年 3 月 20 日起，CCC 标志不再标注 S（安全产品）、EMC（电磁兼容）、S&E（安全与电磁兼容）、F（消防）、I（信息安全）等细分类别，原有 CCC 标志可根据模具更换周期及产品库存等情况自然过渡淘汰。自 2018 年 5 月 1 日起，指定认证机构承担标准规格 CCC 标志的发放管理工作，原指定的标志发放管理机构（北京中强认产品标志技术服务中心），自 2018 年 6 月 1 日起，不再承担标准规格 CCC 标志的发放工作。

获证企业在加施标准规格 CCC 标志以及自行印刷/模压 CCC 标志时，应严格按照《强制性产品认证标志加施管理要求》和《强制性产品认证实施规则》的相关要求，建立本单位的 CCC 标志使用和管理制度，并对 CCC 标志的使用情况进行记录和存档。

4. CCC 认证需提供的资料清单

（1）初次申请或相关信息变更时需提供的文件资料

强制性产品认证申请书；

申请人的《企业法人营业执照》或登记注册证明复印件（初次申请或变更时提供）；

生产厂的组织结构图（初次申请或变更时提供）；

申请认证产品工艺流程图（初次申请或变更时提供）；

例行检验用关键仪器设备清单（初次申请或变更时提供）；

产品总装图、电气原理图；

申请认证产品中文铭牌和警告标记（一式两份）；

申请认证产品中文使用说明书；

同一申请单元内各型号产品之间的差异说明；

同一申请单元内各型号产品外观照片（一式两份）；

需要时所要求提供的其他有关资料（如有 CB 测试报告请提供）。

（2）同类产品再次申请时需提供的文件资料

强制性产品认证申请书；

产品总装图、电气原理图；

申请认证产品中文铭牌和警告标记（一式两份）；

申请认证产品中文使用说明书；

同一申请单元内各型号产品之间的差异说明；

同一申请单元内各型号产品外观照片（一式两份）；

需要时所要求提供的其他有关资料（如有 CB 测试报告请提供）。

（3）产品检测需提供文件清单

产品检测送样时应提供以下资料：

送样登记表；

CCC 申请详细资料；

产品说明书；

产品规格书；

产品维修手册；

产品电路图（包括原理图和印制电路板图）；

同一申请单元中主送型号产品与覆盖型号产品的差异说明；

产品与安全有关的关键元部件明细表和对电磁兼容性能有影响的主要零部件明细表；

产品关键安全元件认证证书复印件；

产品的 CB 测试证书和报告（如有）；

产品的商标使用授权书（如有）。

5. CCC 产品认证流程

CCC 认证采用"型式试验+初始工厂审查+获证后监督"的认证模式。

以 CQC 作为认证机构为例，如图 5.1.1 所示，各阶段细节说明如下。

阶段 1：申请及受理申请

申请者通过 CQC 官网提出申请。首次申请认证，需要注册成为合法用户，如图 5.2.3 所示。

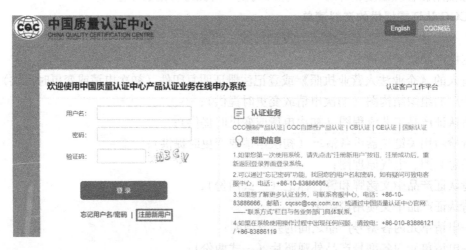

图 5.2.3　注册新用户

根据实际情况来填写申请书。首次申请时，需提供必要的企业信息和产品信息，必要时还应提供工商注册证明、组织机构代码、产业政策符合性证明、产品描述、协议书等。每种型号的商品应单独申请。同一型号，不同生产厂家的商品也应单独申请。CQC 依据相关要求对申请进行审核，在 2 个工作日内发出受理或不予受理的通知，或要求认证委托人整改后重新提出认证申请。

一旦受理，CQC 向申请者发出"受理通知书"和收费的通知，通知申请者发送或寄送有关文件和资料。申请者付费后，按要求将资料提供到 CQC。

阶段2：资料审查和样品送样

在资料审查阶段，CQC的产品认证工程师需对申请产品进行单元划分。

对于需要进行型式试验的认证申请，且申请资料审核合格的，CQC在2个工作日内制定型式试验方案，并通知申请者。型式试验方案包括样品要求和数量、检测标准及项目、实验室信息等。申请者按型式试验方案的要求准备样品并送往指定的实验室。

实验室收到样品后，在2个工作日内对样品真实性进行审查，并将审查结果上报CQC，CQC确认后向申请者发出正式受理通知，向检测实验室发出检测任务书，样品测试正式开始。

阶段3：样品测试

实验室在收到测试通知后安排样品测试，试验时间一般不超过30个工作日（从下达测试任务起计算，且不包括因检测项目不合格，企业进行整改和复试所用的时间），有环境试验项目时，型式试验时间可适当延长至40个工作日。

当试验有不合格项目时，允许认证委托人进行整改；整改应在CQC规定的期限内完成，超过该期限的视为认证委托人放弃申请；认证委托人也可主动终止申请。

样品测试结束后，实验室填写样品测试结果通知，将试验报告等资料传送至CQC，并按样机核查的有关规定处置试验样品和相关资料。

阶段4：工厂审查

对需要进行工厂检查的认证申请，CQC在收到型式试验报告或合格的认证资料后3个工作日内下达工厂检查任务，组织专家进行工厂现场审查，了解企业的质量保证能力，工厂审查的重点是批量产品与样品的一致性。

原则上，检查员/检查组应在10个工作日内实施工厂现场检查，形成工厂检查报告，并向CQC报告检查结论。工厂检查存在不符合项时，生产企业应在规定的期限内（最长不超过40个工作日）完成整改，CQC采取适当方式对整改结果进行验证。未能按期完成整改的，按工厂检查结论不合格处理。

阶段5：合格评定

CQC在收到完整的认证资料（包括型式试验报告、工厂检查报告等）后5个工作日内，对其进行综合评价与审核。

评价合格的，批准颁发证书。

评价不合格的，不予批准认证申请，认证终止。

阶段6：证书批准，并批准使用认证标志

主任签发证书。申请人打印领证凭条，自取或要求寄送证书。

CCC认证证书有效期一般为五年。在此期间，只要生产厂家每年都接受年度工厂审查且审查合格，那么证书就会保持有效性。认证证书有效期届满，需要延续使用的，申请人应当在证书有效期届满前90天内申请办理。

各认证标志均有其严格的式样，必须遵照规定使用。

阶段7：认证后监督管理

获得CCC产品认证后，工厂必须接受每年的工厂审查，审查结果合格，证书继续有效。

6. 注意事项

1）2018年6月11日，市场监管总局、国家认证认可监督管理委员会印发《关于改革调整强制性产品认证目录及实施方式的公告》（2018年第11号公告），为深化强制性产品认证制度改革，强化市场主体责任，进一步降低制度性交易成本。自2018年10月1日起，对部分产品增加自我声明评价方式。相关企业可选择由指定认证机构按既有方式进行认证，也可依据《强制性产品认证自我声明实施规则》，采用自我声明方式证明产品能够持续符合强制性产品认证要求，并完成产品符合性信息报送。

在强制性产品认证制度中增加自我声明评价方式，是按照市场化、国际化方向进行的改革措施，改变的是评价方式，而对产品质量安全的要求并没有改变。

2）CCC 标志可以加施在工厂范围内的同一产品种类（根据市场监督总局、国家认证认可监督管理委员会发布的强制性产品目录，3C 证书编号中的第 7 至第 10 位数相同，可认定为产品种类相同）、同一标志类型（指 S 或 S&E 等）的其他获 CCC 认证产品上。请按规定对 CCC 标志使用情况如实记录和存档。

二、CQC 认证

中国质量认证中心（CQC）针对强制性认证以外的产品类别，开展了自愿性产品认证业务（称为 CQC 标志认证或 CQC 认证），以加施 CQC 标志的方式表明产品符合有关质量、安全、环保、性能等标准要求，认证范围涉及机械设备、电力设备、电器、电子产品、纺织品、建材等 500 多种产品。旨在保护消费者人身和财产安全，维护消费者利益；提高国内企业的产品质量，增强产品在国际市场上的竞争力；也使国外企业的产品能更顺利地进入国内市场。

CQC 认证为自愿性认证，发证机构也为 CQC，认证流程与 CCC 类似。主要考虑的是安规和电磁兼容（EMC）。

不在 3C 认证目录内的产品，许多产品都可以做 CQC 认证。3C 认证范围和 CQC 认证范围没有交集，也就是能做 3C 认证的产品肯定做不了 CQC 认证，能做 CQC 认证的产品肯定也做不了 3C 认证。

做 CQC 认证的厂家一般是应客户要求或者出于有利于市场推广的目的来做的。由于整机厂做 3C 认证的过程中往往要求零部件也要提供 CQC 认证，所以许多零部件厂家只能应整机厂的要求去做 CQC 认证。

CQC 认证标志分为九类，分别是

1）CQC+S，安全认证标志。

2）CQC+EMC，电磁兼容（EMC）认证标志。

3）CQC+S&E，安全和电磁兼容认证标志。

4）CQC+P，性能认证标志。

5）CQC+ES 节能，节能认证标志。

6）CQC+RoHS，RoHS 认证标志。

7）绿色 CQC+生态纺织品，生态纺织品安全认证标志。

8）圆形绿色 CQC+质量环保产品认证，质量环保产品认证标志。

9）圆形双叶+农食产品认证，农食产品认证标志。

与电器产品相关的，主要是前面六类。

三、CCC 认证实例

下面以某企业申请的 LED 工矿灯为例进行说明。

1）认证申请获得受理后，CQC 开具受理通知书，如图 5.2.4 所示。

2）需提交 CQC 的文件清单，如图 5.2.5 所示。

中国质量认证中心
CHINA QUALITY CERTIFICATION CENTRE

中国北京南四环西路188号9区　邮编：100070　电话：+86-10-83886666　传真：+86-10-83886141
Section 9,No.188 the South Fourth Ring Road West Road ,Beijing 100070,P.R.China

产品认证申请受理通知书

打印

致：　　　　　股份有限公司　　　　　Photoelectricity Co., Ltd.

自：中国质量认证中心

　　您好！根据CCC产品认证的有关规定和中国质量认证中心认证程序的要求，贵公司申请标题为：工厂照明灯CCC认证 的申请已被正式受理。

　　见到本受理通知书后，工程师会发送"产品评价活动计划"和"需提交文件资料清单"等信息，便于您及时了解认证活动的安排、负责申请的认证工程师、需要准备的资料等信息，详细情况请及时关注CQC业务系统给您发出的通知。

申请编号　　　　CC1001-　　33

受理工程师：盖敏

联系电话：邮寄资料查询83886074（郭工）、财务费用确认：83886936（罗工）；受理电话：83886383（王工）；报告转接登记83886509（安工）；本机电话：83886456（盖）　传真：010-83886529　Email：gaimin@cqc.com.cn

日期　　　09

特别提示：如贵公司因工厂搬迁/地址变更等原因，持有工厂名称/地址与现申请不同的其他证书，请及时申请变更。如工厂检查时发现未进行变更的证书，该证书将被暂停。

图5.2.4　受理通知书

中国质量认证中心
CHINA QUALITY CERTIFICATION CENTRE

中国北京南四环西路188号9区　邮编：100070　电话：+86-10-83886666　传真：+86-10-83886141
Section 9,No.188 the South Fourth Ring Road West Road ,Beijing 100070,P.R.China

需提交CQC的文件清单

打印

申请编号：A2019CCC1001

致：　　　　　股份有限公司/　　　　　OPTOELECTRONICS CO., LTD.

自：中国质量认证中心

　　中国质量认证中心（CQC）已受理你公司提交的 嵌入式LED灯具（嵌天花板式，LED模块用电子控制装置，Ⅱ类，IP20，ta:40℃，适宜直接安装在普通可燃材料表面，不能被隔热衬垫或类似材料覆盖） / 型号：见附件，220-240V~50/60Hz 的CCC认证申请。请将下列附件所列资料送交指定的机构和地址。

经办人：付彩霞

联系电话：020-85190118

部门：中国质量认证中心广州分中心

地址：广东省广州市天河区林和西路161号中泰广场A座22楼

邮编：510610

中国质量认证中心
日期：2019-02-28

附件A：委托人需提交CQC的文件清单

1. 请委托人及时将下列文件提交CQC认证工程师：
　　1. 正式申请书（授权签字人签字并加盖单位公章）
2. 请下载并填写好相关文件后送交CQC产品认证工程师（如有问题请直接与CQC产品认证工程师联系）：

注：资料请寄：单位名称：中国质量认证中心广州分中心. 地址：广州市天河区林和西路161号中泰国际广场B塔40楼. 邮编：510620. 检查三部：翁若琳 收. 电话 020-85190118

图5.2.5　需提交 CQC 的文件清单

3）需提交检测机构的文件清单，如图5.2.6所示。

需提交检测机构的文件清单

打印

申请编号：A2019CCC1001

致： ████████ 股份有限公司/████████████ OPTOELECTRONICS CO., LTD.

自：中国质量认证中心

中国质量认证中心（CQC）已受理你公司提交的 嵌入式LED灯具（嵌天花板式，LED模块用电子控制装置，II类，IP20，ta:40℃，适宜直接安装在普通可燃材料表面，不能被隔热衬垫或类似材料覆盖）／型号：见附件，220-240V~50/60Hz 的CCC认证申请。请将下列附件所列资料送交指定的机构和地址。

经办人：付彩霞
联系电话：020-85190118
部门：中国质量认证中心广州分中心
地址：广东省广州市天河区林和西路161号中泰广场A座22楼
邮编：510610

中国质量认证中心
日期：2019-02-28

附件A：委托人需提交检测机构的文件清单
一. 请委托人及时将下列文件提交下面指定的检测机构：
　1. 正式申请书（授权签字人签字并加盖单位公章）
二. 请下载并填写好相关文件后送交检测机构产品认证工程师（如有问题请直接与CQC产品认证工程师联系）：
注：1、认证申请书；2、认证委托人、生产者（制造商）、生产企业（生产厂）的注册证明（如营业执照、组织机构代码证等）；3、产品描述信息（包括主要技术参数、结构、型号说明、关键元器件和/或材料一览表、电气原理图、同一认证单元内所包含的不同规格产品的差异说明、产品照片等）；4、试验样品的标记、说明书、关键元器件和材料的合格证明；

检测机构名称：广东省中山市质量计量监督检测所（国家灯具质量监督检验中心（中山））
地址及邮编：广东省中山市博爱6路48号 528400
联系人：罗佳文
电话：0760-88162892

图5.2.6　需提交检测机构的文件清单

4）检测完成，检测机构出具的型式试验报告，如图5.2.7和图5.2.8所示。

报告编号：13401-G19-███

图5.2.7　型式试验报告——封面

报告组成

报告内容	有无	页数	编号
封面	✓	1	13401-G19-3C0＿＿
首页	✓	1	13401-G19-3C0＿＿
附表	✓	1	13401-G19-3C0＿＿
报告组成	✓	1	13401-G19-3C0＿＿
安全型式试验报告	✓	32/1-32	13401-G19-3C0＿＿
LED照明产品蓝光危害等级试验报告	✓	8/1-8	13401-G19-3C0＿＿
LED控制装置随机试验报告	✓	31/1-31	13401-G19-3C0＿＿-S-SF1
电磁兼容型式试验报告	✓	21/1-21	13401-G19-3C0＿＿-E
嵌入式灯具产品描述报告	✓	6/1-6	13401-G19-3C0＿＿-S
封底	✓		—

本报告由表中划✓的所有内容组成。

图 5.2.8 型式试验报告——报告组成

5）CQC 针对认证综合评定合格，颁发的 CCC 认证证书如图 5.2.9 所示。

图 5.2.9 CCC 认证证书

四、小结

中国的电器产品认证，主要有 CCC 认证和 CQC 认证两种，前者为强制性认证，后者为自愿性认证。两者的区别和联系见表 5.2.2。

表 5.2.2　CCC 认证和 CQC 认证对比

	CCC 认证	CQC 认证
认证类型	强制性认证	自愿性认证
适用范围	中国	
出证机构	国家认证认可监督管理委员会认可的发证机构	CQC
审核和监督要求	型式试验+年审	
认证标识	(CCC)	(CQC)
标识要求		
电压频率要求	AC 220V/50Hz	按产品标准要求

CCC 认证和 CQC 认证的模式都是"型式试验+初始工厂审查+获证后监督"。

思考与练习

1. 判断题

（1）CCC、CQC 认证都是中国的强制性认证。　　　　　　　　　　　　　　（　　）

（2）3C 认证模式为型式试验+初始工厂审查+获证后监督。　　　　　　　　（　　）

（3）未获 3C 认证的家用电器产品不能在中国市场销售。　　　　　　　　　（　　）

（4）3C 认证证书获批后就可以永久使用。　　　　　　　　　　　　　　　（　　）

（5）型式试验必须在指定的 3C 质检机构中进行。　　　　　　　　　　　　（　　）

（6）3C 标志是安全认证标志，仅代表安全质量合格，不能反映产品电气性能的优劣。

　　　　　　　　　　　　　　　　　　　　　　　　　　　　　　　　　　（　　）

（7）3C 证书获得后，监督检查有问题也会导致证书被暂停或撤销。　　　　（　　）

（8）在我国市场销售的产品必须取得 3C 认证。　　　　　　　　　　　　　（　　）

2. 简答题

（1）简述 3C 认证的意义。

（2）简述产品 3C 认证申请流程。

（3）列举三种必须实施 3C 认证的家用和类似用途设备名称。

项目三

欧盟产品认证体系

欧盟是我国电子电气和机电产品出口的重点市场。欧盟的强制性产品认证是 CE 认证，电子电气产品进入欧盟市场，必须要取得 CE 认证，加贴 CE 标志。除了法定的 CE 认证外，欧盟地区常见的认证还包括 GS、ENEC、TUV 等，这些自愿性认证长期以来享有盛誉，而且认证过程对产品的要求和认证后监督更为严格，往往更被消费者看好，更受制造商或进口商欢迎，故本项目在介绍 CE 认证的同时，也对 GS、ENEC、TUV 等认证进行简介。

一、CE 认证

1. CE 认证的含义

CE 为法语"符合欧洲要求"（CONFORMITE EUROPEENNE）的缩写，CE 认证属强制性安全认证，是产品进入欧盟市场的"通行证"，要求进入欧盟地区的产品必须标注 CE 标志。贴有 CE 标志的产品可在欧盟各成员国内销售，无须符合各成员国的要求，从而实现了商品在欧盟成员国范围内的自由流通。

CE 的认证模式有多种，且不需要工厂审查。该标志可由欧盟制造商或进口商自我声明符合 CE 要求，在产品上标注 CE 标记，但同时承担相应的法律责任。

2. CE 证书及发证机构

CE 证书有自我声明和认证机构认证证明两种形式，分为以下三种类型：

1）制造商自主签发的《符合性声明书》（Declaration of Conformity）。此类证书属于自我声明，可以用欧盟格式的企业《符合性声明书》代替。

2）第三方机构颁发的《符合性证书》（Certificate of Compliance）。必须附有测试报告等技术资料（TCF），同时，企业也要签署《符合性声明书》。

3）欧盟公告机构（Notified Body，NB）颁发的《欧盟标准符合性证明书》（EC Attestation of Conformity）。按照欧盟法规，只有 NB 才有资格颁发 EC 类型的 CE 证书。如果取得了这种由 NB 出具的证书，则企业无须再签发《符合性声明书》，由 NB 对产品符合性承担责任，受法律保护。对于产品出口通关，这类机构出具的报告最为有效。

与上述证书类型对应，CE 认证机构可以分为以下三类。

第一类：国外权威机构，欧盟的公告机构。这类 NB 颁发的 CE 证书属于上述第三种（欧盟标准符合性证明书），不存在有效性的问题。如果这类机构在国内有检测实验室，则可以在国内进行产品检测，否则需要将样品送到国外进行。通过这类机构取证所需的费用高、时间长，但是被认可的程度高。

第二类：中国国内的认证实验室。它们进行检测和颁发的 CE 证书属于上述第二种（符合性证书），费用低、时间也相对短。但是，由于没有获得欧洲实验室资格认可，它们出具的 CE 报告或证书获欧盟经销商的认可程度低，经常有不被进口商接受或不被管理机构认可的情况发生。

第三类：国内测试机构同欧盟公告机构合作的合资公司。这类机构依然可以如第一类认证机构一样，能够颁发具有 NB 号的 EC 类型的 CE 证书。一般情况下，这类 CE 认证的测试工作都在国内的合资实验室进行。这种证书的被认可程度同第一类。

3. CE 认证的法规及认证产品范围

CE 认证的产品范围，与 CE 认证的 NLF 法规有关。NLF 是指欧盟新立法框架（New Legislative Framework），是欧盟以加强对产品的市场监管框架和认可体系的规定。2008 年通过的"新立法框架"对原新方法指令体系中的有关概念进行了统一定义，并且对国家认可机构及认可体系、欧共体市场监管框架、产品市场准入控制、标志的使用通则以及欧共体资助等进行了具体规定。

NLF 规定了在其范围内的产品需要做 CE 认证。NLF 包括：低电压指令（2014/35/EU，取代 2006/95/EC）、电磁兼容指令（2014/30/EU，取代 2004/108/EC）、无线电设备指令（2014/53/EU，取代 1999/5/EC）等 20 多个法规（指令），涵盖的产品范围非常广。通俗来说，大多数产品出口欧盟都需要 CE 认证，对于出口欧盟的电子产品和玩具都强制要求做 CE 认证，如：

电源类：通信电源、充电器、显示器电源、LED 电源、UPS 等；

灯具类：吊灯、轨道灯、庭院灯、手提灯、筒灯、灯串、台灯、格栅灯、水族灯、路灯、节能灯、T8 灯管等；

家电类：风扇、电水壶、音响、电视机、鼠标、吸尘器等；

电子类：耳塞、路由器、手机电池、激光笔、振动棒等；

通信产品类：电话机、无绳电话主副机、传真机、电话答录机、数据机、数据接口卡及其他通信产品，也包括各类移动终端（手机等）；

无线产品类：蓝牙产品、无线键盘、无线鼠标、无线读写器、无线收发器、无线麦克风、遥控器、无线网络装置、无线影像传送系统及其他低功率无线产品等；

机械类：电焊机、数控钻床、工具磨床、割草机、洗涤设备、水处理设备、印刷机械、木工机械、扫雪机、打印机、切割机、抹平机、割灌机、直发器、食品机械以及各类工程机械等；

医疗器械类及玩具类等。

不同产品对应不同的指令，以 LED 灯具为例说明如下。

LED 灯具的 CE 认证，必须通过 LVD 和 EMC 指令的要求。

LVD 指令是 2014/35/EU，主要的测试标准有 EN 60598-1、EN 60598-2、EN 61347-1、EN 61347-2-13、EN 62031 和 EN 62471。

其中，EN 60598-1 是灯具的通用安全标准，对于特定类别的灯具，一般需要将 EN 60598-1 和 EN 60598-2 中关于特定类别灯具的特殊要求结合起来考量灯具的安全特性。EN 61347-1 是对灯控制器的通用安全要求，而 EN 61347-2-13 是针对 LED 驱动的安全要求。EN 62031 是关于普通照明 LED 模块的安全规范，对模块的标志、端子、保护接地、防触电保护、潮湿状态后的绝缘电阻、电气强度、故障状态、结构、爬电距离和电气间隙、耐热、防火和耐电痕化、防腐蚀等进行了相关的规定。EN 62471 是评价灯和灯具系统光生物学安全性的标准，其中的光源包括了 LED 但不包括激光，该标准根据光辐射危害的程度将连续辐射灯分为豁免类、1 类危害（低危害）、2 类危害（中危害）和 3 类危害（高危害）等四大类。

对于灯具型式试验中的测试项目主要有：标志、结构、外部线和内部线、保护接地、防触电保护、防尘、防水和耐潮湿、绝缘电阻和电气强度、接触电流、爬电距离和电气间隙、耐久性和热试验、球压、灼热丝和针焰测试等，详见第四单元的内容。

CE 认证的 EMC 指令为 2014/30/EU，适用的测试标准是 EN 55015 和 EN 61547。其中 EN 55015 标准考察的是发射方面（即 EMI）的要求，EN 61547 考察的则是抗扰度（即 EMS）的要求。如果产品为 AC 供电或能连接到 AC 电源上，则还需增加 EN 61000-3-2（电流谐波）和 EN 61000-3-3（电压闪烁）这两项测试。

针对灯具产品发射部分的要求，EN 55015 标准中共有三个测试项目：骚扰电压测试、9kHz~30MHz 范围内辐射电磁骚扰和 30~300MHz 范围内辐射电磁骚扰。抗扰度测试共有静电放电、辐射抗扰度、快速瞬变脉冲群、雷击/浪涌、传导抗扰度、工频磁场和电压跌落/电压中断七个测试项目。详见第三单元的内容。

除了 LVD 指令和 EMC 指令，LED 灯具还要满足 ErP 指令，该指令是欧盟有关能源相关产品的生态设计要求指令，对多种能源相关产品确定了最低能效要求。与 LED 灯具相关的 ErP 指令有（EC）No 244/2009 和（EU）No 1194/2012，其中（EC）No 244/2009 是针对非定向灯，（EU）No 1194/2012 是针对各类定向灯、LED 灯（包括定向和非定向的）及其相关设备（包括灯具和控制器）。因此对于非定向灯的 LED 灯做 ErP 时需要同时考虑（EC）No 244/2009 和（EU）No 1194/2012 两个指令。

实际运作中，CE 认证的指令选择应参考企业的意见和产品的自身情况。有些企业只准备在国内市场上销售，做 CE 认证的目的仅仅是为了宣传，就可任意选择指令做。但如果真的要在欧盟市场销售，就要求其产品必须全部通过所包含的所有指令的检测认证。

4. CE 认证的模式

CE 认证采用世界上先进的产品符合性评估模式，率先引入模块（Module）概念。一种产品的 CE 认证模式由评估模块以及由这些评估模块组成的评估程序（即符合性评估程序，Conformity Assessment Procedures）组成。制造商可根据本身的情况量体裁衣，选择最适合自己的模式。一般来说，CE 认证模式可分为以下 9 种基本模式：

模式 A：内部生产控制（自我声明）（Module A：Internal Production Control）

用于简单、大批量、无危害产品，仅适用应用欧洲标准生产的厂家。

工厂自我进行合格评审，自我声明；提供的产品关键技术资料在国家机构保存十年。在此基础上，可用评审和检查来确定产品是否符合指令。

模式 Aa：内部生产控制加第三方检测（Module Aa：Intervention of a Notified Body）

适用于厂家未按欧洲标准生产的情形。由生产者自我宣称，测试机构对产品的特殊零部件做随机测试。

模式 B：EC 型式试验（Module B：EC Type-examination）

型式试验，工厂送样品和技术文件到它选择的 NB 进行测试。

注：仅有模式 B 不足以构成 CE 认证模式，通常与其他模式组合使用。

模式 C：符合型式（Module C：Conformity to Type）

工厂做一致性声明（与通过认证的型式样品一致），声明保存十年。

模式 D：生产质量保证（Module D：Production Quality Assurance）

公告机构针对产品生产及其质量管理体系的工厂审查。该模式关注生产过程和最终产品控制，工厂按照测试机构批准的方法（质量体系，EN 29003）进行生产，在此基础上声明其产品与认证型式一致（一致性声明）。

模式 E：产品质量保证（Module E：Product Quality Assurance）

公告机构针对质量管理体系对贸易商等中间商进行审查。该模式仅关注最终产品控制（EN 29003），而不管过程是否符合 CE 要求，其余同模式 D。

模式 F：产品验证（Module F：Product Verification）

工厂保证其生产过程能确保产品满足要求后，做一致性声明。认可的测试机构通过全检或抽检来验证其产品的符合性。测试机构颁发证书。

模式 G：单元验证（Module G：Unit Verification）

工厂声明符合指令要求，并向测试机构提交产品技术参数，测试机构逐个检查产品后颁发证书。

模式 H：全面质量保证（Module H：Full Quality Assurance）

本模式关注设计、生产过程和最终产品控制（EN 29001）。其余同模式 D+E。

其中，模式 F+B、模式 G 适用于危险度特别高的产品。

不同的指令对于应该由哪些模式组成评估程序做了规定。例如，低电压指令（LVD）、电磁兼容性指令（EMC）可以由模式 A 组成；燃气具指令（GAD）由模式 B+C、模式 B+D、模式 B+E 或模式 B+F 组成。原则是，允许某些风险水平较低的产品类别，选择以模式 A 的方式进行 CE 认证。对于风险水平较高的产品，制造商必须选择模式 A 以外的其他模式，或者模式 A 加其他模式来进行 CE 认证。也就是说，必须通过第三方认证机构 NB 介入。根据不同的模式，NB 则可能分别以送样检测、抽样检测、工厂审查、年检、质量体系审核等方式介入认证过程，并出具相应的检测报告、证书等。

一般来说，一家 NB 仅被欧盟授权可针对某一类或几类产品进行某一种或几种模式下的认证，而不是针对所有的产品种类，也不是授权产品种类的所有模式。对于每一个欧盟的产品指令，通常都有一个针对该产品指令的授权认证机构 NB 名录，方便申请认证的企业选择。

综上所述，不同产品的认证模式不同，认证流程不同，费用也会有差别。认证费用除了与认证模式有关，还与产品涉及的欧盟法规和标准有关。另外，签发证书的公告机构的收费标准也会不一样，权威性高的机构签发的 CE 证书在欧洲市场的认可度更高，收费自然高，而那些资质较低的机构证书的费用低，但可能存在资质和所发证书被欧盟吊销的风险。因此申请 CE 认证时，需要谨慎选择发证机构。

5. CE 认证流程

（1）认证前准备工作

确认产品类别及欧盟相关产品指令；指定欧盟授权代表（欧盟授权代理）；确认认证所需的模式（自我声明模式或必须通过第三方认证机构）；建立技术文件及维护与更新。

（2）认证模式必须通过第三方认证机构时的流程

1）申请企业填写申请表，提供资料、申请表、产品使用说明书和技术文件。

2）机构评估 CE 认证检验标准及 CE 认证检验项目并报价。

3）申请企业确认项目，送样。

4）实验室进行产品测试安排及对技术文件审核评估完整性。

5）产品测试符合要求后，向申请企业提供产品测试报告或技术构造文件，测试通过后颁发 CE 证书。

6) 申请企业签署 CE 保证自我声明，并在产品上贴附 CE 标志。

6. CE 认证要准备的技术文件

1) 制造商（欧盟授权代表（欧盟授权代理））的名称、地址，产品的名称、型号等。

2) 产品使用说明书。

3) 安全设计文件（包括关键结构图，即能反映爬电距离、电气间隙、绝缘层数和厚度的设计图）。

4) 产品技术条件（或企业标准），建立技术资料。

5) 产品电气原理图、框图和电路图等。

6) 关键零部件或原材料清单（需选用有欧洲认证标志的产品）。

7) 测试报告。

8) 欧盟授权认证机构 NB 出具的相关证书（对于模式 A 以外的其他模式）。

9) 产品在欧盟境内的注册证书（对于某些产品，例如Ⅰ类医疗器械、普通体外诊断医疗器械）。

10) CE 符合声明（DoC）。

7. CE 标志及使用要求

CE 标志是一个特定的标志，可以按一定比例放大和缩小，也可以看成是两个相交的圆，两个字母是等高的，字母"E"中间的一划要比上下两笔略短。CE 标志高度不能低于 5mm，如图 5.3.1 所示。

按新方法指令的要求，需加施 CE 标志的产品，在投放欧盟市场前，必须加施 CE 标志。

CE 合格标志并非由任何官方当局、认证机构或实验室核发，而是由制造商或其销售代理商自行制作和加贴。

CE 合格标志必须加贴在产品铭牌上。如果由于产品的性质不可能做到或不能保证做到时，必须加贴到产品的包装上。如果指令中对 CE 合格标志另有规定要求，则按指令的要求进行。

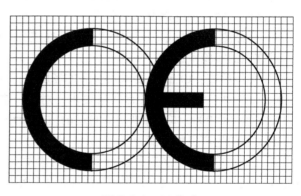

图 5.3.1　CE 标志

如果缩小或放大 CE 标志，则应遵守图中规定的刻度比例。

CE 标志各部分的垂直尺寸必须基本相同，不得小于 5mm。

CE 标志必须清晰可辨、不易擦掉。

二、GS 认证

1. GS 认证简介

GS 的含义是德语"Geprufte Sicherheit"（安全性已认证），也有"Germany Safety"（德国安全）的意思。GS 认证以德国产品安全法（GPGS）为依据，按照欧盟统一标准 EN 或德国工业标准 DIN 进行检测的一种自愿性认证，是欧洲市场公认的德国安全认证标志。

GS 认证认可的内容相当 CE 认证中的 LVD，故一般产品获得 GS 认证，即符合 LVD 的要求。

德国本土知名的 GS 发证机构有 TUV 德国莱茵（TUV RHEINLAND）、TUV SUD（国内也叫 TUV 南德意志集团，也称 TUV PS）、VDE 等，是德国直接认可的 GS 发证机构。欧洲其他与德国合作的 GS 发证机构有 IMQ、SGS、DEKRA、ITS、NEMKO、DEMKO、Eurofins 等。

由于 GS 认证的历史悠久，公信力和消费者认可度高，是欧洲市场公认的德国安全认证标志，一般德国人看见标有 GS 标志的产品才会放心购买。

2. GS 认证的产品范围

1）家用电器：电冰箱、洗衣机、厨房用具等。

2）音视频设备。

3）电气及电子办公设备：复印机、传真机、碎纸机、计算机、打印机等。

4）家用机械。

5）体育运动用品。

6）工业机械、实验测量设备。

7）其他与安全有关的产品，如自行车、头盔、爬梯、家具等。

3. GS 认证流程

1）认证机构或代理机构向申请方的产品工程师解释认证的具体程序以及有关标准，并提供所要求的文件表格，这一步通常以首次会议的方式进行。

2）申请：由申请者提交符合要求的文件。对于电器产品，需要提交产品的总装图、电气原理图、材料清单、产品用途或使用安装说明书、系列型号之间的差异说明等文件。

3）认证机构检查过申请方提交的文件资料后，与申请方的技术工程师讨论产品技术方面的相关问题。这一步也称为技术会议。

4）样品测试：测试将依照所适用的标准进行，可以在制造商的实验室或检验机构的任何一个驻在国的实验室进行。

5）工厂检查：GS 认证要求对生产的场所进行与安全相关的程序检查。

GS 认证对工厂品保体系有严格要求，对工厂要进行审查和年检。要求工厂在批量出货时，要依据 ISO 9000 体系标准建立自己的质量保证体系，要有相应的品管制度、质量记录等文件和足够的生产、检验能力。

颁发证书前，要对新工厂进行审查合格才发 GS 证书。发证后，每年要对工厂进行最少 1 次审查。同一工厂申请多个产品 GS 认证，工厂审查只需 1 次。

6）签发 GS 证书。所有程序完成，且通过审查，签发 GS 认证证书。

4. GS 认证标志

GS 认证标志如图 5.3.2 所示。

图 5.3.2　GS 认证标志

三、ENEC 认证

ENEC 是欧洲标准电气认证（European Norms Electrical Certification），是 CENELEC（欧洲电工标准化委员会）的一项自愿性认证计划。

产品加贴 ENEC 标志代表符合相关的欧洲标准，其证书可由 CENELEC 认证协议（CCA）成员国的官方测试机构签发。ENEC 标志是欧洲安全认证通用标志，该标志是欧洲厂商基于调和欧洲安全标准进行测试的基础之上所采用的。因此，完成 ENEC 测试和认证即可获准进入几乎整个欧洲市场，从而能节省大量的时间和费用。

最初认证只针对 IT 设备，但现在 ENEC 标志的范围已经扩展到灯具及相关元件、家用电器、消费电子、IT 设备、安全变压器、耦合器、连接设备等产品。

ENEC 标志如图 5.3.3 所示，其中的数字代表认证机构的代号。

ENEC 标志与 CE 标志的区别是，ENEC 标志是自愿性的，CE 是进入欧盟市场的强制性标志；签发 ENEC 标志的只能是欧洲的国家级官方检测机构；ENEC 认证为 CCA 成员国的签约机构认可。

图 5.3.3　ENEC 标志

四、TUV 认证

TUV（Technischer Uberwachüngs-Verein）在英语中意为技术检验协会（Technical Inspection Association）。TUV 标志是德国 TUV 专为元器件产品定制的一个安全认证标志，在德国和欧洲其他国家得到广泛的接受。同时，企业可以在申请 TUV 标志时，合并申请 CB 证书，由此通过转换而取得其他国家的证书。而且，在产品通过认证后，德国 TUV 会向前来查询合格元器件供应商的制造商推荐这些产品；在整机认证的过程中，凡取得 TUV 标志的元器件均可免检。

在德国，TUV 的发证机构主要有南德意志集团（TUV SUD，以前在中国叫 TUV PS）和 TUV RHEINLAND（德国莱茵）。

五、欧洲其他国家的认证和标志

表 5.3.1 列出了北欧四国的认证概况。

表 5.3.1　北欧四国认证

认证类型	强制性认证	强制性认证	强制性认证	强制性认证
适用范围	丹麦	挪威	芬兰	瑞典
发证机构	DEMKO（丹麦电器标准协会）	NEMKO（挪威电器标准协会）	FIMKO（芬兰电器标准协会）	SEMKO（瑞典电器标准协会）
审核和监督要求	型式试验+工厂审查（注：该四国的认证机构之间订立了协议，互相认可彼此的测试结果。换言之，只要认证产品获得北欧四国中任何一个国家的认证，如果还需要其余 3 个国家的认证，无须再提供产品进行检测，就可以取得证书）			

(续)

认证标识	D	N	FI	S
标识要求				
电压频率要求	230V/50Hz			

六、LED 灯具 CE 认证实例

不同认证机构申请 CE 认证的流程大致相同，下面以 TUV 的 CE 认证为例进行说明。

认证流程如图 5.3.4 所示，主要流程说明如下。

（1）申请

填写申请表，确认产品名称、型号、数量等信息并提交相关产品资料（须有英文版），包括使用说明书、产品型号列表及型号差异表（多个型号时适用）、电气原理图及印制电路板图等。

（2）报价及立项

TUV 评估申请资料并报价，客户确认报价，没有异议则立项。

（3）申请者准备产品样机、资料并预付款

这个阶段需要提交的产品资料包括：

1）产品铭牌图。

2）产品安装结构图（爆炸图）。

3）零部件详细清单（按零部件的名称、制造厂、型号、额定值、颁证机构、证书号等依次一一列出）。

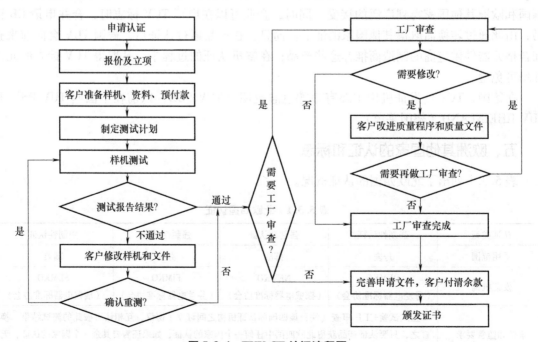

图 5.3.4　TUV CE 认证流程图

4）塑胶件和内部导线清单（所有塑料和内部导线，按名称、制造厂、材料型号、阻燃等级、UL 报告号依次一一列出）。

5）主要部件的规格书、结构图。

6）安全零部件认证证书复印件（若有）。

（4）TUV 检查文件和产品结构、制定检测方案

（5）产品检测前技术会议（如有必要）

TUV 的技术专家与申请者沟通文件资料和产品结构中存在的不符合项目，介绍标准的要求和检测的方法，并进行答疑。目的是尽力避免不必要的重复检测，降低检测费用，缩短检测周期。

（6）样机检测

对于常规产品，检测安排在 TUV 的本地实验室进行；对于某些特殊产品，部分检测项目分包给符合 ISO/IEC 17025 要求的国家实验室。

若产品未通过检测，TUV 签发不合格报告，并根据实际情况，与客户商议是否需要举行一次专门会议。

（7）首次生产工厂检查（适用于申请带有认证标志的认证及 IECEE 的 FCS 认证）

如果申请者是第一次向 TUV 申请相关产品认证，TUV 将在样机检测基本通过后，在证书签发前，对工厂进行首次检查。如果申请者已经持有 TUV 任何一分公司的有效的工厂检查报告，则不用进行首次工厂检查。

（8）签发证书和（或）报告

完成上述工作后，并且确认文件审核、样机检测及工厂检查（认证时适用）均已通过，则 TUV 签发 CE 认证证书和相关报告。

七、小结

CE 是欧盟的强制性认证标志，换言之，没有通过 CE 认证，就不能进入欧盟市场。产品上施加 CE 标志，意味着该产品符合欧洲的健康、安全、环保和消费者保护等相关法律所规定的基本要求（这些法律多以产品指令的方式发布）。

除法定的 CE 标志认证外，欧盟地区常见的认证还包括 GS、TUV、VDE、ENEC、北欧四国的安全认证等，这些属于自愿性认证，长期以来享有盛誉，而且认证过程对产品的要求更为严格（包括工厂审查），价格也高，但在欧洲认可程度高，所以进口商或销售代理往往更倾向于销售通过这些认证的产品。换句话说，这些认证不是欧盟法律的要求，而是市场的要求。

表 5.3.2 是欧盟三种常见认证的对照表。

表 5.3.2 欧盟三种常见认证的对照表

认证名称	CE 认证	ENEC 认证	GS 认证
认证类型	强制性认证	自愿性认证	自愿性认证
适用范围	欧盟地区	欧盟地区	德国或欧盟地区
发证机构	制造商（进口商）、CQC、TUV、LCIE、SGS、ITS 等	TUV、VDE、NEMKO、SEMKO 等	TUV、LCIE、SGS、ITS 等
审核和监督要求	型式试验（可自我宣告），无需工厂审查	型式试验＋每年工厂审查	型式试验＋每年工厂审查

（续）

认证名称	CE 认证	ENEC 认证	GS 认证
认证标识	CE	ENEC 17	GS geprüfte Sicherheit / TÜV SÜD GS geprüfte Sicherheit
标识要求			www.tuv.com ID 1000000000 TÜV / GS geprüfte Sicherheit
年费	无须缴年费	—	必须缴年费
电压频率要求	AC 230V、50/60Hz	AC 230V、50/60Hz	AC 230V、50Hz

　　GS 认证需由经德国政府授权的第三方进行检测并核发标志证书，相比之下，CE 认证在具备完整技术文件（包括测试报告）的前提下可自我声明，且无需工厂审查，也无需年费，因而公信力及市场接受程度反而更低。

思考与练习

　　1. 判断题

　　（1）在欧盟市场 CE 标志和 RS 标志均属强制性认证标志。　　　　　　　　　（　　）

　　（2）CE 标志是安全合格标志而非质量合格标志。　　　　　　　　　　　　　（　　）

　　（3）使用说明书、包装示意图不属于 CE 技术文件。　　　　　　　　　　　　（　　）

　　（4）CE 的自我声明其实就是一份承诺书，即"符合性声明"，其内容根据不同指令而有所不同。如果一个产品有两个适用的指令，则应分别准备和签署两份符合性声明；如果 CE 证书是欧盟指定机构颁发的，就不必签发自我声明。　　　　　　　　　　　　　　　（　　）

　　（5）VDE、GS、TUV 都是德国的产品认证标志。　　　　　　　　　　　　　（　　）

　　（6）CE 认证在欧洲区域以外的区域也可以得到相关国家的认可。　　　　　　（　　）

　　（7）GS 是强制性产品认证。　　　　　　　　　　　　　　　　　　　　　　（　　）

　　（8）申请 GS 认证不需要进行工厂审查。　　　　　　　　　　　　　　　　　（　　）

　　（9）出口到欧盟国家的产品，必须在产品上增加 CE 标志。　　　　　　　　　（　　）

　　2. 简答题

　　（1）一般来说，CE 认证的评估模块包括哪几种？

　　（2）简述 CE 认证和 GS 认证的主要区别。

　　（3）简述 CE 认证的意义。

项目四

北美产品认证体系

北美主要包括美国和加拿大地区，也是我国最大的电子和电器产品出口市场。美国在电器产品标准规范制定方面，一直居于世界领先地位，形成了较为完善的标准和认证体系。

一、UL 认证

1. UL 认证简介

UL 是美国保险商试验所（Underwriter Laboratories Inc.）的简写。UL 是美国最有权威的，也是世界上从事安全试验和鉴定的较大的民间机构，总部设在芝加哥北部的 Northbrook 镇。

UL 认证在美国属于非强制性认证，但一旦通过认证，则能在北美市场赢得消费者信赖，极大地提高产品竞争力。

UL 认证仅考察产品的安全性能，不包含电磁兼容特性。

UL 认证费用高、周期长，要进行工厂审查，通过认证的难度大。样品检测不合格需重测，收重测费，不做随机测试，很多时候样品送国外测试。工厂审查（审厂）分 R 类（一年四次，审厂不提前通知）和 L 类（购买 UL 标签，不能自行制作标签，审厂次数视产量而定），年费和审厂费不菲。

大多数企业做 UL 认证都找代理，进行预测试（收服务费），预测试通过后才递交 UL 申请，这样可以提前发现问题并整改，争取一次性通过，减少重测费及认证周期。

通过 UL 认证后可在 UL 网站上查询到 UL 证书。

2. UL 认证分类

UL 的产品认证、试验服务的种类主要可分为列名、认可和分级。

（1）列名（Listed）

一般来说，列名仅适用于完整的产品以及有资格人员在现场进行替换或安装的各种器件和装置，如配电系统、熔丝、电线、开关和其他电气构件等。属于 UL 列名服务的各种产品，包括家用电器、医疗设备、计算机、商业设备以及在建筑物中作用的各类电器产品。

经 UL 列名的产品，通常可以在每个产品上标上 UL 的列名标志，如图 5.4.1 所示。这是一个最常用的 UL 标记，如果产品上贴有这一标记，则意味着该产品的样品满足 UL 的安全要求。

（2）认可（Recognized）

认可服务是 UL 服务中的一个项目，其鉴定的产品只能在 UL 列名、分级或其他认可产品上作为元器件、原材料使用。认可产品在结构上并不完整，或者在用途上有一定的限制以保证达到预期的安全性能，如光源模块、LED 驱动电源等。在大多数情况下，认可产品的跟踪服务都属于 R 类。属于 L 类的认可产品有电子线（AVLV2）、加工线材（ZKLU2）、线束（ZPFW2）、铝线（DVVR2）和金属挠性管（DXUZ2）。

认可产品要求带有认可标志，如图 5.4.2 所示。

图 5.4.1 列名标志

图 5.4.2 认可标志

（3）分级（Classified）

分级服务仅对产品的特定危害进行评价，或对执行 UL 标准以外的其他标准（包括国际上认可的标准，如 IEC 和 ISO 标准等）的产品进行评价。一般来说，大多数分级产品并非消费者使用的产品，而是工业或商业上使用的产品，例如潜水服、防火门、消防员保护装置和工业用卡车等。UL 标志中的分级标志表明了产品在经 UL 鉴定时有一定的限制条件和规定范围。例如对工业上用的溶剂，只对其达到燃点温度时可能发生的火灾这一范围进行评价。

某些产品的分级服务和列名服务相同，但一般只是对产品的某一方面或若干方面进行评价，如在美国，医用 X 射线诊断仪这类设备要遵守美国法律和有关辐射发射及束流精度的规定，但因为 UL 只把 X 射线作为分级产品，所以只评价它的机械性能、电气性能和其他的非辐射性能这几个方面。

分级服务的标志如图 5.4.3 所示。

图 5.4.3 分级服务标志

3. UL 认证流程

产品申请 UL 认证的流程如图 5.4.4 所示，包括以下几个步骤：

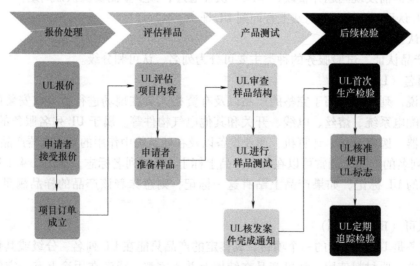

图 5.4.4 UL 认证流程

（1）申请人递交公司及产品资料

用中英文提供申请企业单位详细准确的名称、地址、联络人、邮政编码、电话及传真。

产品的资料应以英文提供，包括产品名称、型号、产品用途、零件表（当零部件已获得UL认证或认可，需注明其UL档案号码）、电路原理图、结构图、产品的照片、使用说明、安全等项或安装说明等。

（2）UL根据所提供的产品资料做出决定

当产品资料齐全时，UL的工程师根据资料做出下列决定：实验所依据的UL标准、测试的工程费用、测试的时间、样品数量等，以书面方式通知申请人。

（3）申请人汇款、寄回申请表及样品

申请人在申请表及跟踪服务协议书上签名，并将表格寄回UL公司，同时，通过汇款支付费用并寄出样品（对送验的样品进行适当的说明）。对于每一个申请项目，UL会指定唯一的项目号码（Project No.）。

（4）产品检测

收到申请人签署的申请表、汇款、实验样品后，UL将通知该实验计划完成的时间。产品检测一般在美国的UL实验室进行，UL也可接受经过审核的参与第三方测试数据。实验样品将根据申请人的要求被寄还或销毁。

如果产品检测结果符合UL标准要求，UL公司会发出检测合格报告和跟踪服务细则（Follow-Up Service Procedure）。检测报告的一份副本寄发给申请公司，跟踪服务细则的一份副本寄发给每个生产工厂。

（5）申请人获得授权使用UL标志

在中国的UL区域检查员联系生产工厂进行首次工厂检查（Initial Production Inspection，IPI）。IPI的检查要点是，来料和产品的检验标准及检验记录；仪器的校正记录；不良品的处理记录及措施；要求工厂检验员做相应的各项测试。

当检查结果符合要求时，申请人获得授权使用UL标志。

继IPI后，检查员会不定期地到工厂检查，检查产品结构和进行目击实验，检查的频率由产品类型和生产量决定，大多数类型的产品每年至少检查四次，检查员的检查是为了确保产品继续与UL的要求相一致。申请人计划改变产品结构或部件之前，应先通知UL，对于变化较小的改动，不需要重复任何实验，UL可以迅速修改跟踪服务细则，使检查员可以接受这种改动。当UL认为产品的改动影响到其安全性能时，需要申请人重新递交样品进行必要的检测。

跟踪服务的费用不包括在测试费用中。

如果产品检测结果不能达到UL标准要求，UL将通知申请人，说明存在的问题，申请人改进产品设计后，可以重新交验产品，并告知UL工程师产品改进的内容。

UL认证产品在首批出货之前，还要经过UL授权的中国检验认证集团（CCIC）当地省级机构派人来工厂审查。每年还要跟踪检查。

二、ETL认证

ETL是美国电子测试实验室（Electrical Testing Laboratories）的简称，由美国发明家爱迪生在1896年一手创立的，在美国及世界范围内享有极高的声誉。

ETL认证也属于自愿性认证（非强制性认证）。在北美，大众对ETL的接受程度仅次于UL，获得ETL标志的产品代表满足北美的强制标准，可顺利进入北美市场销售。现已被世界领先的质量与安全机构Intertek天祥集团（ITS）收购，ETL标志成为Intertek天祥集团的专属标志。

ETL 认证费用比 UL 低，周期比 UL 短，通过难度比 UL 低，接受零部件的随机测试（随机测试费用也不少），而且 ETL 认证的产品检测可以通过 CB 测试报告转证，节省许多的检测费用。特殊情况下，ETL 可以先发证，再进行工厂审查，节省许多时间。

ETL 认证仅考察安全，不做电磁兼容测试。工厂审查一年四次，不分 L 类和 R 类，可以自印标签，费用也是有年费和管理费。

认证途径有两条：

1）直接与 ITS 联系。

2）找代理进行预测试（认证公司收预测试服务费）提前发现问题，使得能一次性通过，节省时间和重测费用，许多企业都找代理做。

ETL 认证标志：

与 UL、CSA 一样，ETL 可根据 UL 标准或美国国家标准测试核发 ETL 认证标志，也可同时按照 UL 标准或美国国家标准和 CSA 标准或加拿大标准测试核发复合认证标志。右下方的"US"表示适用于美国，左下方的"C"表示适用于加拿大，同时具有"US"和"C"则在两个国家都适用，如图 5.4.5 所示。

图 5.4.5　ETL 认证标志

三、CSA 认证

1. CSA 认证简介

CSA 是加拿大标准协会（Canadian Standards Association）的简称，成立于 1919 年，是加拿大首家专为制定工业标准的非营利性机构。目前 CSA 是加拿大最大的安全认证机构，也是世界上最著名的安全认证机构之一，能对机械、建材、电器、计算机设备、办公设备、环保、医疗防火安全、运动及娱乐等方面的所有类型的产品提供安全认证，每年均有上亿个附有 CSA 标志的产品在北美市场销售。

CSA 属于自愿性（非强制性）认证。CSA 标志是世界上最知名的产品安全认可标志之一，即使是非强制性认证，很多厂商都以取得 CSA 标志作为对客户推荐其产品安全性的重要依据，很多购买者甚至指定要求购买已附加 CSA 标志的产品，越来越多加拿大进口商指定需取得 CSA 标志。

2. CSA 标志

1）带有 US 或 NRTL 的 CSA 标志，表示该产品符合美国的适用标准，可以进入美国市场，如图 5.4.6 所示。

2）带有 C-US 或 NRTL/C 的 CSA 标志，表示产品符合美国和加拿大的适用标准，可以同时进入这两个市场，如图 5.4.7 所示。

图 5.4.6　带有 US 和 NRTL 的 CSA 标志

图 5.4.7　带有 C-US 和 NRTL/C 的 CSA 标志

四、FCC 认证

1. FCC 认证简介

FCC（Federal Communications Commission，美国联邦通信委员会）是美国政府的一个独立机构，直接对国会负责。FCC 通过控制无线电广播、电视、电信、卫星和电缆来协调国内和国际的通信，涉及美国 50 多个州、华盛顿哥伦比亚特区以及美国所属地区。为确保与生命财产有关的无线电和电线通信产品的安全性，FCC 的工程技术部负责委员会的技术支持，同时负责设备认可方面的事务。

根据美国联邦通信法规（CFR 47 部分）规定，凡进入美国市场销售的电子类产品都需要进行电磁兼容认证（有关条款特别规定的产品除外），这就是 FCC 认证。FCC 认证属于强制性认证，是美国市场上重要的护照和通行证，只有这个标志的产品才能顺利地进入美国市场。换句话说，凡是在 FCC 认证范围内的产品出口美国，必须办理 FCC 认证。

2. FCC 认证范围

适合做 FCC 认证的产品有：

1）个人计算机及其周边设备（显示器、打印机、键盘、电源适配器、鼠标、扫描器等）。

2）家用电器、电动工具（电冰箱、电熨、食品搅碎机、电水壶、电子消毒柜、微波炉、空调器、吸尘器、电动玩具）。

3）音视频产品（收音机、电视机、机顶盒、DVD/MP3 播放器、家庭音响等）。

4）灯具（LED 灯具、LED 屏、LED 电源/驱动器具镇流器、节能灯、舞台灯、调光器、固定式灯具、可移式灯具、嵌入式灯具等）。

5）无线产品（蓝牙、无线遥控玩具、无线遥控开关、无线温度计、无线鼠标和键盘、无线监视器、摄像头等）。

6）玩具类产品（金属玩具、塑料玩具、木竹玩具、布绒玩具、纸玩具和电子玩具等）。

7）安防产品（警报器、安防产品、门禁、监视器、摄像头等）。

8）工业机械（冲剪机械、木工机床、包装机械、塑料机械、金属切削机床、食品加工机械、印刷机械、液压机械等）。

3. FCC 认证的模式和认证标志

FCC 认证模式分为三种，分别是 Verification、DoC、Certification，可以理解为 FCC 对不同的产品有不同的管制程度。FCC 认证法规规定，不同的认证模式标签和警告语的加贴要求也不同，这就要求申请人在制作 FCC 标签之前，首先判断自己的产品是属于哪种认证模式。

（1）自我验证（Verification）

制造商或进口商确保其产品进行必要的检测，以确认产品符合相关的技术标准并保留检测报告，FCC 有权要求制造商提交设备样品或产品的检测数据。适用于自我验证的设备包括商用计算机、TV 和 FM 的接收器及 FCC Rule Part 18 的非大众消费者使用的工科医设备。

（2）符合性声明（Declaration of Conformity，DoC）

要求设备制造商或进口商必须在 FCC 指定的合格机构对产品进行测试，以确保设备符合相关的技术标准。需要在产品上加贴相应的标签，在用户使用手册中进行声明，并保留报告待查。适用于此方式的设备包括：家用计算机及外设、民用广播接收器、超再生接收器、FCC Rule Part 15 的其他接收器、电缆系统终端设备和 FCC Rule Part 18 中的大众消费者使用的工科医设备。同时对适用于 Verification 的产品也可采用 DoC 的认证方式。

（3）ID 认证（Certification）

FCC 授权的认证机构对申请者提交的样品（或照片）及检测数据进行审核，如果符合 FCC 规则的要求则给设备授权一个 FCC ID。适用于这一方式的设备包括低电发射器，如无绳电话、自动门的遥控器、无线电遥控玩具和安全警报系统、自动变频接收器等。设备责任方应确保相应的设备获得 FCC 授权的 ID。

FCC 相关的法规文件，对不同的产品可选择的认证模式有明确的规定。上述三种认证模式的严格程度不同，其严格程度是递增的，即 Certification（获取 FCC ID）这种模式最为严格，认证和测试技术的难点相对也比较多。

FCC 在 2017 年 11 月 2 日，将 DoC 和 Verification 合并为 SDoC（Supplier's Declaration of Conformity），SDoC 认证取代 FCC Verification 和 DoC 认证程序，所有适用于 FCC Verification 和 DoC 认证程序的设备均可采取 SDoC 认证程序。

FCC 认证标志如图 5.4.8 所示。

4. FCC 测试项目

与欧盟的 CE 认证相比，FCC 测试最大的区别就是它只有电磁骚扰方面的要求而无电磁抗扰度的要求。测试项目一共是两个：辐射发射和传导发射，并且这两个测试项目的测试频率范围和限值要求也与欧盟 CE 认证不同。

图 5.4.8 FCC 认证标志

5. FCC 认证流程

Certification（即申请 FCC ID）属于最严格的认证模式，产品需通过 FCC 认可的测试室测试完毕，取得测试报告后，整理产品的技术资料，包括：产品细节照片、框图、使用手册等，与测试报告一起送到 FCC TCB 测试室。FCC TCB 测试室确认所有资料无误，并颁发证书。

Certification 模式的认证流程如下所述。

1）申请人申请一个 FCC 注册号（FRN），如果申请人首次申请 FCC ID，就需要申请一个永久性的厂商代码。

2）申请人将测试样品和产品相关资料提交给认证机构及其实验室。需要提交的资料包括：电路图、PCB 图、材料清单、产品说明书、线路描述、技术性能描述、FCC ID 标签等，且需要英文电子档文件。

3）机构审核资料。

4）实验室进行样机测试，给出测试报告。

5）机构将测试报告及技术资料递交给 TIMCO 审核。

6）获得 FCC 证书。

五、能源之星认证

1. 能源之星简介

能源之星（Energy Star），是一项由美国环境保护局主导的自愿性能源节约计划。能源之星标志有非常高的市场认可度，在美国市场，能源之星的市场认可度高达 85%。

能源之星是一个自愿性的认证项目，在美国影响非常广泛。产品贴上了能源之星标志，就说明它在能效方面已经获得了美国能源部和环境保护局的认可，消费者主要依据该标志来选购节能型产品。同时，依据联邦政令，获得能源之星认证的产品会被政府优先采购。并且能源之星已成为一个国际性的节能标志，因此，对于那些期望在国际市场上更具竞争力的企业而言，应该关注并实施产品的能源之星认证。

2. 能源之星认证范围

能源之星认证目前包括能效产品认证、节能家居计划、能效新家计划及建筑和工厂能效规划。

其中能效产品认证最早从计算机和电子产品开始，逐步延伸到家电、照明设备、建筑产品等。目前覆盖电子、家电、灯具、风扇、办公设备、制冷制热设备、水加热器、建筑产品等八大类产品，共近 40 种产品。

3. 能源之星在 CQC 的认证流程

通过 CQC 首次申请能源之星认证的流程如图 5.4.9 所示，主要环节说明如下。

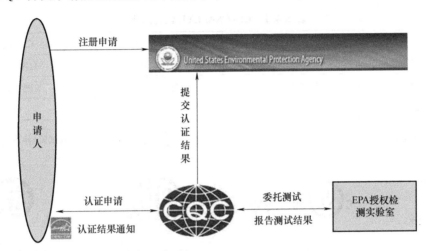

图 5.4.9　能源之星认证流程（首次申请）

1）申请人在美国环境保护局（EPA）官网注册并向 CQC 提出认证申请。

2）申请人提交样品及产品资料。

3）CQC 委托 EPA 授权实验室对样品进行测试，测试完成后，实验室向 CQC 报告测试结果。

4）CQC 向能源之星主管部门（EPA）提交测试数据及相关文件。

5）审核通过，能源之星发函，通知申请人。

6）产品加贴能源之星标签。

能源之星年度验证的流程与首次申请类似，如图 5.4.10 所示。

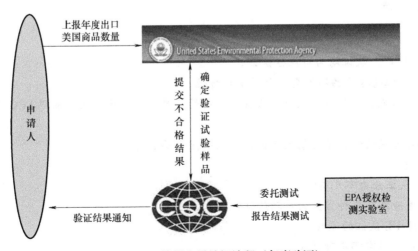

图 5.4.10　能源之星认证流程（年度验证）

六、小结

UL/CSA/ETL 认证是对电器产品的安全认证，且均为自愿性认证。但是进入美国和加拿大的产品都需通过 NRTL（美国国家认可实验室）的认证，加上历史和观念等原因，导致没有标示这些标识的产品不能在美国和加拿大的市场销售。UL、CSA、ETL 三家认证机构根据 UL 标准和 CSA 标准，对产品标注认证标识，使产品能顺利在美国和加拿大的市场上流通。

UL/CSA/ETL 认证的对比见表 5.4.1。

表 5.4.1 UL/CSA/ETL 认证对比

	UL 认证	ETL 认证	CSA 认证
认证类型	自愿性认证	自愿性认证	自愿性认证
适用范围	美国和加拿大	美国和加拿大	美国和加拿大
出证机构	UL	ITS（Interk）	CSA
审核和监督要求	型式试验+年审 （4 次/年）	型式试验+年审 （4 次/年）	型式试验+年审（2~4 次/年）
认证标识			
标识要求			
电压频率要求	AC 120V、60Hz （具体需参考标准）	AC 120V、60Hz （具体需参考标准）	AC 120V、60Hz （具体需参考标准）

FCC 认证属于强制性认证，是产品关于电磁兼容方面的认证。凡是在 FCC 认证范围内的产品，进入美国市场销售前必须取得 FCC 认证。FCC 认证有三种模式，其中 Certification 模式最为严格。

能源之星认证属于自愿性认证，是产品关于能效方面的认证，在美国影响非常广泛，目前已成为一个国际性的节能认证及标志。

思考与练习

1. 判断题

（1）UL 和 ETL 认证均为自愿性认证。 （　　）

（2）UL 认证包括产品的安全和电磁兼容特性。 （　　）

（3）FCC 为强制性认证，凡是在认证范围内的产品出口美国，必须取得 FCC 认证。

（　　）

（4）能源之星认证属于自愿性认证，但在美国影响非常广泛。 （　　）

2. 简答题

（1）UL 认证分为哪几类？

（2）北美地区有几种常见的产品认证？

（3）简述 UL 认证的流程。

（4）FCC 认证有哪几种模式？

项目五

亚洲其他产品认证体系

亚洲其他产品认证也很多，常见的有日本 PSE 认证、韩国 KC 认证。

一、日本 PSE 认证

PSE（Product Safety of Electrical Appliance & Materials）认证是日本电器产品的强制性市场准入制度，是日本《电器产品安全法》中规定的一项重要内容。日本政府根据日本《电器产品安全法》中的规定，将电器产品分为特定电器产品和非特定电器产品。

2001 年 4 月 1 日，《电器产品安全法》取代原《电器产品取缔法》，要求管制产品加贴 PSE 标志，并且加强了对进口商的惩罚措施。《电器产品安全法》通过规范电器产品的生产和销售等环节，引入第三方认证制度，以防止由电器产品引起的危险的发生。

《电器产品安全法》所管制的产品一共有 454 种，分为 A、B 两大类，采用不同的管理要求。A 类为特定产品（specified products），共 115 种，为可能有危险的或导致伤害的产品；B 类为非特定产品（non-specified products），共 339 种。

在日本市场上销售的上述目录范围内的电器产品都必须通过 PSE 认证。

属于特定电器产品目录内的产品，进入日本市场，必须通过日本经济产业省授权的第三方认证机构认证，核发 PSE 认证证书，认证有效期在 3~7 年之间。这类认证属于强制性产品认证，其标志为菱形，如图 5.5.1 所示。

属于非特定电器产品目录内的产品，进入日本市场，须经过自我测试和自我声明，确认符合日本电器产品技术基准，并在标签上有圆形的 PSE 标志，如图 5.5.2 所示。

图 5.5.1　菱形 PSE 标志　　　　　图 5.5.2　圆形 PSE 标志

二、韩国 KC 认证

KC（Korea Certification）认证旧称 EK 认证，是韩国电器产品安全认证制度，即 KC 标志认证，是韩国国家技术标准研究院（KATS）依据《电器产品安全管理法》于 2009 年 1 月 1 日开始实施的强制性安全认证制度。

根据最新《电器产品安全管理法》的要求，依据产品危害性等级的不同，将 KC 认证划分为强制性安全认证、自律性安全认证和供应商自我确认三大类，其中强制性安全认证管控的产品危险性较高，供应商自我确认管控的产品危险性较低。

强制性安全认证产品采用型式试验+工厂审查模式进行认证。

自律性安全认证采用型式试验+安全确认声明模式进行认证。

大多数电器产品须同时满足安全以及电磁兼容标准要求，获得 KC 认证的产品须加贴 KC 认证标志方能在韩国市场上销售。

为避免重复认证，从 2012 年 7 月 1 日起，电磁兼容和安全分离管理，凡申请韩国认证的电器产品，针对其安全和电磁兼容要求，须分别获取 KC 证书和 KCC 证书（新 MSIP 认证）。KC 认证的资质认证机构有 2 家：韩国机械电气电子试验研究院（KTC）和韩国产业技术试验院（KTL）。这两家不仅是 KC 的出证机构，同时也是资质测试实验室。

安全标准方面，凡进入韩国市场的产品都需要符合韩国安全标准 K 标准（类似于 IEC 标准），使用 IEC 标准时必须满足韩国的要求事项，国家差异可以从 IECEE 的 CB 体系的公告中找到。电磁兼容方面，韩国电磁骚扰的标准类似于 CISPR 标准，电磁抗扰度标准类似于 EN 标准。

KC 认证的标志如图 5.5.3 所示。

KC 证书有效期如下：

1）强制性安全认证：无，年审维持有效性。

2）自律性安全确认：5 年。

3）供应商自我确认：无证书，确认书永久有效。

验厂要求：强制性安全认证需要首次验厂和年审。

持证人要求：强制性安全认证必须是工厂持证，其他两种认证类型工厂/制造商/进口商均可持证。

图 5.5.3　KC 认证标志

三、小结

PSE 和 KC 认证为亚洲地区常见的产品认证，都属于强制性产品认证，两者的对比见表 5.5.1。

表 5.5.1　PSE 和 KC 认证对比

	PSE 认证	KC 认证
认证类型	强制性认证	强制性认证
适用范围	日本	韩国
认证标识		
标识要求		

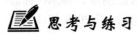 思考与练习

1. 判断题

（1）圆形 PSE 标志属于日本强制性认证标志。　　　　　　　　　　　　　　（　　）

（2）KC 认证划分为强制性安全认证、自律性安全认证和供应商自我确认三大类。　（　　）

（3）KC 强制性安全认证无需进行工厂审查。　（　　）

2. 简答题

（1）日本《电器产品安全法》将电器产品分成哪几类？各自的认证标志有何不同？

（2）KC 认证的强制性安全认证采用何种模式进行？

参 考 文 献

[1] 丁向荣，刘政，绕瑞福. 电子产品检验技术［M］. 2版. 北京：化学工业出版社，2017.

[2] 汤婕，等. 电子测量与产品检验［M］. 2版. 北京：机械工业出版社，2017.

[3] 吴冬燕，陈晓磊，等. 电磁兼容检测技术与应用［M］. 北京：清华大学出版社，2015.

[4] 陈立辉，等. 电磁兼容（EMC）设计与测试之家用电器［M］. 北京：电子工业出版社，2014.

[5] 陈立辉，等. 电磁兼容（EMC）设计与测试之信息技术设备［M］. 北京：电子工业出版社，2014.

[6] 宋盟春，李伟松，等. 医疗设备电磁兼容测试技术及应用［M］. 北京：清华大学出版社，2019.

[7] 佘少华. 电器产品强制认证基础［M］. 2版. 北京：机械工业出版社，2016.

[8] 全国无线电干扰标准化技术委员会，全国电磁兼容标准化技术委员. 电磁兼容标准实施指南（修订版）［M］. 北京：中国标准出版社，2010.

[9] 陈凯，等. LED照明产品检测及认证［M］. 西安：西安电子科技大学出版社，2017.

[10] 俞建峰，储建平. LED照明产品质量认证与检测方法［M］. 北京：人民邮电出版社，2015.

[11] 蒋科，周海霞，周海峰. 泄漏电流测试中人体阻抗网络频率响应的研究［J］. 家电科技，2012（4）：65-67.

[12] 全国家用电器标准化技术委员会. 家用和类似用途电器的安全　第1部分：通用要求：GB 4706.1—2005［S］. 北京：中国标准出版社，2005.

[13] 全国家用电器标准化技术委员会. GB 4706.1—2005《家用和类似用途电器的安全　第1部分：通用要求》宣贯教材［M］. 北京：中国标准出版社，2006.

[14] 全国照明电器标准化技术委员会. 灯具　第1部分：一般要求与试验：GB 7000.1—2015［S］. 北京：中国标准出版社，2016.

[15] 中国电子技术标准化研究所. 接触电流和保护导体电流的测量方法：GB/T 12113—2003［S］. 北京：中国标准出版社，2004.

[16] 全国电气安全标准化技术委员会. 外壳防护等级（IP代码）：GB/T 4208—2017［S］. 北京：中国标准出版社，2017.

[17] 肖诗唐，王毓芳，郝凤. 质量检验试验与统计技术［M］. 北京：中国质检出版社，2001.

[18] 全国建筑物电气装置标准化技术委员会. 电击防护 装置和设备的通用部分：GB/T 17045—2020［S］. 北京：中国标准出版社，2016.

[19] 全国建筑物电气装置标准化技术委员会. 电流对人和家畜的效应　第1部分：通用部分：GB/T 13870.1—2008［S］. 北京：中国标准出版社，2008.

[20] 熊洋洋，等. 半电波暗室中场均匀性校准窗口的选择问题探析［J］. 科技资讯，2015，13（17）：247-248.